岡潔先生をめぐる人びと

――フィールドワークの日々の回想

高瀬正仁 著

現代数学社

はじめに

平成十五年は岡潔先生の没後二十五年にあたりますが、この年の夏、岡先生の評伝『評伝岡潔　星の章』（海鳴社）を出版しました。これを第一作として、翌平成十六年には評伝の続篇『評伝岡潔　花の章』（海鳴社）を出すことができました。副題の「星の章」「花の章」の「星」と「花」は、土井晩翠の詩篇「星と花」から採りました。続いて平成二十年には岩波新書の一冊として、今度は岡先生の数学研究の情景描写に主眼を置いて『岡潔　数学の詩人』という本を書きました。それからまた五年の歳月がすぎて、平成二十五年になって、さらにもう一冊、岡先生の晩年の交友録を書こうという考えで、三冊目の評伝『岡潔とその時代　評伝岡潔　虹の章』を刊行しました。実質は一冊の著作なのですが、大部になったため「I」と「II」の二つに分けて『I 正法眼蔵』と『II 龍神温泉の旅』の二冊の書籍の形になりました。

岡先生の評伝を書くにはフィールドワークが不可欠だったのですが、取り掛かってみるとなかなか完了せず、結局八年ほどの長い歳月に及びました。この間、多かれ少なかれ岡先生と御縁のある多くの人びとに会いました。ある日ある時の岡先生を知る人たちで、みなそれぞれに岡先生の思い出をもち、訪ねて行くとおもしろいお話の数々を口々に語ってくれました。そんな話のあれこれをつねに持ち歩いていたノートにそのつど書き留めてきたところ、積み重なったノートは全部で二十二冊になりました。「星」と「花」の二冊の評伝はその中から生れました。「虹」の素材もまた同じ二十二冊のノートに散りばめられています。

「星」と「花」に「虹」を加えて当初の評伝の構想がひととおり実現した機会をとらえて、なつかしいフィールドワークの日々を回想したいと思います。

平成二十九年九月

著者

【目次】

01 フィールドワークのはじまり

「紀見峠を越えて」のころ

岡先生の評伝を書くためのフィールドワークを開始したのは平成八年の年初、二月に入って間もないころのことでしたが、ここにいたるまでにはそれなりの経緯がありました。四十年の昔、鹿児島大学の渡辺外喜三郎《わたなべげきさぶろう》先生（近代文学）が主催していた文芸誌「カンナ」の同人に加えていただいて、ときおり散文を書いていたのですが、あるとき岡先生の生涯と学問を回想して「紀見峠を越えて」という作品を連載したことがありました。紀見峠というのは大阪府と和歌山県の境に位置する峠で、岡先生の父祖の地です。渡辺先生は『銀の匙』の作者の中勘助先生の研究者で、岩波書店から刊行された『中勘助全集』の編纂者です。「カンナ」には『死の棘』の作者の島尾敏雄先生も参加されていて、活気がありましたが、今はもうありません。

「紀見峠を越えて」の連載は九回まで続いて完結しました。それからしばらくして日本評論社の数学誌「数学セミナー」に転載されるという成り行きになりましたので、多少手を加えました。この新連載は一九九〇年七月号から一九九一年三月号まで続き、最終回には「あとがき」も書いて完結しました。当初から単行本になることが決まっていましたので、「単行本のためのあとがき」を書いて準備していたのですが、連載の完結後に意外な波乱が起り、単行本の企画は中断を余儀なくされました。諸事情の詳細は略します。「紀見峠を越えて」はぼくとしても「魂をもって書いた作品」でしたので、唐突な企画の中断にはたいへんな衝撃を受けました。それでいろいろな人にこの一件を伝えたところ、あるときある出版社から連絡があり、これをこのまま出版するのはむずかしいけれども、これはこれとしてあらためて岡先生の評伝を書いてもらいたいという意向が示されました。平成七年の秋十一月のある日のことでした。

評伝執筆の提案を受けて

新たに評伝を書き下ろすという提案に接して魅力を感じ、心が動きましたが、岡先生の評伝を書くということ、それ自体に確信がもてませんでしたので、即答することもできませんでした。提案があった平成七年の秋は、ちょうど日本評論社の数学誌『数学セミナー』の特集で岡先生を取り上げるという企画が具体化しつつあったころでもあり、編集部の人との話し合いが始まっていました。どのような人に何を書いてもらうかを決める作業に加え、末尾に岡先生の年譜を配置するというアイデアが出て、ぼくが担当することになりました。それで作成を試みたところ、即座に壁にぶつかったのは実に思いがけない出来事で、我ながら驚きあきれるばかりでした。岡先生は多くのエッセイを書き遺した人ですが、その中で自分自身の学問と人生を詳細に語り続けましたので、それらを時系列に沿って配列していけばたちどころに年譜ができあがりそうに思われました。ところが岡先生自身の語る「岡先生の生涯」には「語られない部分」が散見し、しかもそれらはみな人生の転機に直結し、隠されてしまうと人生の全体像がぼやけてしまいます。なかなか気づきにくいことですが、実際に年譜の作成を手がけてはじめてこの状況に直面し、まったく弱りました。

一例を挙げると、岡先生は足掛け四年の洋行後、昭和七年から広島文理科大学に勤務したにもかかわらず、なぜかしらほどなく辞職して帰郷してしまい、昭和十四、十五、十六年あたりの所在地は郷里の和歌山県紀見村でした。岡先生本人の語るところによれば、大学で講義などしていては研究のじゃまになるので、数学研究に打ち込むために決然と辞職したというのですが、辞職の時期や前後の経緯などは何かと不明瞭でした。それで年譜に「何年何月に辞職」と書こうとすると、たちまち困惑を覚えてしまうのでした。わけても昭和十一年から十三年あたりにかけての生活の様子が曖昧模糊として、岡先生のエッセイの記述に基づいて再現を試みても判然としませんでした。

昭和十一年はまだ広島文理科大学に在職中だったのですが、この年の秋には単身伊豆伊東温泉に逗留し、北海道大学の「雪の博士」こと中谷宇吉郎先生と連句などしてすごしています。中谷先生が一家をあげて札幌を離れて伊東温泉に移ったわけは明瞭で、中谷先生が原因不明の病気をわずらったためなのでした。学期の真っ最中で講義もあったのでしょうに、どうしてそこに岡先生が出向いたのか、不可解でした。

昭和十六年は年初から郷里に滞在していましたが、中谷先生のお薦めを受けて北海道大学に嘱託として勤務することになり、秋のある日、札幌に向いました。ところがこの北大時代は短期間で終り、岡先生は翌昭和十七年のうちに帰郷しています。この帰郷の時期もまた不明でした。岡先生のエッセイを通じて認識される「岡先生の生涯」にはこのようなことが目立ちましたので、「数学セミナー」の特集記事のための年譜の作成作業は遅々として進みませんでした。そのさなかに評伝執筆のお誘いを受け取ったのでした。

「紀見峠を越えて」のような作品は評伝ではなく、本質的にモノローグですので、明瞭な年譜が作成できないことは大きな問題にはならなかったのですが、一冊の評伝を書くということであればそうはいかず、精密な考証が不可欠です。そこで評伝執筆の申し出に対し、まずはじめに「書いてみたい」という希望を述べ、次に、評伝を書くにはフィールドワークが不可欠であること、フィールドワークが完了しなければ評伝は書けないが、非常に大掛かりな仕事になると思われるので、先行きに見通しはたたないことを伝えました。これが、「評伝岡潔のためのフィールドワーク」の直接の契機です。

「数学セミナー」の特集「岡潔」は平成八年（一九九六年）の三月号に掲載されました。発行されたのは二月のはじめですから、ちょうどフィールドワークが始まろうとするころでした。

天見から紀見峠へ

評伝の執筆を提案していただいた出版社の人は、フィールドワークが完了するまでは岡先生の評伝は書けないというぼくの返答を諒承しましたので、執筆の契約がそこはかとなく結ばれたような恰好になりました。

その後もときおり連絡があり、ぼくも近況を報告し、東京で編集部の人と会って評伝の具体的な内容をめぐって語り合ったりもしました。二度か三度、お会いした記憶があります。ですが、ぼくのほうから積極的にコンタクトを維持しようとすることもなくなり、連絡は次第にとどこおりがちになり、ふと気がつくと完全に音信不通になっていました。

出版の話はなんとはなしに立ち消えてしまったのですが、出版の世界ではよくあることですので、特に驚くにはあたりません。出版社の出版の意志と執筆者の執筆の意志が双方ともによほど強固でないと、なかなか出版にはいたらないもので、他の出版社との間でもときおりそんなことがありました。岡先生の評伝という、にわかに出来した重要な出来事に熱意を感じ、この機会にぜひ取り組みたいと意欲を燃やしたものの、リアリティーというか、実際に一冊の評伝を書き上げるということに対して実在感が希薄だったのです。ひとりの数学者の学問と人生を物語るには、何を根底に据えればよいのでしょうか。

それでも評伝執筆の誘いを受けたことがフィールドワークのための決定的な契機になったことは間違いなく、この点では大きな意味がありました。岡先生のエッセイや対談など、公表されたものはほとんどすべて蒐集して目を通していましたが、それと同時に岡先生の人生に未見の領域が大きく広がっていることにも早くから気づき、そこに分け入っていくためにはフィールドワークが不可欠であることを痛切に感じていました。いつかは踏み込んでいかなければと思っていたのですが、計り知れないほどの日時を要するであろうとは容易に予想されましたので、なかなか決断できなかったのでした。

八年余のフィールドワークの初日は平成八年（一九九六年）二月六日と記録されています。前日五日、大阪着。六日の午後、難波から南海電鉄に乗ったのですが、はじめは汐見橋に向かってしまいました。汐見橋駅に到着してしばらくしてから間違いに気づき、難波までもどり、あらためて高野線で橋本方面に向いました。ずいぶんむだな時間がかかり、紀見峠の麓の天見駅で降りて紀見峠の頂上に向けて歩き始めたころはすでに夕刻でした。寒々とした冬の一日で、峠の頂上は粉雪が舞っていました。大阪府と和歌山県の境を示す標識があり、すぐ近くに「岡潔生誕の地」と刻まれた石碑が立っていて、こんな文面が読み取れました。

岡潔生誕の地

岡潔博士は、大正十四年京都帝国大学を卒業後現在にいたるまで、三十有余年間に渡って、「多変数函数論」について独創的な研究を続けた。業績は専らフランスの学術誌に発表して、世界の学会に大きな影響を及ぼした。　橋本市

「多変数函数論」の「函数」の「函」の一字が珍しく、この一文を書いた人のこだわりが感じられました。「業績は専らフランスの学術誌に発表」というのは事実と異なり、実際にはフランスの学術誌に掲載された岡先

生の論文は第七番目の論文ひとつきりでした。大学卒業後、「三十有余年間に渡って」研究を続けたというところも少々変で、「三十有余年間」という数字はどのように算出したのだろうと、いくぶん不可解な印象を受けました。文化勲章を受けたのが昭和三十五年で、このころまででしたら「三十有余年間」にあてはまりますから、文化勲章を目安にしたのかもしれません。実際には岡先生の数学研究はその後も継続されました。

この石碑が建てられたのは昭和五十年一月。明治三十四年四月生れの岡先生はこのとき満七十三歳で、奈良市高畑町にお住まいでした。

二つの生誕日

生誕の地の石碑には岡先生の略年譜も刻まれていました。真っ先に現れるのは生地と生誕日で、こんなふうに記されています。

明治三十四年　三月十九日　和歌山県伊都郡紀見村大字柱本九百二十九番地に生まれる

岡先生の実際の生地は大阪ですから、紀見峠を生誕の地とするのは本当は正しくないのですが、紀見峠が岡先生の父祖の地であることは間違いありません。紀見峠には岡家があり、岡先生の父も祖父も紀見峠の岡家に生れました。岡家の所在地は「和歌山県伊都郡紀見村大字柱本九二九番地」で、石碑に刻まれた住所表記のとおりです。実際には石碑の位置は九二九番地ではありません。石碑の前に高野街道があり、道の向い側に岡家があったのですが、その岡家は「第二の岡家」であり、住所表記は九三五番地でした。岡先生が五歳のとき、梅雨の長雨で山が崩れて九二九番地の岡家の勝手元が押しつぶされるという出来事があり、岡家の人びとは九三五番地に第二の岡家を建てて引っ越しました。そのためそこを生地とするのはますます無理になってしまいます。

「和歌山県伊都郡紀見村大字柱本九二九番地」は岡先生の本籍地です。大字名は柱本ですが、小字の名称は「紀見峠」。また、「三月十九日」は戸籍上の生誕日で、石碑にもこの日付が採られていますが、実際の生誕日は一箇月遅い四月十九日だったようで、岡先生御自身はいつも「四月十九日」と書いています。この岡先生の流儀にならい、岡先生を紹介するいろいろな記事ではつねに「四月十九日」が採用されています。「三月十九日」を見たのは生誕の地の石碑がはじめてです。後年、京大の図書館で岡先生が第三高等学校を受験したときに提出した書類を閲覧したことがありますが、そこにも同じ日付が明記されていました。

石碑の略年譜の続きは次のとおりです。

大正十四年　京都帝国大学理学部数学科卒業　同年同大学講師となる
昭和四年　フランスのソルボンヌ大学に留学する
昭和七年　広島文理科大学助教授となる

昭和十五年　理学博士となる
昭和二十四年　奈良女子大学教授となる
昭和二十六年　学士院賞を受賞する
昭和二十九年　朝日賞を受賞する
昭和三十五年　文化勲章を受章する
昭和三十六年　橋本市名誉市民となる
昭和四十八年　勲一等瑞宝章を受章する

句碑

この記述は正確ではありますが、少々大雑把というか、すき間が目立ちます。

生誕の地の石碑の脇に倉があり、その倉の前に一本の梅の木と、俳句一句が刻まれた小さな石碑がありました。句碑には、

誕生の地
孤高の人に

梅薫る
弘子

と刻まれていましたが、「孤高の人」といえば即座に岡先生が連想されて、それならこの倉も岡先生に関係がありそうに思われました。俳句の作者の弘子さんというのはだれなのかも気に掛かりました。雪のちらつく中に少時たたずんでそんなことを考えていたところ、土地の人が通りかかりましたので、この句の作者はどなたですかと尋ねると、岡隆彦さんの奥さんだと教えていただきました。お住まいの場所も教えてもらいましたので、お訪ねすることにして、高野街道に沿って少し歩きました。途中の家々の表札を見ると、ちらほらと岡を名乗る人が目について、いかにも岡先生の本拠地らしい感じがありました。岡隆彦さんのお宅はまだ少し先と思いながら、思い切って一軒の岡さんを訪ねると、隆彦さんの家はここではない、もう少し先のあのあたりだと親切に教えてもらいました。

紀見峠にある岡家の倉

このころはもう夕方六時をすぎていて、すっかり暗くなっていました。岡隆彦さんのお宅を見つけ、来意を告げると、どこのだれとも尋ねもされないままに、快く応接間に通されました。奥さんの弘子さんも御在宅で、あたたかい飲み物を用意してくれました。記憶が定かではないのですが、コーヒーではなく、たしかココアだったように思います。隆彦さんは岡先生の兄の岡憲三さんの次男で、七十五歳。同じ紀見峠には長兄の克巳さんも住んでいるということでした。

九二九番地の家と九三五番地の家

岡隆彦さんは戦前、大阪の師範学校を出て教職についた人で、大阪の、たしか河内長野市とうかがったように覚えていますが、小学校の校長先生を最後に退職したということでした。「生誕の地」の石碑のことなどをお尋ねすると、叔父は、というのは岡先生のことですが、本当はここで生れたのではないという人もいるが、ともかくまあ、ああいう碑を建てたのだというふうな話をしてくれました。句碑の背後の倉は岡家の倉で、現在は隆彦さんが所有して管理しているとのことでした。「九二九番地の家」は元家と呼んでいるそうで、隆彦さんの父親の憲三さんはその元家で生れました。高野街道に沿って大阪方面から和歌山県に入ると、街道の右側は急斜面になっていて、何箇所か、崖を下る山道がついています。左側もまた山の斜面です。斜面の一部分だけ、平らにならして道をつけたような恰好で、狭い道筋の両側に民家が並んでいます。岡家の元家は左側の斜面に沿う位置にあり、崖崩れの直撃を受けたのであろうと容易に推察されました。

崩壊したのは元家の勝手口にとどまった模様ですが、今後も危ないと判断したためか、同じ紀見峠の「九三五番地」の土地に新しい岡家を作りました。その際、元家の倉や風呂など、使えるものは引っ張ってきてそのまま使いました。

昭和十四年になって道の拡幅工事が行われたとき、第二の岡家の敷地の半分ほどに道路が通ることになりました。それで敷地を内務省に売却し、岡家は峠の麓の慶賀野地区に転居したのですが、倉と風呂を高野街道の向い側に引っ張って保存しました。その倉の脇に「生誕の地」の石碑が立ち、倉の前に「誕生の地」の句碑が配置されました。

昔日の岡家の元家は「岡屋《おかや》」という旅籠でした。その岡屋の倉が今も保管されていることを隆彦さんに教えられ、感慨がありました。元家の風呂も健在で、倉の隣の津田さんの家の一部になって使われているということでした。

戦争の末期のことですが、岡先生の妹の泰子さんの家族が静岡市から疎開して紀見峠にもどったとき、この倉に住んだともうかがいました。岡先生に妹がいることは岡先生のエッセイで承知していましたが、具体的な消息を耳にしたのははじめてのことでしたので、びっくりしました。泰子さんは岡先生と三つ違いで、日露戦争が始まった年の明治三十七年（一九〇四年）のお生れですから、平成八年で数えて九十三歳になります（九月生れですので、平成八年二月の時点では満九十一歳です）。御高齢ですが非常にお元気とのことで、お住まいの東京の千駄木の住所を教えていただきました。岡家の推移が判明したり、泰子さんの住所がわかったり、このようなあれこれが即座に手に入るところはフィールドワークならではの醍醐味です。

隆彦さんが現役の教員時代に日教組に加入したところ、岡先生は、権利ばかり主張する日教組は岡の家の方針に反する、これからは出入りを禁じる、と申し渡したそうです。後年、教頭になって、日教組をやめたところ、禁足令がとけました。また、岡先生は奈良女子大学を定年で退官した後、京都産業大学に招かれましたが、そのころ、四年生の成績は卒業がかかっているから、少しゆるめてやらなければならない、と言っていたのを聞いて、隆彦さんは、案外まともなところもある、と感心したそうです。レインシューズ、すなわちゴムの長靴を履くのは、歩くときに頭に振動が伝わらず、思考の妨げにならないからと岡先生が言っていたという話もありました。

昔の紀見峠にまつわる話もありました。昔は、役場も郵便局も柱本尋常小学校も峠の上にあり、そのうえ小学校の所在地は現在の隆彦さんの家の庭だったのだそうです。相当に広い庭でした。少し離れたところに平地ができていて、そこが運動場でした。現在は林になっていて、岡家の墓地に行く途中、ここがそうだ、と教えていただきました。その後、小学校は峠の下に移りました。移転先の土地は隆彦さんの父憲三さんや岡先生の祖父岡文一郎の所有地で、文一郎はこの土地を村に寄贈したと隆彦さんは思っていたのですが、寄贈したのではないことが、今年、すなわち平成八年の一月二日に判明したのだそうです。小学校はもう一度、現在の紀見ヶ丘地区に移りましたが、「柱本小学校」の名前は保存されました。

岡先生は何人も集まっておしゃべりしている中でも平然と思索を続け、話しかけさえしなければ、今日はよく考えられた、と言うのが常でした。少しでも話しかけるとうるさがりました。

柱本小学校で岡先生が講演したことがありました。小学三年生までは情操教育がたいせつで、知育偏重はだめだという話だったのですが、これを聴いた子どもたちは、偉い先生が勉強してはならないと言ったからというのでおおっぴらに遊ぶようになり、親を困らせたそうです。どれもみなおもしろい話ばかりでした。

お墓参り

こんな話をうかがっているうちにあたりは真っ暗闇になってしまいましたが、これから岡家の墓地に案内すると隆彦さんが提案しました。岡家の墓地が紀見峠にあることも知らなかったのですから、これには意表をつかれましたが、親切な申し出に応じてついていこうとすぐに決めました。隆彦さんは外出の用意をし、懐中電灯を手にして先に立って歩き出しました。雪はまだ止まず、懐中電灯の光に雪の片々が舞っていました。

つい先ほど歩いてきた高野街道を逆向きにもどると、途中に岡家の元家の跡地がありました。懐中電灯の光の中に簡単な石組みが照らし出され、ここが元家、と隆彦さんの言葉が続きました。長雨で山がくずれたのは明治三十九年（一九〇六年）の六月のことですから、平成八年の時点でちょうど九十年。旅籠「岡屋」の名残りを留める小さな遺跡です。

元家の跡地をすぎてすぐ、高野街道をそれて山の斜面をのぼっていく小道に入りました。足元の薄い積雪が凍りつき、すべってころびそうになりながら歩を運んでいくと、傾斜のゆるやかな広場に出ました。山の斜面を拓いて簡単に整地して墓地にしたのです。奥の一列が岡家の墓地。親戚の北村家の墓地もここにありました。

岡先生のお墓はみちさんと二人でひとつの夫婦墓で、墓石の正面にお二人の戒名が刻まれていました。

紀見峠の岡潔先生の夫婦墓（右）

春雨院梅花石風居士
春日院藤蔭緑風大姉

「春雨院」が岡先生、「春日院」がみちさんです。墓石の裏側に刻まれているのは歿年です。

昭和五十三年三月一日
俗名　潔　行年七十八才
昭和五十三年五月二十六日
俗名　ミチ　行年七十六才

岡先生が亡くなってほどなく、三箇月もたたないうちにみちさんもまた世を去りました。向かって左側の側面の文字は、

昭和五十四年二月吉日岡熙哉建立

岡熙哉《おかひろや》さんは岡先生の長男です。右側面に刻まれていた岡先生の句ひとつ。

めぐり来て
梅懐かしき
匂ひかな
潔

02

紀見村を歩く

「馬転かし坂」を降りて

はじめて紀見峠に出かけた日の翌日の二月七日の午後、再び思い立って紀見峠に向いました。今度は難波から紀見峠駅まで行き、前日、隆彦さんに教えられた「馬転《うまこ》かし坂《ざか》」を登りました。紀見峠から麓に向かう急斜面を降りて行く山道で、峠への近道ですが、馬も転んでしまうというほどけわしいというので「馬転かし坂」などと呼ばれているという話でした。この日は雪も止み、前日のように暗くならないうちに峠の頂上に着きました。隆彦さんを訪ねて昨日の御礼を述べ、それからまた岡家の墓地を見に行きました。岡家に生れた人たちの墓石が並ぶなかにひときわ立派なお墓があり、

旭櫻院真巖良道居士

という戒名が読み取れました。左側の面に、

俗名齋藤寛平　行年二十四歳

と刻まれていました。齋藤寛平は岡先生の叔父（父の弟）で、二十四歳の若さで亡くなっていますが、日清戦争後の三国干渉に抗議する意志を表そうと、霞ヶ関で割腹自決したと岡家で言い伝えられている人物です。岡先生の自伝『春の草　私の生い立ち』（日本経済新聞社）にそんなふうに紹介されているのを読んだことがあります。

紀見峠駅

帰りもまた馬転かし坂を降りました。紀見峠駅の駅前にうどん屋の看板を見つけてひと休み。切り盛りしているおかみさんも岡先生のことはよく知っていて、おもしろい話をいろいろしてくれました。なかでも深い感銘を受けたのは、御主人が子どものころ、両親に用事をいいつけられて、お昼前に山羊を引いて（どんな用事だったのでしょう）紀見峠を越えて天見方面に向かったときのこと、峠の頂上に差しかかると、岡先生がお日さまを見つめて立っていたという体験談です。側を通り抜けて天見に下り、夕方、帰り道に再び峠を登ると岡先生がいて、午前中とまったく変らない姿勢でお日さまを見ていたというのです。御主人はおりに触れてはこの話を繰り返し、あんなにたまげたことはないと、そのつど言い添えて今にいたっているというのが、うどん屋のおかみさんの話でした。

こんな話をしているとき、ふと思いついたように、岡先生のことなら松本さんに会うといいと言い出して、近所だからと、即座に電話をかけました。すぐに行くという返事があったというので、十分ほど待つと、分厚い本を手にした松本茂美さんが現れました。岡隆彦さんとは小学校の同級生で、紀見峠駅の前に住んでいます。持参した本は『橋本市史』の下巻でした。そこには岡先生も登場し、紀見村の岡先生の様子がこんなふうに紹介されています。

ある時は池の中に石を投げ込みその波紋を凝視して、終日瞑想にふけったともいわれ、あるいはまた田んぼ道に棒切れで数式のようなものを書いて思考し、わずらわしい俗人との対話などはなかったようで、世間の人びとの目には奇人としか映らなかったとのことである。

『橋本市史』の下巻が発行されたのは昭和五十年三月二十八日ですが、郷土生誕の地の石碑が建てられたのも、同じ昭和五十年の年初でした。郷土の歴史と人物を振り返ろうとする気運が醸成された時期だったのでしょう。

紀見村の光景

北村市長の話

松本茂美さんは「青少年ホール高山」の館長でした。海軍機関学校を出て軍人になった人で、戦艦大和に乗っていた時期もありましたが、沖縄作戦の前に船を降りて海軍兵学校の教官になり、そのまま終戦を迎えたということでした。岡先生のことをよく知っているというわけではないようでしたが、昭和四年（一九二九年）の春、小学校三年生のとき、岡先生がフランスに留学するというので、校長先生が神戸まで見送りに行き、もどってから全校児童を前にしてそのときの模様を話してくれたのだそうです。岡先生は慶賀野時代からゴム長靴を履いていたともうかがいました。ゴム製の長靴や短靴を履いていたのでしょう。岡先生の父の寛治さんは学務委員でした。松本さんが小学生のとき、寛治さんが教室に入ってきて、授業風景を見ていた記憶があるそうです。

うどん屋で同席したお客さんにうかがった話によると、その人が柱本小学校の三年生のとき、岡先生が講演にやってきたことがありました。児童たちは日の丸の小旗をもって出迎えたのですが、そこへ岡先生がよれよれの上着にゴム長靴という姿で現われましたので、子ども心にびっくりして、強い印象を受けたということでした。これは岡先生が文化勲章を受けた後の出来事で、紀見村の人ならではのおもしろいエピソードです。小学校というのは柱本尋常小学校のことで、岡先生も卒業生のひとりです。

松本さんは、岡先生のことなら私よりもこの人に話を聞くといい、と言って、北村翼《きたむらよく》さんのお名前を挙げました。北村さんはこの当時の橋本市の市長です。会いたいというのであれば伝えるが、どうするか、というので、ぜひお目にかかりたいと応じると、松本さんはその場ですぐに北村さんに電話をかけました。簡単な挨拶に続いて、今日はひょんなことから変った人に会った、岡先生のことを調べているという人なんだが、市長さんに会いたいと言っている、それで御都合はいかがですか、と話している声が耳に入りました。北村市長さんもまた、明日の昼すぎならあいてますよ、と気さくに応じ、ぼくも同意して、たちまち面会の段取りが整いました。まったくてきぱきとして、気持ちのよい成り行きでした。北村市長のお宅は紀見峠にあり、岡隆彦さんの近所です。この日も前日も前を通ったのですから、なんだか妙な気分でした。

思わず長居をして遅くなりましたが、いったん大阪にもどって一泊し、翌二月八日の午後、ぼくはまた難波から南海高野線に乗りました。連日の和歌山行もこれで三度目です。この日は天見、紀見峠を乗り越して、橋本駅まで行きました。駅前の道を少し歩いて橋本市役所へ。市長さんが待っていて、市長室でお話をうかがうという恰好になりました。市長秘書室の北川久さんも同席しました。

北村俊平

北村市長の父は北村俊平という人で、岡先生のいとこです。もう少し詳しく言うと、岡先生の母の八重さんは北村家の人で、八重さんの長兄が北村長治、その長男が俊平さんです。俊平さんの母親、すなわち市長さんの祖母の「ますの」さんという人は岡家の人で、その父親は岡貫一郎。貫一郎の兄の文一郎は岡先生の祖父というのですから、岡家と北村家の古くから続く緊密な姻戚関係がうかがわれます。

紀見峠の岡家の墓地には北村家の墓地もあり、俊平さんのお墓もあります。戒名は

風向院南北麦門居士

というのだそうで、御本人の自作とのこと。「麦門」はバイブルから採ったというのですから、「ひと粒の麦もし地に落ちて死なずば」という名高い言葉に由来するのでしょう。自宅を「麦門山房」と名づけたとも。俊平さんは上京して早稲田大学に学び、英文科に所属しましたが、深くロシア文学に親しみ、俳句もよくし、句集『麦門山房抄』の著者でもあります。市長さんはこんな話のあれこれを思い出すままに次々と語ってくれました。

北村家の人びと

北村市長の父の俊平さんの戒名に「風向院」という文字がありましたが、「風」の一字は俊平さんの俳号「風太郎」から採ったのではないかと思います。俊平さんの父の長治の妹の八重さんが岡先生の母ですが、長治にはもうひとり、純一郎という弟がいました。八重さんの弟でもある人で、この人は和歌山市の和歌山中学

から鹿児島の第七高等学校造士館を出て京都帝大に進み、眼科医になって大阪で開業しました。駿一という名の長男がいましたが、病気で早世しました。純一郎は駿一の死を悲しんで、「風に吹かれて逝きにけり」という句を作ったと、北村市長に教えていただきました。冒頭の五文字が聞き取れませんでしたが、松籟《しょうらい》、すなわち松に吹く風の句ということでした。北村駿一のことは岡先生もずいぶん可愛がっていたようで、エッセイ集にもしばしば登場しますが、こうして親戚の北村さんから直接うかがうと、ひときわしみじみとした印象がありました。俊平さんも純一郎も岡先生も、岡隆彦さんの奥さんの弘子さんも、岡家と北村家の人びとはみな俳人でした。

紀見峠の松と旧道と新道

北村市長の話をもう少し続けると、北村眼科には将棋の坂田三吉がよくやって来て、目を洗っていたとのこと。純一郎の奥さんは河内柏原の小山家の出で、「みよし」さんという人ですが、岡先生の奥さんのみちさんはみよしさんの末の妹です。道路の拡幅工事のため紀見峠を離れた岡家は峠の麓に移りましたが、転居先は慶賀野という地区で、その転居先の家には今は一ノ瀬さんという人が住んでいるとのことでした。これは貴重なお話で、いつか訪ねてみたいと思いました。また、岡先生が文化勲章を受けたとき、祝賀会の席で俊平さんが祝辞を求められたそうです。そのとき俊平さんは、「軍艦の修繕を鋳掛け屋に頼むようなものだ」と言って断ったのだとか。これもおもしろい話でした。鋳掛け屋というのは、なべや釜を直す人のことです。

愛宕神社の絵馬に「毅然」という字が書いてあるのを見たことがあるが、それは岡貫一郎が四つか五つのころの字であるという話がありました。岡貫一郎というのは岡先生の祖父の文一郎の弟です。岡貫一郎の娘に「ますの」さんという人がいて、この人が北村家に嫁に行き、俊平さんが生れました。この話をうかがったときから愛宕神社の絵馬を見たいと思っていたのですが、これは今も実現していません。

市長さんの父の北村俊平さんは七人兄弟の長男で、北村四郎という弟がいました。四郎さんは次男です。（旧制の）高知高校を出て新潟医科大学に進み、先の大戦中は軍医としてインパール作戦に従軍した体験の持ち主です。戦後、新潟大学の学長になりました。若い頃は演劇に打ち込み、考え方が「赤」がかっていたのだそうです（左翼風の思想に魅力を感じていたというほどの意味です）。それで、後年、勲二等をもらうことになったとき、赤だったのにそんなものをもらっていいのかと市長さんが冗談を言うと、四郎さんは、なあに、（勲章をもらうのは）芝居だよ、芝居、と言ったとか。こんな話をうかがうにつけ、北村四郎さんという人に興味を覚えました。ちょうど前日、うどん屋のおかみさんに橋本市の広報誌「広報はしもと」の最新号を見せていただいたのですが、最終頁に岡先生を紹介する記事とともに一枚の写真が掲載されていました。どてら姿の岡先生がレインシューズを履いてどなたかと話しながら立っていて、その話し相手というのが四郎さんでした。場所はどこなのだろうと興味をそそられました。

岡先生が文化勲章を受けたとき、祝賀会の席で祝辞を求められた俊平さんが、「軍艦の修繕を鋳掛け屋に頼むようなものだ」と言って断ったという話は前に紹介しましたが、祝賀会というのは、正確には岡先生が橋本市の名誉市民になったときのお祝の会でした。岡先生は橋本市の最初の名誉市民です。二番目の名誉市民は「まえはたがんばれ」で有名な水泳の前畑秀子さんです。

北村市長にお礼を申し上げて市役所をあとにして、橋本駅の裏手（駅をはさんで市役所と反対側）の丸山公園に岡先生の祖父文一郎の旌徳碑《せいとくひ》を見に行きました。文一郎は熱心に政治活動に打ち込んだ人で、和歌山県の県会議員、伊都郡の郡長、紀見村の村長などを歴任しました。大きな業績として挙げられるのは、郡長時代に和歌山県の治安裁判所出張所を橋本村（その当時は村でした）に設置したことと、妙寺村にあった伊都郡の郡役所を橋本村に移したことで、橋本地区の人びとが功績をたたえ、庚申山の西南に旌徳碑を建てました。

岡潔先生（右）と北村四郎（左）、
昭和35年11月、福島市にて。

旌徳碑は丸山公園の花見台の側にありまし

岡文一郎の旌徳碑。
橋本市、丸山公園。

た。撰文は大阪朝日新聞の社員、西村天囚です。
二月六日から八日まで、岡隆彦さん、松本茂美さん、それに北村市長さんにお会いすることができて、意義の深い三日間でした。

吉田夏彦先生の話

三月になって東京に出る用事があったおりに、大崎の立正大学に出向いて吉田夏彦先生にお目にかかりました。吉田先生は『零の発見』（岩波新書）で有名な数学の吉田洋一先生の長男で、著名な数理論理学者です。洋一先生は戦前の北海道帝国大学に理学部が設置されたときの初代の数学の教官のひとりですが、北大に赴任する前に、教官候補者として洋行し、パリで岡先生と知り合いました。岡先生は昭和十六年の秋から一年ほど北大理学部に嘱託として勤務したことがありますので、洋一先生のお子さんの夏彦先生でしたらそのころのあれこれをご存知なのではないかと思ったのが、お訪ねした動機です。それともうひとつ、洋一先生の洋行中の手紙などが遺されていて、そこにパリの岡先生の日常が語られているということはないのだろうか、という期待もありました。

夏彦先生にお目にかかって訪問の主旨を伝えると、先生はすぐに諒解してくれましたが、残念ながら期待に応えられるような話はなにもないと言われました。洋一先生の手紙はもとより、遺品というほどのものはすべて処分してしまい、何ひとつ残ってないというのでした。そんなわけでまとまった話は全然なく、すぐに四方山話になったのですが、それでも夏彦先生が記憶している北大時代の岡先生のエピソードも少しありました。夏彦先生は(旧制度の)中学一年生でした。岡先生が吉田家を訪ねたときのこと、岡先生は玄関先でオーバーコートをぬぎ、「ぬきものをここに置いてもよろしいでしょうか」と丁寧に言われたとか。「ぬきもの」という言葉がおもしろく、記憶に残っているということでした。

二度目の和歌山行

吉田夏彦先生の母、すなわち洋一先生の奥様は吉田勝江さんという英文学者ですが、夏彦先生はお母様に聞いたというエピソードを話してくれました。あるとき勝江さんが喫茶店に入ったところ、岡先生が談論風発、盛んに何事かを論じていましたので、挨拶をしようと近づいたところ、岡先生はおひとりでした。どなたかと同席して議論に熱中していたと思ったのに、ひとりだったのでびっくりしたというのです。テーブルの上にはからっぽになったコーヒーカップがいくつも並んでいたそうです。

また、戦後のことになりますが、夏彦先生は洋一先生と二人で関西方面に出かけたことがあるそうです。そのとき洋一先生が、岡さんのところに行ってみようと提案しましたので、岡先生を訪ねて話をしました。そのときのことですが、岡先生が夏彦先生に、何をやっているの、と尋ねましたので、哲学を勉強していると答えたところ、岡先生はドイツの細菌学者コッホの話を始めました。コッホがガンジス川でコレラ菌を発見したのは偉いが、西洋の学問はこのあたりが頂上であとは行き詰まった、西洋の学問なんか研究して何になる、と叱りつけてきましたので、質問に答えただけなのにそんなふうに言われるのは心外だと夏彦先生は応じました。すると岡先生は、急に丁寧な口調になり、それは私が悪かった、けれども…、と言われたそうです。

夏彦先生にいくばくかのエピソードをうかがった日の翌々日、東京からの帰途、大阪で下車してまた橋本市に出かけました。二月上旬に続いて二度目の橋本行です。南海高野線の紀見峠駅の次は林間田園都市駅、その次の駅は御幸辻《みゆきつじ》駅というのですが、ここから歩いて数分で橋本市郷土資料館に着きます。一度目の橋本行のおり、郷土資料館に岡先生の遺品を陳列するコーナーがあると聞きましたので、訪ねてみたいと思ったのですが、この話をしてくれたのは松本さんだったか、北村市長だったか、はっきり思い出せません。

郷土資料館は杉村公園の中にあります。館長は瀬崎先生という人でした。

橋本市郷土資料館

御幸辻の駅前でおおよその方角を聞いて歩き出したものの、完全にまちがえたようで、杉村公園はさっぱり姿を見せませんでした。途中で資料館に電話をかけると、瀬崎先生とおぼしい人が出て、親切に細かい道順を教えてくれました。

資料館の岡先生のコーナーはごくささやかではありましたが、興味の深いものが揃っていました。一番先に目を奪われたのは岡先生の中学時代の文稿帳でした。文稿帳というのは作文ノートのことで、岡先生は柱本尋常小学校を卒業して粉河町の粉河中学に進んだのですが、資料館には最終学年である五年生のときの文稿帳の現物が保管されているのでした。ガラス越しに見る表紙には、

文稿帳
和歌山縣立
粉河中學校
第五學年乙組
岡潔

という文字が読み取れました。興味を覚え、瀬崎先生にお願いして閲覧させていただいて、しばらく眺めました。「粉河中学校生徒用文稿紙」が使われていました。書き込まれている作文は三つで、はじめの二つは「菊を愛する説」「克己論」、それから「第三學期之部」となって、「衛生の必要を論ず」という作品が続きます。この文稿帳は、岡先生のコーナーの開設を受けて岡家から寄贈されたということでした。

ほかの展示物を見ると、まず扇子がひとつ。「無我」という字が書かれていましたが、これは複製と思います。それから絵葉書が一枚ありました。絵柄はエジプトのカイロのスフィンクスで、日付は一九二九年五月十六日。洋行の途次、カイロで書いた絵葉書です。宛先は、

和歌山縣伊都郡紀見村紀見峠
岡寛治様
祖母上様
母上様

文面は、

カイロデハ駱駝ニ乗ツテスフィンクストピラミツドトヲ後ニシテ寫眞ヲトリマシタ　其ノ内ニトドク
デセウ　次ハイヨイヨマルセーユデスカイロニテ　潔

というのです。この葉書も岡家が提供したのですが、このような葉書はほかにもたくさんあるに違いありませんし、もしそれらのすべてを見ることができたなら、岡先生の洋行の旅の模様はもとよりパリでの生活の様子が細部にわたって明らかになるのではないかと思われました。そんな書簡類の所在地として考えられるのは奈良の岡家のみですから、フィールドワークの中にどうしても奈良行を組み込まなければならないところです。この奈良行はずっと後に実現し、大量の葉書や封書を見る機会に恵まれました。

郷土資料館の所蔵品目の観察を続けると、岡先生の自作の俳句が書かれた色紙が二枚、箴言の書かれた色紙が一枚ありました。

句二つ

誤またず
　夜は明けにけり
　　雀鳴く
　　　岡潔

冬枯れの
　野に萌え出でよ
若桜

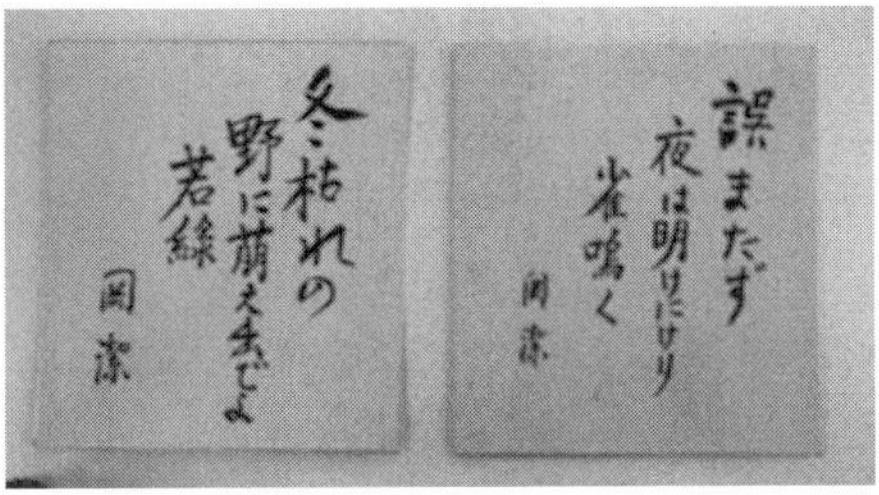

岡潔

箴言ひとつ

岡潔

無心に働い
ている時人は
無上の幸福
を感じているのである

新編水滸伝

郷土資料館の岡先生のコーナーの陳列物は決して多いとはいえませんし、組織的に配列されているわけでもないのですが、洋行の途次のカイロからの絵葉書といい、中学生時代の文稿帳といい、強く心を惹かれるものが揃っていました。中でも驚いたのは岡家所蔵の『水滸伝』でした。これは岡先生の叔父の「旭櫻院《ぎょくおういん》」こと齋藤寛平の所持品です。分厚くて、いかにも頑丈そうな立派な書物なのですが、何分にも古い本ですので触れると壊れてしまいそうなたたずまいで鎮座していました。瀬崎先生にお願いして閲覧させていただいて、奥付などをノートに書き写しました。出版年は明治二十五年です。

（奥付）
明治二廿五年十月十一日　印刷
同年同月十三日　出版
著者　曲亭馬琴　高井蘭山
發行所　一二三堂
專賣所　大川屋書店
新編水滸傳全

岡寛治

寛平さんの生年ははっきりしないのですが、明治三十三年に二十四歳で亡くなっているのは間違いなく、戦前の歿年表記は数え年ですから、逆にたどって明治十年の生れと推定されます。ちょうど西南戦争があった年です。紀見峠に生れ、おそらく柱本尋常小学校を出て、それからどうしたのか、よくわかりません。東京に出て早稲田大学の前身の東京専門学校や中央大学の前身の東京法学院に通って法律を勉強していた模様です。

岡先生の父は坂本寛治という人で、男ばかり四人兄弟の三番目。齋藤寛平は末の四男でした。上の二人の兄は、長兄が岡寛剛《おかひろたけ》、次兄は谷寛範《たにひろのり》といい、どちらも和歌山市内の和歌山中学に進んでいます。ところが、途中から岡家の教育方針が変化したようで、寛治さんと寛平さんは東京に向い、ともに法律を学びました。坂本寛治は明治大学の前身の明治法律学校を卒業しています。坂本寛治も齋藤寛平も和歌山中学の卒業生名簿には名前の記載がなく、他の中学を出たのかどうかも不明ですが、たぶん小学校を卒業して上京して予科に入り、それから本科に進んだのでしょう。

三男の父寛治と次男の寛範、四男の寛平が岡の姓を名乗らないのはどうしてかというと、徴兵免除の措置を受けるためで、明治初期の徴兵令には、嫡子、すなわち一家の長として家督を継ぐ立場にある者は徴兵を免除されるという規定がありました。それで寛治さんは坂本を名乗り、寛平さんは齋藤を名乗ったのですが、他家に養子に入ったわけではありません。次兄の寛範さんは実際に谷家の養子になりました。そのようなわけで岡先生は生れた当初は「岡潔」ではなく「坂本潔」でした。ところが、岡家の長兄の寛剛さんが事故で早世し、祖父の岡文一郎が中風で倒れたため寛治さんが姓を岡にもどして岡家を継ぐことになり、それに伴って岡先生は「岡潔」になりました。そのとき岡先生は柱本尋常小学校の六年生でした。郷土資料館の『新編水滸伝』には、ローマ字で

K.SAiTO

と記入されていました。これは寛平さんの手書きの文字と思います。刊行年の明治二十五年には寛平さんは十五歳。上京した寛平さんは刊行後まもない水滸伝を見つけ、購入したのでしょう。もうひとつ、

齋藤寛平氏　愛讀之書也

という書き込みも目に入りましたが、これはだれの字と見るべきなのでしょうか。自分の名前に「氏」をつけるのは変な感じはたしかにありますが、文字を眺めていると、寛平さんがたわむれに自分で書いたのであろうと自然に感じられました。

寛平さんが亡くなった年の翌明治三十四年に岡先生が生れました。岡先生は柱本尋常小学校を卒業して粉河中学を受験したのですが、一度目は失敗し、紀見尋常高等小学校の高等科に一年間だけ通いました。そのころ書庫で水滸伝を見つけ、おもしろさのあまり倉にこもって読みふけったと、後年、岡先生はエッセイに書きました。倉というのは、はじめての和歌山行のおりに見つけたあの倉のことですが、続いて郷土資料館で水滸伝の実物を見ることができたのは感銘の深い出来事でした。非常に立体的なイメージが心に結ばれました。机上の思索だけではありえないことで、フィールドワークならではの味わいと思います。

喫茶店「サフラン」にて

郷土資料館の他の展示物を見ると、岡先生が履いていたゴム靴とオーバーコートがありました。それと、岡先生が受けたいろいろな賞の賞状の写真がありました。文化勲章の勲記をはじめとして、文化功労者顕彰状、日本学士院賞の賞状、朝日賞、毎日出版文化賞、それに橋本市の名誉市民の称号を贈る言葉の書かれた表彰状が並んでいました。文化勲章の勲記などの文面を見るのははじめてのことでした。郷土資料館訪問はこれで終りました。

翌日、再び和歌山に向い、紀見峠駅で降りて駅前の「サフラン」という喫茶店に入りました。この日は特別の目当てがあったわけではなかったのですが、紀見村と紀見峠から離れがたい気持ちがあり、とりとめもなく村を歩いてみようというほどの考えでした。サフランの主人との四方山の話の中に紀見村の今昔の物語があり、柱本小学校も話題にのぼりました。柱本小学校は柱本尋常小学校の後身で、主人も卒業生のひとりです。前回の紀見村訪問のおりに出会った松本茂美さんのお住まいは紀見峠駅のすぐ前ですが、そのあたりは矢倉脇といい、住民は百十軒ほどで、昔からの人ばかりです。ところが、最近になって城山台団地とか三《みつ》石台《いしだい》団地など大型の団地の造成が続き、急激に人口が増えました。千軒以上にもなったとか。一番はじめにできたのが城山台団地で、(平成八年の時点から振り返って)十五年前ということですが、急にこの地区に人が集ったため、南海高野線にも「林間田園都市駅」という新駅が設置されました。新しい住民たちはみなこの駅から大阪方面に通勤するのでしょう。

ニュータウンができる前は柱本小学校の児童は減少の一途をたどり、十八年前には全学年を合わせても百二十人とか百三十人程度になり、百人を切ったこともあるそうですが、今では八百人以上というのですから驚くほかはありません。柱本小学校の校区は旧紀見村地区の北部で、もともと二百六十軒、二百七十軒ほどだったところ、今は紀見ヶ丘団地に九百軒、光陽台団地に二百軒。団地の中には中学校もあります（これは平成八年三月に喫茶店「サフラン」でうかがった話です。人口はその後も変遷し、平成二十八年十二月末の時点での世帯数は紀見ヶ丘団地が千九十、光陽台団地は四百二十二です。柱本小学校の児童数も変遷したようで、平成二十八年の時点で百三十五人と記録されています）。

サフランの主人にこんな話のあれこれをうかがった後、道順を教えていただいて柱本小学校に向いました。

学籍簿

喫茶店「サフラン」を出てメインロードを下ると、道が二つに分れます。左の道に行くと国民宿舎「紀伊見荘」に出て、紀見峠へと続きます。右の道に進むと住宅街に出ます。「マイハンド」というホームセンターの左側の横に国道に出る信号がありますので、まっすぐ前方にわたっておよそ百メートルほど進むと右にまがる広い道に出て、紀見ヶ丘地区に入ります。そこからひとつ目の信号を左折すると、サフランで教えられたとおり、柱本小学校がありました。峠の麓とはいうものの、それでも標高は二百六十四メートルもありました。

校歌の作詞者のところに北村俊平さんの名前が見えます。俊平さんもまた卒業生のひとりです。

校長先生に挨拶して訪問の趣旨を伝えると、尋常小学校時代のおもかげの残る古い学籍簿を出してくれました。記載されているのは明治三十九年からということですが、これはこの年に小学校の合併が行われたためで、柱本、矢倉脇、それに慶賀野地区にあった三つの尋常小学校が合併して新たに柱本尋常小学校が設置されました。尋常科のみで、高等科はありません。学籍簿の番号は一六四番まで欠番で、一六五番から始まります。従来の記録は失われ、百六十四個の欠番の中に小さい歴史が宿っているのでしょう。

岡先生が入学したのは明治四十年の四月で、入学時の名前は「坂本潔」でした。それから二年生の二学期に大阪の菅南尋常小学校に転校し、六年生のとき帰郷して、また柱本尋常小学校にもどりました。このとき姓が変って「岡潔」になりました。

卒業時の記録がわずかに残り、大正二年三月二十五日、尋常科卒業と記載されています。学籍番号は「三三一」。同期生は男十七人、女十人で、計二十七人。山村の小さな学校なのでした。

柱本小学校を離れた後、慶賀野の一ノ瀬さんのお宅を訪ねました。そこは紀見峠の岡家が取り壊されることに決まったときの岡家の転居先で、岡先生は昭和十四年の夏から昭和二十三年の春までここに住みました。この家のことは二月の和歌山行のおり、北村市長に教えていただいて、それ以来、念頭にありました。一ノ瀬さんは在宅中でしたので、ちょっとだけお話をうかがいましたが、一ノ瀬さんは岡先生が紀見村を離れてからすぐ後にここに移ったわけではなく、北村暾《きたむらとん》さんから買い取ったとのこと。それで、岡先生が住んでいたころのことは知らないということでした。一ノ瀬さんが移ったときの家は東向きで、そのためか、よく空き巣が入り、あまり頻繁すぎるというので家の全体をぐるりと回して南向きにしたのですが、それでもその後一度、空き巣に入られたとおもしろおかしく話してくれました。

北村暾さんは北村市長の兄で、俊平さんの長男ですが、この慶賀野の家はもともと暾さんの奥さんの実家の持ち家でした。

慶賀野集会所

昭和二十三年の春のある日、正確な日時はわかりませんが、慶賀野の最初の家を引き払った岡先生は、同じ慶賀野地区内の別の家に移りました。岡先生の父は紀見峠の家で亡くなり、母と祖母は慶賀野のはじめの家で亡くなりましたので、慶賀野の第二の家に引っ越したときはみちさんと三人のお子さんだけの五人家族になっていました。

そこでその慶賀野の第二の家を見たいと思ったのですが、ここから先はどうしたのか、どうもはっきりと思い出せません。柱本小学校を出た後、一ノ瀬さんのお宅を訪ねようと思い、途中で道を尋ねたことは覚えています。下坂さんの大きな家が目印で、その上の家がそうだと教えてもらいました。この探索は成功し、一ノ瀬さんにお目にかかることができました。ここまではまちがいありません。それから第二の家の所在地については、慶賀野集会所というヒントがあり、その近くと教えられました。この慶賀野集会所というキーワードを教えてくれたのは北村市長だったように思います。

それでこの日の散策の際には「一ノ瀬さん」と「慶賀野集会所」の二語はすでに念頭にあり、柱本小学校を離れて一ノ瀬さんのお宅を尋ねたときの四方山の話の中で、慶賀野集会所の所在地もお尋ねしたという経緯だったように思います。二冊目のノートに乱雑に書き留められているメモを見ながら当時の情景の回想を試みると、このノートには集会所の近辺の様子を伝えるメモがあり、国道、国道と平行な小道、交通信号、川上酒店、お堂などという言葉が記されています。集会所の角に物置小屋があったけれども、今年整地されてなくなったということや、牛小屋の裏手に農協の出張所があり、そこを半分ほど借りて岡先生の家族が住んでいたことなども書かれているのですが、どうしてこのようなメモを書いたのか、明確な記憶が欠けています。集会所の近辺を散策したことや、近所の人に話を聞いたことは覚えています。それと、柱本小学校から慶賀野方面に歩き始めると、まずはじめに到達するのは集会所で、一ノ瀬さんのお宅はもう少し先になります。

あれこれを考え合わせると、実情はこんなふうだったと思います。柱本小学校を出てから途中で道を尋ね、集会所の附近にたどりつきました。川上酒店があり、集会所の看板の出ている建物が見つかり、その道向いにはお堂がありました。岡先生はどこに住んでいたのか、この時点ではまだ正確な場所は把握していなかったのですが、通りかかったおばあさんに声をかけてお話をうかがいました。農協の出張所のこと、集会所の角の物置き小屋のことなどはそのとき聞いた話です。岡先生たちはいつまでここにいたのですかと尋ねると、そのおばあさんは、私が嫁に来たころだから昭和二十七年あたりと思うと応じました（実際には昭和二十六年の春、奈良市に転居しました）。

当時の岡先生の様子を伝えるエピソードもありました。岡先生は棒で地面をたたきながら歩いていたとか、石を投げて、ああ、何メートル飛んだ、と言ったとか、井戸に石を投げてしぶきが何メートルあがったと言って何度も繰り返していたというようなことでした。奥さんのみちさんは眼鏡をかけていて、上品な人だったとも。そこにもうひとり、おばあさんが通りかかりました。岡先生はどんな方でしたかと尋ねると、そのおばあさんは、開口一番、まあ、ハンキチやな、と答えました。いつも着物をぞろびかせて（着こなしがだらしないという意味でしょうか）歩き、襟もとには食べ物のかすがこびりついていたというのです。ハンキチは「半分きちがい」というほどの意味ですが、そんな岡先生の風貌に何かしら畏敬の念にも似た恐るべきものを感じ取っていたようで、「あんたもあのくらいやらなあかんで」と、不思議な言葉でぼくを励ましてくれました。

岡先生は馬小屋を改造した家に住んでいたというふうな記事を何かで読んだ記憶がありますので、そうなんですかとおばあさんにうかがうと、馬小屋ではなくて牛小屋だというお返事でした。

それで肝心の岡先生の旧居はどこなのか、まだはっきりしないままに集会所の隣の空き地がどうもそれらしいという印象をもち、その足で一ノ瀬さんのお宅を訪ねたのでした。平成八年三月のフィールドワークはこれで終りました。

大垣内さんの話

フィールドワークの合間には手紙を書いたり、電話をかけたり、図書館に調べものにでかけたりしていたのですが、紀見峠の岡隆彦さんとの連絡も続いていました。隆彦さんは、岡先生をよく知る人を三人紹介したいから、こちらに来るときは前もって声をかけてほしいと提案してくれました。願ってもないことですし、ぼくも大いに乗り気になり、六月に入ってこの計画が日の目を見る機会が訪れました。

平成八年六月、ぼくはまた紀見村にでかけました。今度はあらかじめ打ち合わせておいて、紹介していただく三人の人に会う段取りも整っていました。はじめに案内していただいたのは、慶賀野の大垣内《おおがいと》清正さんのお宅でした。以下、大垣内さんの話です。

当時は内風呂のある家は少なく、数えるほどしかなかったので、風呂のある家が風呂をたくと、隣近所の十件ほどの家々の人がみんなこぞって風呂に入りに行った。岡先生は風呂が好きで、一時間ほどかけてゆっくり入った。長風呂は迷惑になるが、岡先生はそんなことは気にしなかった。エアシップという上等の煙草を吸っていた。学問と関係があるのかどうか、草の根っこをじっと見つめていた。麻雀と囲碁、将棋、どれもとても強かった。早野さんという将棋の強豪がいて、岡先生と一局に半日以上もかけて指していた。麻雀は一局こなすのに四時間はかかったが、途中で数学のアイデアが浮かぶと、タイム、と言って研究に向かう。万年床でメモを書き、論文ができると奥さんがそれをフランス語に直した。

フランス語の論文はみちさんが書いたというのは実情と異なりますが、隆彦さんも、岡先生のフランス語をみちさんが添削したというふうなことを話していましたから、何かしらそんな印象をかもすエピソードがあったのかもしれません。

ここで隆彦さんが話を引き取って、雲間から日が射した瞬間をはずしたら、次にいつ大陽が顔を出すかわからんと岡先生が言っていたという話をしました。奈良女子大で講義をしているときも、ぱっとアイデアが浮かんだら教室を飛び出して研究に没頭したのだそうです。

大垣内さんの話が続きます。大垣内さんは岡先生にコーヒーを習ったそうで、連れ立って難波に出て、心斎橋の横の喫茶店までコーヒーを飲みに行きました。高校生のときのこと、物理の計算問題を質問すると、岡先生は、自分は計算はようせんと応じ、長女のすがねさんに向かって、教えてやりなさいと言ったとか。めんどうだったのでしょう。

大垣内さんは岡先生の小学校時代のエピソードも聞いたことがありました。岡先生は米の木綿の一斗袋に勉強道具を詰めて通い、けんかのときはその一斗袋を振り回したというのでした。級友たちとよくけんかをしたようで、岡先生自身もエッセイにそんなことを書いています。ただし、けんかの仕方は大垣内さんが聞いた話とエッセイの記述ではちょっと違っています。

柱本尋常小学校を卒業した岡先生は粉河中学を受験して失敗してしまい、一年間だけ（柱本尋常小学校には高等科が設置されていませんでしたので）紀見尋常高等小学校の高等科に通いました。岡先生はこの話を後年のエッセイで何度も繰り返して語っていますので、ぼくも知っていましたが、大垣内さんにも、（入試には）算数と理科しか出ないと思っていたので弱ったという話をしていたそうです。この話もまた後年のエッセイの記述とはちょっと違います。

文化勲章を受けたとき、岡先生は天皇陛下の顔を見たら目がつぶれると思っていたので、よう見らんだ、と大垣内さんに話したそうです。文化功労者にもなって年金がもらえるようになり、奈良女子大での教職にもついていましたから岡家の経済状態は大いに好転したのでしょう。文化勲章を受けた後のある日、岡先生を訪ねた大垣内さんに、清正君よ、と話しかけ、もうパンの心配はないからゆっくり泊まっていけ、と言ったそうです。これを聞いた大垣内さんはこのときはじめて、ああ、岡先生も食べる心配をしていたのだと気づき、学問というのは資産がないとできないとしみじみと思ったということでした。

城野さんの話

岡先生の思い出を語る大垣内さんの言葉を、もう少し拾ってみたいと思います。南海高野線で岡先生といっしょになって紀見村に向かったとき、岡先生は一心に思索にふけり、電車が紀見峠駅に近づいても降りようとする気配が見られませんでした。そこで、もう降りましょう、と声をかけたところ、電車の中で「ばか!」と大声でしかりつけられました。考えごとをしていたのをじゃまされたからなのですが、後に、あのときはすまなかったとわびて、実は、と弁明したそうです。

野の花が好きで、きれいな花の前にすわり込んで何時間も眺めていることもありました。村の人の中には岡先生のことを「おっちゃん」などと気安く呼ぶ人もいたそうですが、年輩の人は「博士《はかせ》」と呼んでいました。岡先生は京都帝大出身の理学博士でしたし、この界隈に博士は岡先生ひとりしかいませんでした。

隆彦さんもときおり話に加わり、おもしろいエピソードを披露しました。昭和十四年の夏に紀見峠から慶賀野に移ったとき、手伝いに出向いた隆彦さんが本を行李に詰め込もうとして、詰め込む前にいったん地面に置いたところ、大いに叱られたのだとか。「知る」と「感じる」の違いを教わったこともありました。火ばしを熱くして肌に近づけると「熱い」と感じますが、これが「感じる」です。その火ばしにじかにさわると、「熱い」ことがわかりますが、これが「知る」です。これも隆彦さんの話です。こんな話のあれこれをこもごもうかがって大垣内さんとお別れしました。

次に案内していただいたのは城野さんのお宅でした。城野さんの奥さんが出迎えてくれましたが、大垣内さんのお姉さんということでした。岡先生の字が書かれている扇子を見せていただきました。それは「無我」という字で、郷土資料館で見たものと同じものでした。何かの記念のおりに複製をたくさん作ったのでしょ

う。城野家には色紙もあり、それには

人間無欲にして
働くときが最も
幸せである

と書かれていました。実物を見せていただいたように思っていましたが、これも複製だったのかもしれません。

以下、城野さんの奥さんの話です。

当時は風呂のある家は少なく、風呂のない家の人はもらい湯をしたという話は大垣内さんからもうかがいましたが、城野さんの奥さんは岡先生にいつも一番風呂に入ってもらえるようにしていました。それで、先生、風呂がわきました、と呼びに行くと、岡先生は他人の都合はおかまいなしで、自分の都合のよいときにやってきました。風呂に入っている岡先生に、おかげんはどうですか、と声をかけると、たいていの人なら、けっこうです、と遠慮して言うところ、岡先生は、そうですね、少しぬるいですか、と率直に応じました。そこで少しあたためました。こんなふうに、思った通り、はっきりと、いつも気持ちよく物を言いました。

岡先生は万年床に寝ていましたが、まるでトンネルみたいになっていました。

庭で飼っていたうさぎが庭を掘って縁の下に入り込んで寝床にしました。そのうち床の間の下がくさってしまいました。すると岡先生はうさぎを座敷に上げて、放し飼いにしました。

村の人は岡先生のことを「先生」「おっちゃん」「博士」と呼んでいました。

昭和二十一年十二月の南海地震のおり、婦人会などで、衣類を供出して支援物資を送ることに決まりました。城野さんは錦紗の羽織を出しましたが、岡先生の奥さんは木綿のかすりをさっと出してきました。戦後すぐのことであり、当時は木綿がとぼしく、貴重な品物でした。これを見た城野さんの奥さんは、みなは不要なものを出すが、岡先生の奥さんはみなが必要とするものを出す、偉い人だと思ったとつくづく感じ入ったということでした。岡先生の奥さんはよく人の世話をして、そのうえそれを少しも鼻にかけない人でしたが、岡先生の方はとっつきにくく、どことなくこわい感じがありました。

岡先生の手紙は奥さんが郵便局で目を通してから出す、という話もありました。岡先生が自分で郵便局にでかけることも確かにありましたから、いつも奥さんの目が通されていたということはないのではないかと思いますが、何かしらそんなうわさを誘う出来事があったのでしょう。

このような話が相次いで興味は尽きませんでしたが、おいとまの間際に、こんなものがあると言って、森本弘先生が書いた交友記「岡潔先生のこと」（昭和三十六年刊行）のコピーを見せていただきました。森本先生は柱本小学校の校長先生だった人で、岡先生を尊敬し、たびたびおじゃましてお話をうかがっていました。お借りしたいのですがと申し出ると、どうぞおもちになってくださいとのことでしたので、いただきました。岡先生の郷里ならではのすばらしいお土産でした。

下坂さんの話

城野さんの次に訪ねたのは同じく慶賀野地区の下坂さんでした。下坂さんの奥さんが待っていて、さっそく岡先生の話が始まりました。「がらうす」（と聞えました）という米をつく道具があり、いっぺんに三升ほどの米を六百回ほどつきます。岡先生は「がらうす」に縄を結び、子どもといっしょに数へながらついていたそうです。子どもというのは長男の熙哉さん。「がらうす」は郷土資料館にあるかもしれないとも教えていただきました。

岡先生はいつも着物を着て村を歩き、川に石を投げ、そのままの姿勢で石の行方をじっと見つめていました。石はよく投げていたようです。下坂さんの分家の竹薮を開いて畑にして、さつまいもを作り、風呂敷に包んで背負ったという話もありました。戦中戦後に農作業に打ち込んだことは岡先生もエッセイに書いていますが、こんなふうに紀見村の現場でうかがうと臨場感がありました。下坂さんの奥さんが女学生のころ、いっぺん岡先生に聞きにいこうかと友だちと語り合い、岡先生を訪ねて数学の質問をしたところ、いろいろな仕方で解いてくれたそうです。

岡隆彦さんもおりに触れて岡先生の話をしました。隆彦さんのお父さんの岡憲三は明治二十二年二月十五日のお生れです。ちょうど二日前の二月十三日に明治憲法が発布されましたので、憲法の「憲」の字を採って「憲三」と命名されました。隆彦さんはそんなエピソードを披露して、二月生れだから本当は「憲二」するところだが、「憲三」になった、と言い添えました。その方が語呂がよかったのでしょう。憲三さんは紀見村の役場に勤めて、「役場の生き字引」と言われていたそうです。

隆彦さんは昭和十四年の四月に天王寺師範学校に入学し、昭和十七年三月に卒業して教職につきました。岡先生は無職で、家の資産を切り売りしてしのいでいましたので、売り食いではなくなるだけだからお勤めをしたらどうかと隆彦さんがすすめたところ、岡先生は、今は売るものがあるが、売るものがない人もいる、だから勤めるのはそういう人たちの後でいいと応じたそうです。戦後になって奈良女子大学に勤務しましたが、そのころになると切り売り生活もいよいよ行き詰まり、就職するほか道がなくなってしまったのでしょう。

岡先生は紀見村のころは下駄を履き、歌を歌いながら歩いていました。奈良に移ってからレインシューズを履くようになりました。郷土資料館にあった靴もレインシューズでした。奈良女子大ではじめ毎週月曜日の三、四限目に講義がありましたが、月曜日は百貨店が休みというので、火曜日に変えてもらったのだとか。切り売り生活のあげく岡家の資産はほとんどなくなってしまいました。それでも岡先生は、ぼくは岡潔という名前だけいただいたらけっこうです、と平然としていたそうです。

慶賀野の第二の家について

平成八年六月の三回目の紀見村行の話を続けたいと思います。下坂さんの奥さんにおいとまして、隆彦さんと連れ立って林間田園都市駅まで歩きました。隆彦さんはそこからバスに乗り、紀見峠の自宅に戻っていきました。まだお昼を少しすぎたころで、時間に余裕がありましたので、郷土資料館を再訪する考えになり、南海高野線で隣駅の御幸辻に向いました。瀬崎先生に挨拶し、展示物をもう一度丁寧に閲覧しました。他の展示物も見物し、これが「がらうす」と教えていただきました。

あらためて観察すると、岡先生の研究記録の断片が一枚だけあり、「1947. 5. 2」という日付と、「第十二日」という文字が読み取れました。たった一枚ではありますが、岡先生の研究記録の実物を目にしたのはこれがはじめてのことでしたし、強く心を打たれ、しげしげと眺めたものでした。これに加えて、奈良の岡先生の御自宅には、このような研究ノートが大量に保管されているのだろうと思われて、奈良行への期待が芽生えました。

瀬崎先生にお願いして岡先生の「文稿帳」のコピーを作らせていただいて、郷土資料館を後にしました。それから御幸辻駅までもどり、紀見峠駅に向い、喫茶店でひと休みしました。やや不十分に終った三月の慶賀野散策をもう一度試みたいと考えたのですが、それに先立って入った喫茶店は、ノートにははっきり書かれていないものの、前と同じサフランに間違いありません。ここで、岡先生の慶賀野時代に小学生だったという人に会いました。

以下、地元在住の往時の小学生に聞いた話ですが、岡先生の一家が奈良に引っ越したのは昭和二十六年の春のことですが、そのとき柱本小学校の児童と先生たちが揃って紀見峠駅に見送りに行ったそうです。また、岡先生は村を放浪し、あちこちにしゃがみ込んで木の枝で地面に何事かを書きつけたりしました。そんなとき、村の子どもたちは岡先生を取り囲み、わいわいと囃したてました。おれらは「きちがい博士」と呼んでいたというのですが、この話には何かしら心に響くものがありました。岡先生の慶賀野の第二の家について尋ねると、こんな話をしてくれました。現在さら地になっている角の土地は昔は牛小屋だった。牛小屋を改造して酒屋が使っていた。そこが岡先生の住まいになった。岡先生が奈良に転居した後、柱本小学校の給食のおばさんが娘といっしょに住んだ。その後、柴田さんというダンプカーの運転手をしていた人が住んだ。それからしばらく空き家になった後、農協の出張所になり、それをさらに建て替えてできたのが慶賀野集会所だというのでした。集会所はクラブと呼ばれていたともうかがいました。

この話には具体的なところもありますが、これを採ると岡先生の住まいはかつての牛小屋そのものであることになり、しかもそれは後に農協の出張所になり、さらに集会所になったことになります。そうすると集会所の位置は現在のさら地と重なることになって、現状と矛盾します。どこかで脈絡が微妙にずれたのでしょう。北村市長の話では「農協の物置小屋」に移ったということでしたし、三月十八日の慶賀野散策のおりに、集会所の角に物置小屋があったこと、今年のはじめになって物置小屋と牛小屋が取り壊されたことを聞きました。あれこれを勘案すると、物置小屋と農協の出張所は同じもので、牛小屋と合わせて現在のさら地の位置にあったと考えるのが正解ではないかと思います。

農協の物置小屋もしくは出張所というのは農作物を集積して処理する場所のことで、「処理所」と呼ばれていました。

喫茶店サフランを出てから慶賀野集会所の近辺を再度散策し、それから根古川漁業協同組合に出向きました。部屋に岡先生の色紙が掲げてありました。

人の子は生れ
て四十二日目には
他の顔を見て
懐しそうに笑う
　　岡潔

この日も紀伊見荘に泊まりました。

向平先生

サフランで会った往時の小学生さんは、岡先生のことならこの人に訪ねるとよいと、二人の人の名前を挙げました。一人は柱本の極楽寺の住職、もう一人は、柱本小学校の先生をしていた向平寿美子先生です。極楽寺は岡家の菩提寺で、岡先生が奈良で亡くなったとき、市内の浄教寺で行われた葬儀にも極楽寺の住職が副導師として参加しています。極楽寺を訪ねる気持ちはあったのですが、何となくのびのびになってしまい、今もそのままになっています。一度は訪ねてみようと思い立ち、電話をかけたところ、御住職が留守で連絡をとれなかった記憶があります。御縁がなかったのでしょう。向平先生とはその日のうちに電話で話すことができ、翌日、お訪ねすることになりました。

向平先生のお宅は紀見峠駅の近くです。向平先生は、こんな電話があったが、どういう人かと教員仲間の岡隆彦さんに尋ねたそうで、隆彦さんは、あの人はこれこれの人でとこれに応じたとうかがいました。柱本小学校の教員時代の校長は岡先生を尊敬していた森本弘先生です。向平先生はその森本先生を尊敬していたようで、森本先生が一番偉いと言われました。森本先生は昭和二十二年四月に柱本小学校に校長として赴任し、昭和二十七年三月までの五年間にわたって勤務しましたが、昭和二十六年の春、岡先生の一家が奈良に転居するという出来事がありました。このとき柱本小学校の運動場で式典が挙行され、それから森本先生が児童全員を引率して紀見峠駅に行き、岡先生たちをお見送りしたということです。岡先生の次女のさおりさんはちょうど小学校三年を終えたところで、向平先生のお子さんと同級でした。

柱本小学校の歴史についても教えていただきました。現在、紀見ヶ丘にある校舎は柱本地区から移転したときに建てられたのですが、柱本時代の昭和二十八年のはじめに新校舎が建設されました。校舎改築記念日

柱本尋常小学校

は同年二月十三日と記録されています。この新校舎の前に旧校舎があり、岡先生が通ったのはその改築前の校舎です。校庭にアカシアの木が立ち、柱本小学校は尋常小学校の時代から「アカシア学園」と呼ばれていました。

紀見峠時代の岡先生の変った行動については向平先生にも思い出があり、なんでも岡先生は牛の歩き方に興味があったとかで、あるとき牛を引いている村の人にちょっと待ってくれと話し掛け、四本の足をどう動かすのか観察したいから、と言ったそうです。これは奇行というほどのことではないと思いますが、話し掛けられた人はびっくりしたかもしれません。

古いアルバムを見せていただいて、旧柱本小学校の写真をお借りしておいとましました。

03 中谷兄弟の消息

岡田泰子さんを訪ねて

六月八日、お昼前に岡先生の妹の岡田泰子さんに電話をかけたところ、すでに岡隆彦さんから消息が伝わっていたようですぐに話が通じ、お昼すぎにお訪ねすることになりました。泰子さんはお子さんといっしょに暮らしているのですが、おひとりで出迎えてくれました。応接間の壁には額に入った岡先生の色紙が掲げられていました。以下、泰子さんにうかがったあれこれの話です。

はじめに岡先生がこの世にお別れしたときの模様を話してくれました。岡先生は昭和五十三年のお正月に体調をくずし、回復せず、三月一日の未明に亡くなったのですが、一月の半ばすぎあたりから起きあがれなくなりました。泰子さんは、ぜひ泰子さんに会いたいという岡先生の意向を受けて、お見舞いに出かけ、そのまま最後を看取りました。岡先生は、「お番茶をくれ」と言って番茶ばかり飲み、そのためか、亡くなり方がきれいでした。

「どうもありがとう、どうもありがとう。もう遅いから泰子ももうおやすみ」と泰子さんに語りかけ、ちょっと眠り、眼を覚まして、「本当にありがとう。あすの朝はもういないだろう。おやすみなさい」と言いました。亡くなった日の夜は春一番が吹き荒れていて、まるで春一番に乗って天上に登っていったみたいでした。泰子さんは、死に方も教えてくれたように思ったそうです。梅の花が好きで、ちょうど紅梅の花が三輪咲いたのを切ってきてくれと頼まれました。それを見ながら亡くなりました。

このような話がひとしきり続いた後、泰子さんは御自身のことを語りました。橋本市の丸山公園に岡先生と泰子さんの祖父、文一郎の旌徳碑があり、碑の撰文は大阪朝日新聞主筆の天囚《てんしゅう》こと西村時彦でした。この話は岡先生のエッセイを読んで承知していましたが、泰子さんはその西村天囚の養女になったというのでした。まったく思い掛けないお話でした。

西村天囚は宮内省の御用掛になって東京に出て、子供がなかったので泰子さんを養女にしたいと望みました。これは実現し、泰子さんは女学校を出てすぐ、天囚に連れられて上京しました。女学校は堺高等女学校でした。橋本にも女学校があったのですが、兄の岡先生は橋本女学校ではつまらないという考えでした。受験のときは岡先生と父親の寛治さんが堺まで付き添ってくれました。祖母は「つるの」さんといい、泰子さんはお祖母さんにかわいがられて成長しました。西村天囚は島津家の歴史を書く仕事に取り組んでいました。

大正十四年四月、泰子さんは岡田弘先生と結婚しました。岡田先生は天囚の親友の岡田正之のお子さんです。紀見峠の岡家ですごしたころの思い出もありました。岡先生と泰子さんはいつもいっしょに遊びました。いくつのころの話なのか不明ですが、二人で雨戸をはずしてはげ山にもっていき、いっしょに雨戸に乗ってすべり降りて遊んでいたところ、危険だからというのでお母さんの八重さんにひどく叱られたそうです。柿の木にいっしょに登ったこともありました。岡先生は自分ではおいしそうな柿の実を食べるくせに、泰子さんにはわざと固い実を投げてよこしたりしました。箱庭もいっしょに作りました。仲のよい兄と妹なのでした。

岡田泰子さんを訪ねて（続）

泰子さんの御主人の岡田弘先生は東大の文学部仏文科を出た人で、泰子さんといっしょに静岡に移り、静岡高等学校（旧制度の高等学校で、略称は静高文学部）でフランス語を教えていたのですが、米英との戦争が始まってから静高ではフランス語を教えないことに決まりました。この間の経緯をもう少し詳しく回想すると、昭和十八年四月、文科丙類の生徒募集が中止されました。文科丙類はフランス語を第一外国語とするクラスです。静高ばかりではなく、この措置は一高と三高だけを例外として、全国のすべての高校で行われました。同年九月、文科丙類の最後の第二十回生が繰り上げ卒業となり、これでフランス語を学ぶ生徒がいなくなり、岡田先生も仕事がなくなってしまいました。

昭和十九年十一月、岡田先生は外務省電信課嘱託の辞令を受け、外務省に勤務するため静高に辞表を提出し、家族を静岡に残して単身上京しました。末の弟の岡田譲《おかだじょう》さんが母とともに疎開している先の茨城県水海《みつかい》道《どう》町に住み、ここから外務省に通いました。

昭和二十年六月十九日の夜、正確には午前零時を回っていましたので六月二十日のことになりますが、未明午前三時五十分まで、およそ三時間にわたって静岡市が空襲を受けました。水海道にいた岡田先生は静岡市全滅との知らせを受け、急遽静岡にかけつけました。岡田家のあたりは無事なことは無事だったものの、次はどうなるかわかりませんし、紀見峠に疎開することに決まりました。岡田先生は外務省の仕事がありますので水海道に残り、泰子さんは四人の子ども（男の子三人、女の子一人）を連れて紀見峠に移り、今も残るあの岡家の倉に落ち着きました。紀見峠に到着したのは七月二十九日のことでした。

戦争が終って昭和二十年九月になると、岡田先生は外務省の終戦連絡事務局関西支局に転出することになりましたので、紀見峠にやってきて、大阪府庁内にある支局に通勤しました。翌年一月、岡先生の母校の三高に職を得て、昭和二十三年三月に紀見峠を離れて帰京するまで三高でフランス語を教えました。帰京後は法政大学に勤務しました。

昭和二十年七月末から昭和二十三年三月まで、泰子さんたちの紀見峠での暮らしは三年に満たずに終りましたが、この間、泰子さんは岡先生の指南のもと、農作業に取り組みました。岡先生が「狐のかみそり」という不思議な名前の植物を刈ってくるようにというので刈り集め、畝の一番下に入れました。「狐のかみそり」は熱を出すのだそうです。その上に落葉を敷き、さらにその上に肥をやり、土をかぶせました。畝は普通は五寸ほどのところ、岡先生の指示通りにして作った畝は一尺もありました。大麦、さつまいも、馬鈴薯、とまと、グリーンピース、とうもろこしと、さまざまな作物を作りました。とまとは大きくて真っ赤。さつまいもは甘くておいしくて大きいのが五個も六個もつきました。グリーンピースはさやが大きくて、いっぱい実がつまっていました。近所の子どもたちにも自由にとって食べるように言いました。ただし、茎を傷めては駄目だと注意しました。また、石垣の回りにいくつも穴を掘り、石垣に蔓をはわせてくりかぼちゃを作りました。一個が四貫五百匁もありました。戦中はもっぱら岡先生が一人で百姓をして食糧増産に打ち込んでいたそうですが、泰子さんが疎開してきてからは泰子さんや子どもたちの作業の総指揮をとるだけで、自分では農作業はしなかったそうです。

一日遅れると様子が違ってくるから、お月さまが出ても、今日の分は今日のうちに全部やるようにと指示されました。こんなふうにして毎年立派な野菜がとれたのですが、三年もたつと土地が枯れる、いつまでも肥えているわけではなく、同じようにはできない、だからもう東京に帰るようにと岡先生が言いました。子どもの成長の盛りに野菜だけではだめで、蛋白質をとらせなければならないというので、山の木を切り出して売って工面して泰子さんにわたしたそうです。親切で欲のない兄でしたねえと、泰子さんは往時を回想しました。昭和二十三年の春といえば岡先生も慶賀野の第二の家に転居しなければならなくなった時期でした。岡田先生の勤務先の三高も学制改革により解散の日が近づいていたことでもあり、岡田家としても帰京の潮時だったのでしょう。

岡先生は散歩のとき、胸元にチョークのようなものを入れて、ときおり道端にしゃがみ込んで何かを書きつけていたそうです。父の寛治さんは、数学者にするにはお金の心配をさせてはならないという考えで、思慮深い人でした。寛治さんが岡先生にお菓子やお茶を運ぶとき、じゃまにならないように障子の外にそっと置いたという話もありました。これは岡先生が京大の一年生の冬休みに紀見峠にもどったときのエピソードで、岡先生も御自分でエッセイに書いていましたが、三つ下の泰子さんはこのときまだ紀見峠にいて、そんな寛治さんの様子を目の当たりにしたのかもしれません。

岡先生は、数学と百姓は同じだ、根元さえがっちり固めておけばあとは自然に芽が出るからと言っていたそうです。数学は百姓に似ているという話は、後年のエッセイ「春宵十話」でも語られました。

湊川神社訪問

泰子さんにお会いして親しくお話をうかがった後、帰途、新幹線の新神戸駅で降りて、市営地下鉄で湊川駅に向いました。湊川神社の吉田智郎《よしだちろう》宮司は岡先生とおつきあいのあった人と承知していましたので、お目にかかってお話をうかがいたいと思ったのでした。昭和四十三年、岡先生は湊川神社御鎮座百年祭奉賛会の顧問に就任していますが、これは吉田宮司のアイデアによるものでした。岡先生のエッセイにも吉田宮司のお名前が出てきます。百年祭は昭和四十七年五月二十四日に挙行されました。

吉田宮司は快く面会に応じてくれました。神社の宮司になるには国学院大学か皇学館大学の神道科を出る必要があるようで、全国の神社の宮司は出身大学により二分され、国学院出身の宮司さんたちは「院友」、皇学館出身の宮司さんたちは「館友」とそれぞれ呼ばれているという話を聞いたことがありますが、例外もあります。吉田宮司はその例外にあたり、熊本の第五高等学校を中退して、それから多少のいきさつがあって宮司になりました。その間の事情を詳しく話していただいたのですが、何分にも未知の世界のことで、理解が行き届きませんでした。著作がたくさんあり、何冊もいただいて帰途につきました。

吉田宮司御自身のことと湊川神社にまつわるエピソードはいろいろうかがいましたが、岡先生に関連する話は百年祭奉賛会の顧問就任を要請したことのほかにはありませんでした。ですが、吉田宮司の交友録をうかがう中に、岡先生とも親しい関係のある二人の人のお名前が登場しました。ひとりは保田與重郎先生、もうひとりは栢木喜一先生です。栢木先生は保田先生のお弟子で、戦前の国学院で折口信夫に源氏物語を学び、この当時は近畿超空会の会長でもありました。ちょうど『わが源氏物語への道』(創樹社)という著作を出したころで、吉田宮司に見せていただきました。岡先生と保田先生の間に交友があったことは岡先生のエッセイを読んで承知していましたが、栢木先生のお名前を耳にしたのはこのときがはじめてでした。

はじめての由布院行

三回目のフィールドワークからもどってしばらくすると、橋本市の市長秘書の北川久さんからお手紙をいただきました。北川さんとは二月はじめの第一回目のフィールドワークのおりに橋本市役所でお会いして以来のおつきあいです。美術評論に本来の志がある人で、その方面の雑誌にエッセイや論文を書いています。初対面のときからこのかた、岡先生にまつわる興味の深いあれこれのことをしばしば教えていただくようになりました。

このときの手紙にもおもしろいエピソードがいくつか記されていましたが、中でも関心を誘われたのは、橋本市の稲本参事の伝える岡先生の講演風景でした。稲本さんは岡先生の講演を二度聴いたことがあるそうですが、二度とも司会者による講師紹介の段階で岡先生を激怒させてしまい、散々だったとか。二度の講演のうち、ひとつは風猛会主催の講演会で、司会者はかつらぎ町大谷の草田源兵衛さんという人ということでした。風猛会というのは岡先生が卒業した粉河中学の同窓会です。草田さんは非常に高齢ではあるものの、御健在とも教えられました。

フィールドワークを始める前におおよその見取り図を心に描き、訪ね行く場所と人をある程度決めていたのですが、隆彦さんに会えば泰子さんのことを教えられ、紀見村地区に足を運べば市長さんを紹介され、お目にかかった席で北川さんに会い、その北川さんから今また草田さんのお名前を紹介していただきました。万事がこんなふうで、一度のフィールドワークは関連する新たなフィールドワークをいくつも誘発し、まだ始まったばかりというのにどこまでも拡散して、おさまりのつきそうにない様相を呈しつつありました。

八月は夏休みでした。今度は大分県由布院温泉を訪ねたいと思い、九日、大分市に出かけました。大分市で一泊し、翌十日、由布院温泉の亀の井別荘に向いました。由布院は岡先生の人生の友である中谷治宇二郎が亡くなった場所で、岡先生の生涯において格別重い位置を占めています。岡先生はこの友のことを親しく「治宇さん」と呼びかけていましたので、ここでもその流儀を踏襲したいと思います。亀の井別荘の経営者は中谷健太郎さんという人で、由布院の町起しの立役者です。エッセイを書き、著作もあり、あちこちでよくお名前を見かけていました。その健太郎さんに会って、往時の、というのは昭和初年、すなわち昭和七、八、九年ころの、という意味ですが、亀の井別荘の来歴や、中谷家に語り伝えられているであろう治宇さんと岡先生の物語をうかがいたいというのが、由布院行を思い立った動機でした。

たいていいつもそうなのですが、このときも前もって何も連絡を取らず、行き当りばったりの構えで出かけました。亀の井別荘が経営する天井桟敷という喫茶店に入り、お店の人に来意を告げ、中谷さんにお会いしたいと面会を請うと、しばらくして現れたのは健太郎さんではなく、弟の中谷次郎さんでした。健太郎さんに弟がいるとは、このときまで全然知りませんでした。

中谷家の人びと

中谷次郎さんはとても親切な人で、ぼくの来意を即座に諒解し、さまざまに便宜をはかってくれました。中谷家の物語も詳しくうかがいました。中谷家の父祖の地は加賀の片山津温泉で、宇吉郎先生と治宇さんの兄弟もそこで生まれ、二人とも同じ小松中学を卒業しました。それなのになぜ由布院に中谷一族が集まったのかといえば、中谷家が没落したためでした。加賀の中谷家は江戸時代には大庄屋、明治に入ると大地主という家柄で、紀見峠の岡家と同じくたいへんな資産家だったのですが、中谷兄弟の伯父の巳次郎の代に財産を失うという

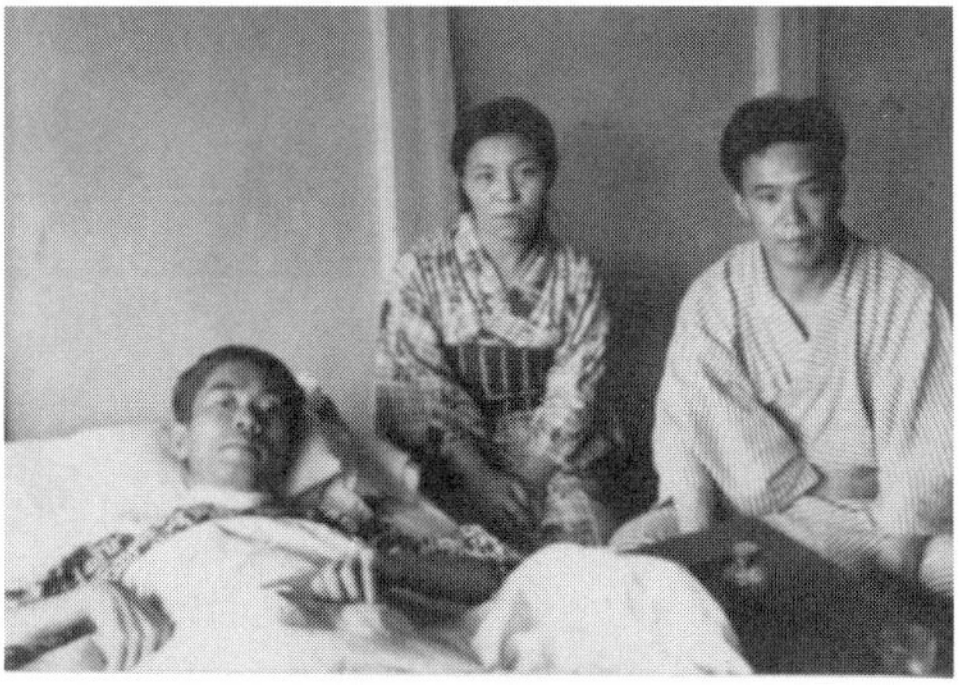

由布院にて。
中谷宇吉郎（右）、中谷節子（中央）、中谷治宇二郎（左）。

油屋熊八のブロンズ像

事態になりました。巳次郎さんは趣味に生きた人で、道楽の限りを尽くして破産したというのですが、故郷を離れて放浪の旅に出て、九州の別府温泉にたどりつき、ここで油屋熊八という人と知り合いました。

熊八さんは四国から海峡を越えて九州の地に来た人です。奇抜なアイデアをもつ事業家で、今もある亀の井ホテルや亀の井バスの創業者です。別府の近代史に名を刻んだ人物で、平成十九年になって別府駅前に熊八さんのブロンズ像ができたのですが、その姿が片足で両手を高くあげて万歳をしているという奇想天外なものでひとしきり話題になりました。その熊八さんは遠来の文人や芸術家など、賓客接待用の宿を作るというアイデアをもっていて、意気投合した巳次郎さんと協力して創業し、巳次郎さんに経営を託しました。これが今日の亀の井別荘のはじまりです。

中谷兄弟の父は巳次郎さんの弟の卯一、母は照さんという人でした。父の卯一さんが早く亡くなりましたので、照さんは呉服屋をはじめ、その後、東京に出てからも呉服屋を続けました。兄の宇吉郎先生は小松中学から金沢の第四高等学校に入学し、さらに東京帝国大学に進みましたが、治宇さんのときは上の学校に進む余裕がなく、小松中学まで精一杯でした。曲折の末、治宇さんは上京して東大の人類学科の選科に入学し、考古学を学びました。

由布院に新たな拠点を作った巳次郎さんを頼って、中谷家の人びとはみな由布院に集まってきました。健太郎さんと次郎さんの父は宇兵衛さんという人で、巳次郎さんのお子さんです。母は武子さんといい、中谷兄弟の妹ですから、宇兵衛さんとはいとこ同士でもありました。由布院には玉の湯という、亀の井別荘と並び称される旅館があり、経営者は溝口さんというのですが、中谷家と縁戚関係があるという話でした。

中谷兄弟の家族のことはというと、宇吉郎先生のお宅は東京の原宿にあり、今は次女の芙二子さんが住んでいると教えていただきました。また、治宇さんには女の子ばかり三人のお子さんがいて、三女の恭子さんは由布院で生まれた人で、しかも今も由布院に住んでいるというのでした。これにはまったく驚きましたが、訪ねてみましょうという次郎さんの言葉に誘われて、次郎さんの運転する車で連れていっていただきました。道々、次郎さんが、きっと驚きますよ、と繰り返しました。どうしてですかと尋ねても、どうといっても、と何やら説明しがたい様子でした。到着するとすぐにわかりました。恭子さんは別府大学に勉強に出かけているとのことでお留守でしたので、御主人という人に挨拶して話をしました。お住まいの構えも御主人の人柄もまったく変っているとしか言いようがありません。何というか、宇宙人みたいな人でした。岡先生のことは御主人も知っていて、岡先生は数学はできるが算数はできないのだと、いかにもおもしろそうに話していました。

中谷兄弟と節子さんの写真

昭和七年の春、病身の治宇さんは岡先生とみちさんに付き添われ、三人いっしょにフランスから日本に帰ってきました。五月三日、神戸着。それから治宇さんは妹の芳子さんの付き添いを受けて由布院に向い、療養生活に入りました。療養先は当初は亀の井別荘だったのですが、旅館の一室をいつまでも占有しているわけにもいきませんし、まもなく津江の小塩さんのお宅の離れに移りました。それから別府に移って冬をすごしたり、再度亀の井別荘に逗留したり、昭和八年の秋には岳本の佐藤さんのお宅の土蔵を改造して転居しました。治宇さんの病気は回復せず、昭和十一年の春先に亡くなってしまいましたので、この土蔵が終焉の地になりました。

中谷次郎さんの運転する車に同乗し、由布院に残されている治宇さんにゆかりの地を案内していただきました。はじめに訪れたのは小塩さんのお宅で、ここで小塩さつさんというおばあさんにお会いしました。だいぶ御高齢ですが、六十年の昔の治宇さんの生前や、由布院に治宇さんを訪ねた岡先生を知る人と思いますと、お目にかかって感慨がありました。

次に案内していただいたのは佐藤家の土蔵でしたが、かつて治宇さんが暮らしていた土蔵は取り壊されていて、跡地が残るのみでした。

亀の井別荘にもどってひと休みしていると、次郎さんが一枚の写真をもってきてくれました。それは佐藤さんの土蔵で寝ている治宇さんの写真なのですが、あと二人の人物がいっしょでした。ひとりは宇吉郎先生で、これはすぐわかりました。もうひとりは女性で、こちらはすぐにはわからなかったのですが、治宇さんの奥さんの節子さんなのでした。コピーですからどうぞお持ちくださいという次郎さんのお言葉に甘えていただきましたが、由布院に足を運ばなければ見ることのできない写真ですし、はじめての由布院行のすばらしいお土産になりました。

中谷家の先祖代々の墓地は加賀の動橋《いぶりばし》の中島町共同墓地内にあることも、次郎さんに教えていただきました。由布院行の前のことになりますが、治宇さんのことを詳しく知りたいと思い、著作を調べたところ、広島の渓水社という出版社から『考古学研究の道　科学的研究法を求めて』という本が出ていることがわかりました。治宇さんの著作ですが、刊行されてまもない本ですので変だなあと思いながら、ともあれ購入したところ、この本は治宇さんの遺稿集で、編纂したのは広島在住の法安桂子さんという人であることがわかりました。法安さんは治宇さんの長女です。

電話帳で広島の法安さんを調べると、珍しいお名前のせいか、数人だけ、同姓の法安さんが見つかりました。順に電話しておたずねしたところ、三人目か四人目あたりで法安桂子さんに出会うことができました。岡先生と治宇さんのお名前をだすだけでたちまち話が通じました。これは大分に向かった日の前日の八月八日のことです。明日は大分に行き、あさっては由布院に向いますと由布院行の計画をお伝えし、そのまた翌日の八月十一日に広島でお目にかかれないでしょうかとおうかがいすると、快く諒承していただいて、新幹線の広島駅の改札口で待ち合わせる約束ができました。

広島の法安さん

八月十一日のお昼を少しすぎたころ、新幹線の広島駅の改札口で法安さんに会いました。初対面ですが、電話で待ち合わせの約束をしたとき、法安さんは、待ち合わせてる人って、知らない人同士でも何となくわかるのよねと言っていましたが、その通りでした。駅のすぐ近くの法安さんのお宅に案内していただいて、岡先生と治宇さんのことをめぐってあれこれのお話をうかがいました。

岡先生が文化勲章を受けたのは昭和三十五年の秋のことで、そのとき岡先生は親授式に出席するために上京し、千駄木の岡田家に逗留しました。岡先生から法安さんのもとに連絡があり、会いたいということでしたので、妹の洋子さんと二人で連れ立ってうかがいました。いちごやチョコレートで接待してくれました。どうも岡先生のお考えでそうしたようで、なんだか小さい子どもをかわいがるみたいな感じがしたそうです。何でも相談しなさいと岡先生は言うのですが、ずいぶん変ったところのある先生ですし、相談できそうなことは見当たらないと思ったとか。

そろそろおいとましようとしたころ、岡先生は、文化勲章をもらってよかった、と言いました。岡先生は文化功労者にもなり、五十万円の年金がもらえることになったのですが、もっとほしいというのでした。なんだか奇抜な感じのする発言ですが、岡先生が言うには、五十万円あれば若い優秀な数学者を二人育てることができる、もっとあればもっと育てられる、というのでした。これを聞いた法安さんは岡先生の人柄に非常に純粋な印象を受け、子どもみたい、と思うと同時に、神様みたいとも思ったということでした。

文化勲章のおり、一風変ったところのある岡先生の人柄や発言がマスコミの関心を引き、いろいろな記事が出ました。その中のひとつに朝日新聞の記事があり、岡先生はああ見えて案外栄誉を喜ぶ人だというようなことが書かれていました。これを読んだ法安さんが朝日新聞の読者の欄に投書して異議を申し出たところ、朝日の大阪本社から電話があり、あなたはどのような人か、岡先生の親戚なのかと問われたそうです。身びいきで書いたのではないのかというのですが、もうひとり、同じような主旨の投書があったので法安さんの投書を取り上げることにするとのことでした。結局、月末（昭和三十五年十一月）の「今月の投書」という、一箇月分の記事をまとめるコーナーに、岡先生はこの世の栄誉を喜ぶような人ではないという投書があったことが記載されました。

法安さんの話

治宇さんがフランスに向かったのは法安さんが生れて間もないころでしたので、法安さんは父親の印象を知らないで育ちました。はじめ母の節子さんとともに盛岡で暮らし、幼稚園も盛岡でした。昭和八年の秋、節子さんが治宇さんの看病のため由布院に行くことになりましたので、法安さんと妹の洋子さんは岩手県和賀郡小山田村の節子さんの実家に移りました。小山田村はその後、和賀郡東和町になり、それからさらに合併が進み、現在は花巻市の一区域になっています。

東京の千駄木で岡先生に会ったとき、法安さんには一歳になるお子さん（女の子）がいました。一歳になってもまだ歩けず、一歳二箇月になってようやく歩き始めたというので気をもんでいたそうです。近所には十ヶ月で歩いている子もいるというのに、遅すぎるのではないかと思い、心配しているという話を岡先生にしたところ、岡先生は急にご機嫌が悪くなりました。岡先生は、歩ければそれでいい、ときっぱりと言い、さらに言い添えて、人間なら十五箇月で歩き出すのが普通だ、今は牛乳などを飲ませているから人がけだもの並になっているのだ、というのでした。これには法安さんもびっくりしたそうです。

岡田家の玄関にはぴかぴかの長靴と傘がありました。

治宇さんは昭和十一年三月二十二日に由布院で亡くなり、節子さんは遺骨とともに小山田村にもどりました。後年、節子さんに聞いたところでは治宇さんはわがままなところがあり、冬なのにアイスクリームを食べたいと言い出したりしました。それで節子さんは由布院で生れた三女の恭子さんを連れて外に出て、アイスクリームの材料をかき回して雪の中で作ったそうです。

節子さんの実家は菅原家といい、中谷家や岡家と同様、大地主でした。節子さんの父は変った人で、慶應大学の理財科に進んだはずなのに、なぜか物理学科の卒業証書をもち、ござをかぶって、まるで「ほいと（乞食）」のような恰好で小山田村にもどってきたのだとか。治宇さんと節子さんが結婚したころは菅原家から毎月百円の仕送りがありましたので、生活に余裕があり、女中を使っていましたが、そうこうするうちに菅原家が破産の危機に直面するという事態になったため、送金ができなくなりました。それで、治宇さんの没後、節子さんはいつまでも実家の世話になるわけにもいかないことになり、二人の子どもとともに家を出て自活の道の模索を始めました。

法安さんの話（続）

節子さんの父親は相当に変った人でしたが、節子さんもまた変ったところのある人だったようで、三人の小さな子どもとともに自活するのは大きな困難が伴いました。盛岡医専のドイツ語の教師になるという話があったときは法安さんを連れて面接に出向いたものの、自分から辞退してしまいました。そのわけはといえば、応対した教頭先生が、給料をどのくらいにするかという話を始めたから、というのでした。お金のやりとりで動いていく俗世間が厭わしかったのでしょう。それでも花巻厚生病院の看護婦養成学校の教師になり、一般教養を教えました。宮沢賢治の研究サークルに加わった時期もありました。戦争たけなわの昭和十八、十九年ころは、中島飛行機の寮母の仕事をしていました。中島飛行機の創業の地は群馬県尾島町（現在は太田市）です。節子さんは花巻から上京し、荻窪にあった東京工場に勤務しました。

中島飛行機に勤務していたころ、昭和十八年五月二十九日、アリューシャン列島のアッツ島の将兵が全滅するという事件が起り、翌三十日午後の大本営発表でアッツ島守備隊の玉砕が公表されました。この悲報に接した節子さんは「アッツ島の将兵に捧ぐ」という一文を書いて新聞に投稿し、掲載されたと法安さんにうかがいました。記事のタイトルは正確ではないかもしれません。また、掲載誌は全国紙ではなく、たしか岩手県の地方紙だったと思うとのことですので、まだ花巻で暮らしていたころのことかもしれません。ぼくはこの話に強く心を惹かれました。節子さんの人柄を知る貴重な書き物と思い、読んでみたいと願っているのですが、まだ実現していません。

治宇さんは洋行先のパリから故国の節子さんに宛てておびただしい手紙を書き続け、節子さんもまたひんぱんに返信しました。まるで手紙を書くために生れてきたかのようだと法安さんはいうのですが、法安さんが保管している書簡の山を見せていただいて、ぼくも感慨があり、法安さんの心情に心から共感を覚えました。治宇さんは考古学者で、その方面の著作も何冊もあり、著作の元になった原稿や書物には収録されていない書き物の原稿がたくさんありました。行李にいっぱいになるほどの分量で、節子さんは三人の子どもとともに遺稿の詰まった行李もいっしょに移動して、戦中の困難な時期を乗り切りました。ところが、昭和二十八、二十九年ころ、何をどう思ったのか、心境が変化したのでしょう、せっかく守ってきた遺稿を燃やしてしまったのだそうです。この話には胸をつかれました。

それでもなお残された原稿もあり、法安さんが保管しています。ただ保管するばかりではなく、整理して書物の形にして出版するという作業を続けてきました。ぼくが入手した『考古学研究の道　科学的研究法を求めて』（渓水社）はそれらの一系の遺稿集の一冊です。

節子さんは昭和五十五年に東京で亡くなりました。その前年には、法安さんの妹の洋子さんが亡くなっています。洋子さんは治宇さんがパリに向かう直前に生れた人で、お名前の洋子さんの「洋」の一字は洋行の「洋」のつもりなのでした。

中谷芙二子さんとの会話

法安さんとは初対面の後も親しいおつきあいが続き、治宇さんと節子さんの往復書簡をほぼすべて見せていただくまでになりましたが、それはそれとして、はじめてお会いしたおりに中谷芙二子さんの消息を教えていただいたのはうれしい出来事でした。芙二子さんは宇吉郎先生の次女で、東京の原宿で暮らしています。電話番号も教えていただきましたので、平成八年八月二十三日、ともあれ御挨拶をと思い、電話をかけました。

電話の主旨はすぐに通じました。芙二子さんは岡先生と宇吉郎先生のことをよく承知していて、伝えたいことがたくさんありそうな雰囲気を感じました。昭和十四年に新しい家を作ったという話がありました。宇吉郎先生はこの年の六月に昭和十一年秋以来の伊豆伊東の逗留先を引き払って札幌にもどりましたので、そのとき新居を建てたということと思います。大阪に住んでいた母のてるさんも、このときいっしょに札幌に移りました。その札幌の家の離れに岡先生が住んでいたという話もありました。宇吉郎先生が引き取ったということでしたが、これはおそらく昭和十六年の秋から翌年九月にかけての一年ほどの間のことを指すと思います。この時期の岡先生は北大に勤務することになって紀見村から札幌に移り、荻野さんという人がやっている通称「おぎの」という下宿屋に滞在しましたが、実際には中谷先生のお宅にひんぱんに逗留しました。芙二子さんの目には、岡先生が同居していると映じたのでしょう。

その当時のことですが、岡先生は病院でも見放されていたほどで、正常と信じていたのは宇吉郎先生と秋月康夫先生のみだったという話もありました。岡先生の奥さんのみちさんが宇吉郎先生に手紙を書いて相談したとのことで、数十通の手紙が残されているとうかがいました。これには仰天し、いつか拝見したいと願うようになりました。

雪と氷の研究で名高い宇吉郎先生は寺田寅彦先生の系譜を継ぐ科学エッセイストでもあり、おびただしいエッセイを書き残しましたが、岡先生との交流の消息を伝えるエッセイは非常に少なく、ごくわずかな言及はあるにはありますが、ほぼ皆無です。これに対し岡先生のエッセイには宇吉郎先生がひんぱんに登場し、親しい交友の様子が語られていますので、なんだかバランスが悪く、不審でもありました。実際には宇吉郎先生は岡先生のことをこの世でもっともよく知る人です。それにもかかわらず自分ではほとんど何も語らないのは不可解で、何かしら深遠なわけがあるのではないかと推測されるところです。中谷家に残されている大量の書簡には、その間の経緯が記録されているのであろうと思われました。

第一回目の芙二子さんとの会話はこれ以上は深まらず、今後の課題に向けて示唆を受けただけで終りました。

04

龍神温泉の旅のおもかげ

筑波山の梅田開拓筵

中谷兄弟は岡先生の若い時期の親友でしたが、晩年の岡先生にも深いおつきあいのあった二人の友がいました。ひとりは保田與重郎先生、もうひとりは胡蘭成という中国人です。刊行されたエッセイ集などで見る限り、このお二人のことは岡先生もそれほど詳しく語っているわけではありませんが、ここかしこにお名前が散見しますので、心を惹かれてきました。昭和四十四年に学習研究社から『岡潔集』(全五巻)が刊行されたとき、全巻の解題を執筆したのは保田先生でした。

胡蘭成

八月二十七日のお昼をすぎたころ、京都の新学社に電話をかけて奥西保さんと話をしました。新学社は戦後まもないころ、保田先生のお弟子の奥西さんと、もうひとり、高鳥賢司さんが中心になって創設された出版社で、この時期には奥西さんが新学社の代表でした。

奥西さんに挨拶してすぐに話題になったのは梅田美保さんのことでした。梅田さんは筑波山の梅田開拓筵の筵主です。梅田開拓筵は正確に表記すると「とおかみ社梅田開拓筵」といい、梅田さんの御主人の梅田伊和磨という人が創始した古神道系の宗教組織です。梅田学筵と呼ばれることもありますが、これは梅田開拓筵に学校を作りたいという梅田さんのアイデアに由来する呼称で、梅田さんが構想する学筵には三人の教授がいることになっていました。ひとりは岡先生、もうひとりは保田先生、そして三人目は胡蘭成でした。

胡蘭成はかつて中国に成立した第二の国民政府、すなわち汪兆銘を主席とする南京の国民政府の創設に参加した経歴をもつ人で、本来の資質はジャーナリズムにあったと思います。戦後、汪兆銘の政府の崩壊を受けて中国共産党と蒋介石の国民政府の双方から漢奸として追われ、拘束されれば必ず処刑されるところ、日本に亡命して難を逃れました。中国各地を転々とした後、昭和二十五年、上海から香港に移り、香港から船で日本に向いました。日本では福生に自宅がありましたが、昭和四十年ころから梅田開拓筵に逗留することが多くなり、梅田さんの支援を受けて「斯道館」という勉学塾を主催しました。このころは梅田伊和磨は亡くなっていました。

ある時期から胡蘭成と保田先生が知り合いになりました。毎日新聞に掲載された「春宵十話」がきっかけになって保田先生と岡先生の出会いがあり、その保田先生の仲介を得て岡先生と胡蘭成の交流もまた始まりました。こんなふうに事が進展し、胡蘭成が主催する斯道館に岡先生と保田先生が参加して、梅田学筵という学校を建てたいというのが梅田さんのアイデアなのでした。岡先生も保田先生も筑波山を訪問し、講演をしたことがあります。

奥西さんによると、梅田さんは胡蘭成を通して岡先生と親しくなったということでした。また、保田先生と岡先生のことなら栢木さんに尋ねるといいというアドバイスをいただきました。湊川神社の吉田宮司に教えられた近畿迢空会の会長の栢木先生のお名前に、ここで再び出会いました。栢木先生と保田先生は父同士が友だちで、奥西さんは栢木先生と兄弟同様。桜井の山の方に住んでいるという話でした。

梅田学筵訪問

新学社の奥西さんに梅田開拓筵の所在地と電話番号を教えていただきましたので、その日のうちにすぐに電話をかけたところ、受話器をとったのは梅田さん本人でした。岡先生の名前を出すとすぐに話が通じました。筑波開拓筵に通う若い人たちも多いのですが、その中に数学を志す人がいて、あるとき岡先生に数学を研究したいという希望を述べたところ、岡先生はにわかに興奮して、いきなり、数学なんか、ばかやろう、やめちまえ、と言ったとか。またあるとき、岡先生と電話で話をしていたときのこと、岡先生が、今すぐに来い、と言ったそうです。筑波山から奈良まですぐに来るようにという突飛な要請を受けて、梅田さんは本当に奈良に出向いたのだそうです。すると岡先生は何も食べずにじっと待っていて、梅田さんが到着すると、ああ、やっと来た、待っていた、と言い、ほら、梅田さん、すみれが咲いてるよ、と話しかけたのだそうです。岡先生は神経痛だったという話もありました。

こんな話をうかがっているうちに、ぜひ梅田開拓筵に出向いてみたいという気持ちが起り、翌日うかがうことになりました。

八月二十八日、上野駅から常磐線に乗り、土浦まで行きました。土浦から先がよくわかりませんでしたので、駅前のタクシーに乗り、筑波山まで連れていってもらいました。筑波山には筑波神社がありますので、運転手さんははじめ、そこが目的地と思ったようですが、少し話すとすぐに意が通じました。梅田開拓筵の位置は筑波山の中腹で、筑波神社よりも少し下になります。

梅田開拓筵「斯道館」

筑波山行は二回目でした。一度目は大学の二年生のときで、父に連れられて途中まで登りました。大正二年生れの父は昭和十八年六月に応召しました。南方の前線に出るか出ないかというちに戦争も末期に向い、本土決戦の準備というので所属部隊が筑波山に移動しました。米軍の上陸地点の有力候補地のひとつを九十九里浜と想定し、筑波山に陣地を構築して迎撃するというのが日本軍の基本方針だったようで、山のあちこちにいろいろな穴を掘ったのだとか。その洞窟陣地を見物に行くというのでお供をしたのですが、実際に出かけてみると、洞窟の近くの田畑に大小の蝮《まむし》がここかしこにちょろちょろとうごめいていて、危なくて近寄れませんでした。それでほうほうの体で退散したのですが、戦争中にも蛇はいたことでしょうし、当時は平然と穴を掘っていたのでしょうか。がまの油を売る店が何軒もありました。蛇とがまはお似合いの組合せです。

梅田さんは上機嫌で出迎えてくれました。サワズ株式会社という会社の人が何人か滞在していましたので、聞くと、泊まり込みで修業に来ているとのことでした。サワズは芸能プロダクションのようでもあり、出版社のようでもあり、このときの話ではよくわかりませんでした。

梅田美保さんの話を聴く

梅田開拓筵には住み込んで修業に励む人たちもいますが、普段は職業をもって市井に暮らし、定期的に通ってくる若い人たちもいます。その中にひとり、大学で数学を勉強したという人がいて、開拓筵のあちこちを案内してくれました。奈良に岡先生を訪ねたことがあるとのことで、将来は数学者になりたいという希望を口にしたところ、数学なんかなんだ、何を迷っているのかと叱りつけ、それから分厚い洋書を持ち出して、これを一日で読めるなら数学もよかろうと言ったのだとか。それですっかり気押されて数学をあきらめたというのですが、そうしてみると、前日の梅田さんの話に登場したのはどうやらこの人のようでした。

梅田開拓筵にはいろいろな建物がありました。慰霊のための建物もあり、中に入るといくつかのコーナーに区切られていて、それぞれの人物の写真が掲示されていましたが、岡先生のコーナーもあれば、三島由紀夫のコーナーもありました。地面はなにしろ筑波山の山肌なのですから、歩を運ぶ足元にびっしりと生えている草々は紛れもない山の風情に覆われていました。建物と建物の合間には戦没者を祭る慰霊碑もあり、碑文の中には胡蘭成の書を彫ったものもありました。

ひと通り見物してから梅田さんの居間のような一室に案内されて、お話をうかがいました。御主人の梅田伊和麿（寛一）は戦前の広島出身の代議士で、昭和十五年ころ、祭政一致の教学道場を創設したのが今日の開拓筵のはじまりということでした。内務大臣の床次庄二郎《とこなみたけじろう》とか、明治天皇、昭和天皇の即位礼などという言葉が語られましたが、よく聴き取れませんでした。梅田さんは島根県の人で、奈良女高師の出身。日本画家の小倉遊亀は友人という話もありました。小倉遊亀も奈良女高師の出身です。

胡蘭成と二人で奈良に岡先生を訪ねたことがあり、そのおり岡先生に古事記を読むようにと梅田さんがすすめたところ、岡先生は一箇月ほどで神代の巻を覚えてしまったとか。その後、和歌山の龍神温泉にもいっしょに出かけたことがあり、岡先生と梅田さんの間で何かしら議論になったそうです。

胡蘭成は天下英雄会というものを構想していましたが、これを受けて岡先生は葦牙会《あしかびかい》を考えるようになりました。

胡蘭成が梅田さんの支援を受けて『自然学』という本を書いたとき、岡先生は序文を書く約束をしました。

この約束は果された模様です。胡蘭成の著作はほかに『建国新書』『心経随喜』などがあります。岡先生とみちさん、それに胡蘭成と梅田さんの四人で島根県の松江方面に旅行に出たことがありました。そのおり、広島在住の人からぜひ広島に来てほしいと要望されましたが、岡先生は、広島ではひどい目に会ったから行かないと断ったそうです。広島時代の岡先生は給料を全額、その辺の学生にやってしまったりして、気違い扱いをされ、病院に入ったこともあるという話もありましたから、広島のころのうわさ話は梅田さんの耳にも届いていたのでしょう。

このような話がとりとめもなく続きました。

『春雨の曲』と出会う

梅田さんは岡先生が広島で入院していた一時期があることを知っていましたので、どこかからうわさが聞えてきたのであろうと思いますが、考えてみればそのようなことを知っている人はごくわずかですし、ずっと後になって岡先生と知り合った梅田さんにわざわざ教えてくれた人がいたとも思われません。岡先生が直接そんな話を口にしたというのも考えにくいところですが、さらに考えてみると、この話はぼくも知っていました。昭和四十四年に学習研究社から『岡潔集』（全五巻）が刊行されましたが、各巻に月報がついていて、岡先生にゆかりの人たちがエッセイを寄せていました。その中に広島の吉田さんという人のエッセイがあり、岡先生が広島で何度か入院したと書かれていました。吉田さんは岡先生が広島文理科大学で教えた人のひとりで、吉田さんのエッセイはその当時の回想録です。入院について格別詳しい経緯が記されていたわけではありませんが、事実が明記されているので印象に残りました。

岡先生の広島での入院の消息を伝えてくれるのは、普通に手に入るものではこの月報のみですが、もうひとつ、一般には入手しがたい書物があります。それは『春雨の曲』という、岡先生の晩年の未完の作品です。岡先生はここで来し方をさまざまに回想し、入院したことがあると御自身の手で書いています。岡先生の家で書生をしていた三上さんという人が尽力し、遺された第七稿と第八稿を書物の形にして少部数だけ出版しました。めったに見ることのできない本なのですが、ぼくはそのような本があることは承知していました。岡先生のエッセイを編んで作られた『日本のこころ』(講談社)という本が講談社の文庫に入って版を重ねたとき、第十版から巻末に年譜がつき、晩年の岡先生は「春雨の曲」という本の執筆を続けていたと記されるとともに、第七稿の目次が掲示されていました。

『春雨の曲』を見る機会にはなかなかめぐり会いませんでしたが、梅田開拓筵の書庫には第七稿が保管されています。八月二十八日は梅田さんのおすすめを受けて開拓筵に一泊し、寝室の隣が書庫になつていましたので閲覧したところ、『春雨の曲』の第七稿が見つかりました。青い表紙の小さな本でした。この本がここにあるのでしたら、梅田さんは目を通したことでしょうし、岡先生の入院のことも承知していたと思います。あるいは、岡先生の口から直接、そんな話をうかがったこともあるかもしれません。

梅田さんの語るエピソードをもう少し拾うと、財界の偉い人たちの前で岡先生が講演したときのこと、岡先生は開口一番、ばかやろー、と言い、それで終りになったとか。また、岡先生が文化勲章を受けたときの文部大臣は荒木萬壽夫という人ですが、その荒木大臣があるとき岡先生に向い、先生のような人が十人でもいれば日本はよくなるのだが、と言ったところ、岡先生は、あなたがまずはじめにそんな人になればいいんだ、君、日本を救ったらいいじゃないか、と応じたそうです。競艇の笹川良一が奈良に岡先生を訪ねたことがあるという話もありました。ちょうど梅田さんが岡先生を訪ねた日と重なり、岡先生は梅田さんが到着するまで笹川さんを一時間ほど待たせたそうです。笹川さんは、じっとしていてもうかる仕事をやっていると自己紹介して、神経痛に効く大きな座布団を寄付したいと申し出たというのですが、はたして実現したのかどうか、これ以上のことはわかりません。

筑波山を下りて

梅田さんの話に耳を傾けているうちに夕食の時間になり、カレーライスをごちそうになりました。開拓筵の活動を支えている人たちも何人か同席し、みなで話をしました。開拓筵では「風動」という機関誌を出しているのですが、バックナンバーを閉じた冊子をいただきました。晩年の岡先生の挙動が詳しく記録されていて、実に貴重な資料です。岡先生はみちさんといっしょに開拓筵を訪ねたことがあります。市民大学講座というものを提唱し、御自身でも全国各地で講義を担当しました。また、日本学生同盟（日学同）という大学生の団体が主催する講演会の講師として招聘されて、何度となく上京しました。岡先生が上京するとそのつど梅田開拓筵の人たちが講演会場におもむいていたようで、「風動」にはそのような記録が細かく記載されていました。

それからまもなく就寝の時間になりましたので、別室に案内していただいたのですが、休む前にひとしきり書庫の本を眺めました。『春雨の曲』の第七稿があり、はじめて目にしたことは上述のとおりですが、そこに書かれているあれこれのエピソードがみなおもしろく、しばらくの間、ノートにあちこちを書き写しました。

翌朝、お別れの挨拶をしようと梅田さんを訪ねると、庭先に大勢の人が並んでいて、屋内の梅田さんの謁見を受けるような恰好になっていました。梅田さんの様子はなぜかしら昨夜と打って変って不機嫌そうで、御礼方々挨拶をしようとしても、なんだかよそよそしい雰囲気がありました。サワズ株式会社の人たちもそこにいて、代表者とおぼしい人が梅田さんに向い、先生、徳富蘇峰の『近世日本国民史』はおもしろいですね、などと元気よく話しかけても返事はありませんでした。サワズの人たちは泊まり込みの修業も終り、山をおりようとしてタクシーを呼びました。代表のような人がぼくに声をかけ、いっしょに帰りましょうと誘ってくれましたので、同行することになりました。

タクシーに乗るとすぐ、同乗を誘ってくれた代表の人が、驚いたでしょう、と話しかけてきました。梅田さんは神憑かりになったんです、ときどきあることですので気にしないでください、というのです。これにはかえってびっくりしてしまいました。土浦駅でお別れしたとき、あなたとはまたどこかで会うような気がする、と言っていました。今日にいたるまで再会の機会はありませんが、つい最近、平成十七年に刊行された占領史研究会編『ＧＨＱに没収された本　総目録』という本を見たことがあります。この本の出版元があのサワズ出版なのでした。占領史研究会を主催しているのは澤龍という人で、この本の編纂者も澤さんです。サワズ株式会社を創設したのも澤さんであろうと思われました。

岡先生、保田先生、胡蘭成の交友のはじまり

梅田さんは胡蘭成を通して岡先生と知り合ったのですが、岡先生のことは早くから知っていたようで、梅田家のお嫁さん、すなわち梅田さんのお子さんの奥さんが『春宵十話』を読んで、お母さんと同じような人がいると思い、梅田さんに伝えたのがはじまりだったそうです。「春宵十話」が毎日新聞に連載されたのは昭和三十七年四月。同じ毎日新聞社から単行本の形で出版されたのは翌年の昭和三十八年二月のことですが、この間の昭和三十七年五月二十七日に、胡蘭成が二人の友人とともにはじめて梅田開拓筵を訪問しています。この日は開拓笹小屋に一泊しました。これを初回とし、第二回目の訪問は昭和四十年二月十日、第三回目の訪問は同年四月九日と記録されています。胡蘭成が開拓筵に逗留するようになったのはこのころからです。

同じ昭和四十年の秋には熊本の荒尾で胡蘭成と保田先生が出会うという一事がありました。それに先立っ

保田與重郎

て昭和三十八年七月には奈良の料亭「月日亭」で保田先生と岡先生が一夕、語り合うということもありましたので、胡蘭成は保田先生を通して岡先生のうわさを聴いていたと見てよいのではないかと思います。保田先生は梅田家のお嫁さんと同じく岡先生の『春宵十話』を読んで岡先生に着目したのですから、人と人との縁《えにし》をつないでいくうえで、『春宵十話』の刊行は大きな役割を果したことになります。

昭和四十二年四月、胡蘭成の著作『心経随喜』が刊行されました。発行所は梅田開拓筵と明記されています。胡蘭成は保田先生に依頼してこの本を岡先生のもとに届けてもらったのですが、そのおり胡蘭成を紹介する保田先生の手紙が添えられました。その手紙の日付は昭和四十二年五月九日です。同年七月には岡先生のエッセイ集『日本のこころ』が講談社から刊行され、胡蘭成に贈呈されました。これを受けて胡蘭成は御礼の手紙を書き、ぜひお目にかかりたいという希望を述べました。こんなふうにして岡先生と保田先生、それに胡蘭成という三人の交友が始まりました。

梅田さんの御主人の梅田寛一のことについて少々言い添えますと、昭和九年のことですが、酒井勝軍という人が日本にもピラミッドがあると言い出して、話題を呼んだことがあります。その「日本のピラミッド」というのは広島県比婆郡本村《ほんむら》（現在の広島県庄原市本村町）にある葦嶽山《あしたけやま》を指しています。この発見のきっかけを与えたのは広島県選出の梅田代議士で、郷里にこんな山があると酒井に伝えたのがはじまりなのだそうです。酒井の発見した「日本のピラミッド」の正体はわかりませんが、ただの山ではないのはまちがいないという話です。

梅田さんは胡蘭成の話はあまり語りませんでした。船底にもぐって日本に亡命したこと、東京で亡くなったことはうかがいましたが、少々奇妙な印象を受けました。

筑波山から新学社へ

八月二十九日、筑波山を下りてその足で京都に向いました。新学社を訪ねたかったのです。京都に到着して奥西さんに電話をかけ、筑波山に行って来たことなどを少し話しました。奥西さんの話によると、学習研究社の『岡潔集』が出たころから岡先生が亡くなるまでの間がぽこっと抜けていて、保田先生からも岡先生の話はなかったということでした。われわれの仲間の間では岡先生のことは栢木さんが窓口になっている。栢木さんに尋ねてみるといいというアドバイスをいただき、桜井の栢木先生のお宅の電話番号を教えてもらいました。翌日、新学社を訪問する約束もできました。この日は京都に一泊しました。夜、栢木先生に電話をかけたのですが、お留守でした。

八月三十日の午後、京都山科の新学社に奥西さんを訪ねました。岡先生と保田先生の交友についてお話をうかがうというのが訪問の主旨だったのですが、はじめのうちはもっぱら栢木先生をめぐる話になりました。栢木先生は保田先生と同郷で、お父さん同士が親しい友だちでした。桜井中学から戦前の國學院大学に進み、折口信夫のもとで源氏物語を学び、戦後は帰郷して奈良県下の高校の先生になりました。保田先生と昵懇になったのは戦時中のことで、栢木先生が同郷の先輩の保田先生を訪ねたのがはじまりでした。奥西さんとは戦後、「祖國」という同人誌を始めたとき以来の仲間です。栢木家は桜井市の中心部から二、三キロ離れた山の奥にあるともうかがいました。

奥西さんは戦時中、「中央公論」だったか、「改造」だったかに掲載された保田先生の文章を読んで感激し、上京して面会におもむいたそうです。それが昭和二十年二月のことです。直後の三月に保田先生は唐突に召集を受け、支那派遣軍に所属することになり、中国大陸にわたりました。

戦後、復員した保田先生は東京にはもどらず、帰郷しました。奥西さんたちも桜井の保田家に集って二階の保田先生の部屋で話にふけりました。保田家に入ると火鉢の前に保田先生のお父さんがいて、奥西さんたちに説教するものだから二階に行ったとのこと。大事な話は夜になってから出るという保田先生のお説にしたがい、夜明けまで話し続けてお昼ころ起き出すというのんきな日々をすごしました。保田先生のお父さんもあきれたようで、あんたらみたいのを「羅漢の外回り」というのだと言ったりしました。これだけではわかりませんが、なんでも、働かない、仕事をしない、というほどの意味なのだそうです。

「祖國」も新学社もこんな暮らしの中から生れました。創立当初の新学社は奥西さんが社長、高鳥賢司さんが専務、保田先生は会長でした。

奥西さんの話

新学社には社長と会長とは別に、そのまた上に総裁というポジションがありました。初代総裁は作家の佐藤春夫、第二代総裁は医学の平沢興で、平沢先生は岡先生といっしょに昭和二十五年度の日本学士院賞を受けた人でもありました。その平沢先生が保田先生と知り合って新学社の総裁に就任したのでした。昭和五十二年の秋ころ、新学社の企画で岡先生と平沢先生の対談の企画が立てられたことがありました。平沢先生は新学社に対談のための資料を出してほしいと依頼し、準備を進めていましたが、昭和五十三年の年が明けてすぐ岡先生が病気になり、ほどなく亡くなりましたので、この対談は幻に終りました。

岡先生が亡くなったのは昭和五十三年三月一日の未明のことで、午前三時三十三分と記録されていますが、その日のお昼前の十時ころ、朝日新聞の記者が保田先生に電話をかけてきて、岡先生の死去を伝えるとともにコメントを求めてきました。保田先生はその場でコメントをすることはしませんでした。

三月一日のお昼すぎの二時ころ、保田先生の奥様の典子さんから奥西さんに電話があり、奥西さんはそれで岡先生が亡くなったことを知りました。奥西さんは桜井の栢木先生に電話をかけて、岡先生の訃報を確認しました。栢木先生は岡先生のもとに足繁く通っていた人で、保田先生のグループと岡先生をつなぐ窓口のような役割を担っていました。ほどなくして栢木先生から連絡があり、三月二日がお通夜、三日がお葬式と伝えられました。

三月二日、奥西さんは保田先生御夫妻といっしょに奈良に向い、まず保田先生のお弟子の寺島さんの家に行き、寺島さんの案内を得て、岡先生の葬儀が行われる浄教寺に向いました。栢木先生も来ていました。お焼香をすまし、栢木先生の案内で控室に行くと、物理の朝永振一郎先生がいました。朝永先生は三高、京大で湯川秀樹先生と同期で、お二人とも三高時代に岡先生の数学の演習を受けた経験をもっています。控室で岡みちさんにも会い、挨拶しました。奥西さんは三日は高松に行かなければならなかったため葬儀に参列できませんでしたが、保田先生御夫妻と栢木先生は再び奈良に足を運びました。

近畿迢空会

岡先生のことなら、われわれの仲間の間では栢木さんが窓口だと言って、奥西さんは栢木先生のことをあれこれと語ってくれました。栢木先生が國學院の学生だったとき、卒業論文のテーマを源氏物語にしました。源氏をやるようにと強力にすすめたのは保田先生で、保田先生は、源氏を全部読み通した人はめったにいない、いっぺん読むだけでもたいしたものだと栢木先生を強く励ましたのだそうです。それで源氏を読む決意を固め、折口信夫先生に卒論を提出したのですが、その後も生涯を通じて源氏に親しみ続け、平成八年四月には『わが源氏物語への道』（創樹書房）という著作を出しました。湊川神社の吉田宮司に見せていただいた作品です。

奥西さんの語る岡先生の話をもう少し続けると、昭和四十年の晩秋十一月の末、岡先生は胃潰瘍で入院したことがあります。奥西さんは保田先生、柳井先生と連れ立って入院先の病院（堺市の大阪労災病院）にお見舞いに出向きました。そのときのことですが、病室で奥西さんが何気のないお見舞いの言葉をかけたところ、岡先生が突然怒りだしたので閉口したそうです。なんで怒られたのかさっぱりわからず、ただただ沈黙してやりすごすしかなかったというのでした。奥西さんのほかにも、わけもわからずに岡先生にしかられた経験をもつ人に何人も出会いました。

帰りがけに保田先生が、平沢先生の次は岡先生に新学社の総裁になってもらおうと考えていると、奥西さんに言いました。奥西さんはまたも大いに閉口し、それだけは思いとどまってほしいと懇願したそうです。岡先生が総裁に就任したら、わたしらは毎日毎日たまったものではないというのですが、まったくもっともな話とぼくも思いました。

三島由紀夫を追悼する会が奈良で二、三回あり、二回目に岡先生が来賓として出席したことがあったともうかがいました。また、昭和四十三年の秋、岡先生と保田先生は和歌山の龍神温泉に出かけたことがありました。この話は学習研究社の『岡潔集』の月報に出ていた胡蘭成の記事で知っていました。もっと詳しく知りたいと申し出たところ、奥西さんも細かい事情は知らない風で、和歌山在住の保田先生の門人がいっしょだったと思うとだけ教えていただきました。その門人というのは和歌山市の郊外にお住まいの補陀さんという人のことで、翌日、栢木先生にお会いして教えていただきました。

こんなふうにいろいろなお話をうかがっておいとました後、夜、再び栢木先生に電話をかけました。今度は話をすることができて、翌日、すなわち八月三十一日に大阪の願泉寺で近畿迢空会第三十三回例会があって大阪に出る。ついては君も出席しないかと誘われました。願ってもないことで、ぜひ参加しますと即座にお答えしました。

願泉寺の栢木先生

八月三十一日の午後、栢木先生にお会いするために願泉寺に向いました。願泉寺は折口家の菩提寺で、折口先生はここに分骨埋葬されています。地下鉄の大国町駅で降りて歩いて行ったのですが、到着すると、近畿迢空会はもう終っていて、みな揃って境内の墓地にお墓参りに赴こうとしているところでした。折口先生の御命日は九月三日ですので、例年、この時期にその日に近い適当な日を選んで近畿迢空会を開催するという話でした。初対面ではありましたが、栢木先生はすぐにわかりました。挨拶すると、君もお参りしてくれるかと、たちまちお墓参りに誘われました。それから折口先生の文学碑を見学するということになり、生誕の地の碑のある近くの鴎町《かもめまち》公園に向かう道すがら、栢木先生のお話をうかがいました。

「迢空」は「釈迢空」の「迢空」で、折口先生はこの名前で歌を詠みました。

この日を皮切りに栢木先生との交友が続き、おりに触れてお目にかかって数年がすぎましたが、平成十七年四月二十日、栢木先生は八十八歳を一期に逝去されました。生前の保田先生が始めた風日歌会では歌誌「風日」の追悼号を出すことになり、ぼくも「願泉寺の栢木先生」という一文を寄せました。初対面の模様を書きましたので、ここに再掲したいと思います(歴史的仮名遣で表記しました)。掲載誌は「風日」第二六四号(平成十七年九月十八日発行)「栢木喜一　追悼特集　秋季号」です。

願泉寺の栢木先生

大阪大国町の願泉寺で栢木喜一先生にはじめてお会ひしたのは平成八年の夏八月の末日のことであるから、もう九年も昔の出来事である。願泉寺には栢木先生が國学院の学生時代に教へを受けた折口信夫先生の墓所があり、折口先生の御命日の九月三日を間近に控へ、お墓参りを念頭に置いて、八月三十一日の土曜日に願泉寺の葵会館で近畿迢空会の第三百十八回例会が催されたのである。このとき栢木先生は数へて八十一歳。近畿迢空会の会長であつた。

この年、ぼくは岡潔先生の評伝を書く決意を固め、年初からフィールドワークを始めたが、この作業に課せられた大きな課題のひとつは、岡先生と保田與重郎先生との晩年の交友の模様を明らかにすることであつた。八月二十七日、新学社に電話をかけて奥西保さんにその旨を申し出て、お尋ねしたところ、奥西さんは「岡先生のことなら栢木さんに聞くといい」とすみやかに明言し、「桜井の山の方」に住んでゐるといふ栢木先生のお名前を挙げた。これが、栢木先生のお名前を耳にしたはじめであつた（註　このように書きましたが、栢木先生のお名前は奥西さんにお会いする前に湊川神社の吉田宮司からうかがっていました）。

教へていただいた電話番号を頼りに桜井のお宅に連絡を試みたところ、栢木先生はちやうど三十一日に大阪に出るといふ。これでたちまち願泉寺でお目にかかる約束が成立した。どこのだれとも定かではない若輩のぼくを相手に、栢木先生の話は電話を通しててきぱきと進行した。率直なお人柄がうかがはれ、気持ちのよいひとときであつた。

三十一日の午後、願泉寺に到着すると、ちやうどみなで折口先生のお墓参りに向かひつつあるところであつた。栢木先生とおぼしい人はすぐにわかり、初対面の御挨拶をすると、「君もお参りしてくれるか」といきなり言はれた。かういふところもさつぱりしてゐて、感じがよかつた。

それから近くの鴎町公園内に建つ折口先生の文学碑の見学に向かつたが、その途次、先生はまだ願泉寺の境内を出ないうちからしばしば足をとめ、岡、保田両先生をめぐって饒舌に語り続けた。五味康祐先生の作品『紅茶は左手で』を教へていただいたのもこのときで、「岡先生がモデルやで」と元気よく言はれた。

栢木先生が岡先生のお名前に注目したきつかけになつたのは、毎日新聞に連載された岡潔先生のエッセイ「春宵十話」であつた。非常に感動したと保田先生に伝へたところ、すでに「春宵十話」を承知してゐた保田先生は、「あんたの直観はあつてゐる」と明快に請け合つた。これに力を得た栢木先生は、昭和三十七年の暮、奈良に岡先生を訪問した。以後、岡先生が亡くなるまで奈良行を繰り返し、そのつど克明な訪問記録を書き綴つた。

岡先生はよく怒るので有名だつたが、栢木先生に向かつてはいつも御機嫌がよかつたといふ。ただし、一度だけ岡先生に怒られたことがあるといふおもしろいエピソードもあつた。それは栢木先生が平安期の文芸についての話題を持ち出したときのことで、岡先生は「あんなのはだめだ」と一蹴した。すると岡先生の奥様のみちさんが、「そんなことといつても、栢木先生は折口先生の門下で源氏物語を」とたしなめたといふが、こんなことがあつてからかへつて岡先生も次第に平安文学や折口先生に関心を寄せるやうになつた。

龍神温泉にて

昭和四十三年の秋、岡先生と保田先生は胡蘭成先生も交へて龍神温泉で清遊したことがある。そのときのことをうかがふと、栢木先生は和歌山市在住の補陀瑞蓮さんのお名前を挙げ、補陀さんがよく知つてゐる、保田先生の歌のお弟子だと紹介してくれた。これを糸口にして十月五日、和歌山の浄蓮寺に補陀さんをお訪ねし、同月二十日、補陀さんにお誘ひをいただいてはじめて身余堂

龍神温泉　上御殿にて
左から　保田與重郎、胡蘭成、岡潔

の門を敲き、かぎろひ忌に出席し、栢木先生に再会した。この間、わづか二ヶ月足らずにすぎないが、懐かしい感じがあり、うれしかつた。先生も、「今日は君に会へると思つて楽しみだつたんだ」と再会を喜んでくれた。この歌会のをりの栢木先生のお歌。

よき出会ひかへりみにつつつくづくと
　わが幸せをかみしむる日々

栢木先生はお心の中でいつも、若き日の折口先生と保田先生との出会ひと、後年の岡先生との出会ひの喜びを回想し、反芻していたのであらう。

年が明けて平成九年になり、一月十九日、大津の義仲寺で開催された「風日」の新春歌会に出席し、また先生にお目にかかつた。このときの約束に基づいて、一月二十六日、桜井の高家に栢木先生のお宅を訪ね、半日ほどゆつたりとお話をうかがふことができた。岡、保田両先生の初対面となつた「月日亭の一夜」のことや、新学社の設立にまつわるエピソードなど、おもしろい話が次々と語られて飽きなかつた。大量の岡先生訪問記録をお借りして辞去したが、これは晩年の岡先生の姿を再現するうえでかけがへのない資料である。岡先生の評伝の原稿ができて先生にお見せすると、そのつど長文のお手紙が届き、励ましていただいた。親切なよい先生であつた。

岡先生の評伝は二冊まで刊行され、お元気な栢木先生のもとにお届けすることができたのは幸ひであつた。三冊目はまだ途上だが、先生に喜んでいただけるやう、よいものを書きたいと心から願つてゐる。

平成十七年に書いた追悼文を紹介したために話が先走ってしまいましたが、龍神温泉の旅の話や浄蓮寺の補陀さんのことについてはおいおい語っていくつもりです。岡先生の三冊目の評伝は平成二十五年になってようやく出版することができました。『岡潔とその時代　評伝　岡潔　虹の章』という書名で、全二巻。第一巻の副題は『正法眼蔵』。第二巻には『龍神温泉の旅』という副題を付けました。

栢木先生からの便り

栢木先生を追悼するエッセイ「願泉寺の栢木先生」では触れなかったことをもう少し言い添えておくと、まず岡、保田両先生の初対面の対談の場所を月日亭に設定したのは玉井栄一郎という人です。対談にあたり、岡先生といっしょに文化勲章を受けた佐藤春夫に紹介してもらうという形をとりました。これを佐藤春夫にお願いしたのは栢木先生です。佐藤春夫は、文化勲章をいっしょにもらっただけで、岡さんのことは知らんで、と言ったそうですが、それでも引き受けて、仲介の労を取りました。また、岡先生をモデルにした五味康祐先生の作品『紅茶は左手で』は、はじめ毎日新聞社の週刊誌「サンデー毎日」に連載されました。

栢木先生がはじめて奈良に岡先生をお訪ねしたのは昭和三十七年の暮のことで、それ以来、足繁く岡先生のもとに通い続けました。この状況を指して、栢木先生は、家族同然だ、と言い表しました。

奥西さんにお会いしたことを伝えると、奥西、高鳥の二人は保田門下の助さんと角さんだと、大きな声で元気いっぱいに応じました。

九月に入ってすぐ、栢木先生から七日付のお手紙が届きました。『紅茶は左手で』は昭和四十三年に毎日新聞社から刊行されたこと、保田先生の逝去を受けて昭和五十六年十二月二十六日発行の「風日」誌は「保田與重郎先生追悼号」になり、そのおり栢木先生は「月日亭の一夜」という一文を寄せたこと、月日亭の対談が行われたのは昭和三十八年七月九日であることを教えていただきました。対談の当日は近鉄奈良駅で栢木先生が保田先生を出迎えて、玉井栄一郎さんもいっしょに、三人で法蓮佐保田町の岡先生のお宅に向いました。玉井さんは南河内の旧家を介して岡家と親戚になるとも。岡先生のお宅でしばらく話をし、それから午後五時ころ岡家を発ち、月日亭に向いました。対談が終って月日亭を離れたときは午後十時になっていたということです。

こんなふうにして、栢木先生のおかげで岡先生と保田先生の初対面のおりの様子がだんだん明らかになっていきました。保田先生と岡先生の交友のことでは龍神温泉での清遊が大きな意味をもっていると思い、かねがね重視していたのですが、栢木先生のアドバイスにより、会うべき人は和歌山市の補陀《ほだ》さんと判明しました。フィールドワークはどこまでも広がっていくばかりで、いつ完結するものなのか、このころは何のあてどもありませんでした。

和歌山の浄蓮寺

栢木先生に教えられて手掛かりをつかむことができましたので、十月四日、和歌山市の郊外に補陀瑞蓮さんを訪ねました。補陀さんは和歌山市のふるい歴史をもつお寺に生れた人で、今は浄蓮寺というお寺の住職です。「瑞蓮」は法名で、俗名というか、本来のお名前は房子さんです。浄蓮寺は浄土宗の西山派のお寺です。補陀さんは若いころから文芸に心を寄せ、縁あって保田先生のお弟子になりました。お琴を弾き、エッセイも書きますが、本来の志は歌にあります。この点は栢木先生も同じです。栢木先生が「保田門下の助さん、角さん」と呼んだ奥西さんと高鳥さんのうち、奥西さんは歌を作りませんが、高鳥さんは正真正銘の歌人です。

大阪の難波から南海本線に乗り、和歌山に向い、終着駅の「和歌山市駅」で降りました。和歌山駅ではなくてわざわざ「市」をつけて和歌山市駅と呼ぶのは不思議ですが、これはＪＲ阪和線の「和歌山駅」と区別するためです。和歌山市には和歌山駅がふたつあるというのが、和歌山の第一印象でした。単に和歌山駅といえばＪＲ阪和線の和歌山駅を指し、和歌山市駅の方は「市駅」と略称されています。

駅からの道筋がよくわからなかったため、和歌山市駅からタクシーに乗り、浄蓮寺に向いました。前もって何も連絡せずにいきなりお訪ねしたのですが、運悪くお留守でした。この日は和歌山で一泊することにして、夜、お電話すると、何度目かに補陀さんが出ました。午後十時をすぎていたと思います。話はすぐに通じ、しばらくお話をうかがいました。十月四日はちょうど保田先生の御命日ですので、京都に出て、保田先生のお宅にうかがっていたということでした。保田家は太秦の映画村の近くにあり、身余堂と呼ばれています。奥様が御健在で身余堂を守り、毎月の「風日」歌会も原則としてここで行われます。ただし、新年の歌会だけは例外で、琵琶湖のほとりの義仲寺に場所を移して催されます。

この夜の電話は簡単な御挨拶だけで終り、翌日、もう一度、お訪ねすることになりました。

05 洛西太秦へ

「かぎろひ忌」へのお誘いを受ける

補陀さんにうかがった話をもう少し回想しておきたいと思います。龍神温泉では胡蘭成が「天下英雄会」というものを結成しようと提案し、これを受けて同席した人たちはみな会員になりました。胡蘭成はみずから「天下英雄会」という字を書きました。保田先生と胡蘭成の交友は非常に親密で、胡蘭成が晩年、『天と人との際』という本を出したとき、保田先生は、あれは本当によい本だ、と賞讃したそうです。補陀さんに見せていただきましたが、この本には岡先生が胡蘭成に宛てた最後の手紙が収録されているのでびっくりしました。もうひとつ意外な感じがしたのは、出版元が梅田学筵ではないことでした。巻末に出版の経緯が摘記されていましたが、協力者の中に小山奈々子さんのお名前がありました。

本を二冊、いただきました。ひとつはロマノ・ヴルピッタの著作『不敗の条件　保田與重郎と世界の思潮』(中央公論社)で、前年はじめに出版されたばかりでした。ロマノ先生はイタリアの外交官の出身ですが、日本に留学して保田先生に深く親しみました。平成八年当時は京都産業大学の教授でした。もうひとつは和歌山出身の高橋克己博士の伝記『高橋克己伝』です。高橋博士はビタミンAの発見者として知られる農学者ですが、若くして亡くなりました。私家版で、発行元は「高橋克己顕彰会」となっていますが、補陀さんはこの顕彰会のメンバーで、保田先生も出版に協力しました。奥様は高橋英子さんという人で、龍神温泉の旅の同行者のひとりです。

「風日」歌会のことも教えていただきました。毎月第三日曜日に行われますが、十月は保田先生が亡くなった月ですので、特に「かぎろひ忌」と呼ばれています。それで、今月の「かぎろひ忌」に出席しませんかと誘われました。京都の四条大宮から京福電車で「帷子ノ辻《かたびらのつじ》」駅まで行き、ここで乗り換えて「鳴滝」駅に向います。下車して右手に登り、文徳天皇陵に隣り合う山荘が身余堂こと保田先生のお宅です。「帷子ノ辻」駅はJRの太秦駅から歩いても近いです。かぎろひ忌には陶芸の河井寛次郎のお子さんの河井紅葩《かわいこうは》さんも出席するとうかがいました。

新年一月の風日歌会は義仲寺の無名庵に場所を移します。無名庵の庵主は前は中谷孝雄先生、この当時は伊藤桂一先生でした。

二月の歌会は、天忠組の変に記録方として参加したことで知られる幕末の国学者、伴林光平《ともばやしみつひら》を偲ぶ会になります。保田先生の歌一首が書かれた布切れを補陀さんに見せていただきました。

なべてみな
ものは秋風
天辻の峠に
立てばわれは
旅人
與重郎

天辻峠は天忠組の本陣が置かれた場所です。この保田先生の歌は着物の切れ端に書かれているのですが、それは保田先生が龍神温泉で着ていた着物ということでした。

岡先生の第二の墓地

補陀さんをお訪ねした翌週、再び奈良に出かけました。近鉄奈良駅で降り、タクシーで新薬師寺まで。ここまで来れば岡先生のお宅のすぐ近くですが、当面の目標は岡先生のお墓参りでした。岡家の先祖代々の墓地は紀見峠にあります。それとは別に白毫寺《びゃくごうじ》にもお墓があると、だいぶ前のことになりますが、岡先生のお子さんの鯨岡すがねさんにうかがったことがありました。岡先生のお墓はどこにあるのでしょうとお尋ねしたとき、すがねさんは、遺骨を三つに分けて別々のところにおさめたという話をしてくれました。岡先生のお墓は三つあり、ひとつは紀見峠の墓地、もうひとつは五色椿で有名な白毫寺、それから喉仏のようなたいせつな部分は高野山の恵光院におさめたというのでした。

岡先生のお子さんは長男の岡熙哉さん、長女の鯨岡すがねさん、それに次女の松原さおりさんの三人ですが、岡家と松原家は隣同士に並んでいますし、鯨岡家は道をはさんで松原家の向いにあります。新薬師寺の近辺にみないっしょに暮らしていて、白毫寺のお墓はお墓参りができるようにというので近くに作ったとうかがいました。恵光院は古くから紀見峠の岡家と縁の深いお寺です。

そんなわけで新薬師寺から白毫寺まで歩いたのですが、白毫寺にはお墓が見当たりませんので、大いに困惑しました。お寺の人に尋ねてみると、そのお墓の所在地はここではない、すぐ裏手に奈良市が経営している奈良市寺山霊苑があるからそこではないかと教えていただきました。それでまた少し歩き、ようやく岡先生の第二の墓地にたどりつきました。

霊園にはたくさんのお墓が立ち並んでいました。岡家の墓地に立つ墓石には「岡家先祖代々霊位」と刻まれ、側の「霊標」には岡先生とみちさんの戒名が読み取れました。墓石の右側面に刻まれているのは岡先生の句で、この点は紀見峠のお墓と同じですが、刻まれた句は異なっています。

春なれや
石の上にも
春の風
石風

書は奈良市の市長の鍵田忠三郎。「石風」は岡先生の自作の俳号です。後日、高野山の恵光院に電話してうかがったところでは、岡家からあずかった喉仏などは何年か供養した後、奥の院におさめたということでした。高野山に岡先生のお墓があるわけではありません。

春雨村塾訪問まで

奈良市寺山霊苑の岡先生の第二のお墓にお参りして、さてそれからもと来た道を戻り、新薬師寺の近くまで歩きました。田んぼの間を通る細い田舎道ですが、新薬師寺の土塀を前面に見て、向かって右手に建っているのが岡熙哉《おかひろや》さんのお宅です。岡先生の評伝を書くためのフィールドワークを開始した以上、もっとも重要な場所が岡先生の三人のお子さんが住むところであるのは明らかで、どうしてもお訪ねしなければなりません。ですが、「知」の当然の要請を「情」が拒絶するのもまた人の世の習いです。

このあたりに足を運んだのは実ははじめてではなく、二度目です。岡先生が亡くなったのは昭和五十三年三月一日。それからまもないころ、昭和五十六年（一九八一年）四月五日にはじめて紀見峠にでかけました。このたびのフィールドワークを決意してまずはじめに紀見峠に向かいましたが、それもまた二度目のことでした。初回の紀見峠行は二度目と同じく天見駅で降りて歩きました。そのときはまだ「生誕の地」の石碑は建てられていませんでした。やみくもに峠を降りると、どこをどう歩いたのか記憶があやふやなのですが、柱本小学校にぶつかりました。紀見ヶ丘に移転する前の校舎です。小雨の中に桜花がきれいに咲いていて、ぼくの郷里の群馬県の山村の小学校にそっくりでした。

それから紀見村をいたずらに歩き続けたところ御幸辻の駅に出ましたので、そのまま大阪にもどりました。ただそれだけのことだったのですが、なんとはなしに物足りない思いもあり、なお一歩を踏み出して、奈良に出かけることを思い立ちました。

岡先生のお子さんは三人いるらしいとは承知していたものの、詳しい状況は不明だったのですが、長女のすがねさんは奈良女子大で数学を学び、今は鯨岡さんになっているということは知っていました。そこですがねさんに電話をかけて話をして、お訪ねすることになりました。この訪問はともあれ実現し、話もはずんだのですが、それから一箇月後の五月の連休のおりに不愉快な出来事が起りました。ちょうど岡先生の遺稿が見つかりはじめたころでしたので、ぜひ閲覧したいと申し出たところ、快く承諾していただきました。それで五月の連休中に再度お訪ねし、そのときあらためて拝見し、コピーを作らせていただくという約束ができました。ところが連休に入って訪問すると、見せられないとのこと。事情は判明しませんが、一箇月の間に何事か、心境の変化を誘う出来事があったのでしょう。まったく嫌な思い出になりました。

そんなわけで、平成八年の十月に新薬師寺の近辺にたどりついたのは、厳密に数えると三度目のことになります。気持ちは重かったのですが、やはりお訪ねすることにしました。ただしすがねさんのところはやめて、岡熙哉さんのお宅も避けて、次女のさおりさんのいる松原家に向いました。

さおりさんは御在宅でした。庭を通って玄関で案内を乞い、名前を告げると、さおりさんは「お待ちしていました」と応じました。実に不思議な言葉でした。

春雨村塾にて

初対面でいきなり「お待ちしていました」と言われたのにはびっくりしましたが、よくよく聞いてみると、さおりさんはぼくの名前を知っていて、いつか訪ねてくるものと思って待っていたというのでした。どうして知ったのかといえば、それまでにも日本評論社の数学誌「数学セミナー」や、文芸同人誌「カンナ」などに岡先生のことを書いていたからで、全国の書店に並ぶ「数学セミナー」はともあれ、「カンナ」などは鹿児島のごく小さな同人誌にすぎないのに、さおりさんの目に入っていたというのはまったく不思議なことでした。周辺に「カンナ」の読者がいたのでしょう。

請じ入れられて二階に案内されました。二部屋続きの真ん中のふすまが取り払われていますので、広々とした空間が広がっています。隅に小さな机が置かれていて、そこに岡先生の写真が配置されていました。机は岡先生が使っていたもので、写真は埼玉県在住の写真家、柿沼和夫さんの作品で、着物姿でしゃがんでいる岡先生の姿が写されています。この空間が「春雨村塾《しゅんうそんじゅく》」なのでした。心は松下村塾で、大好きな春雨と組み合わせて岡先生が命名しました。塾生は今もいて、定期的に集って岡先生の話をしてひとときをすごしているということで、特に三月末から四月はじめあたりには、適当な一日を選んで、岡先生を偲ぶ「春雨忌」という特別な集まりがもたれます。

生前の春雨村塾は岡先生の話を聞きたいと願う人たちの集まりだったようですが、それに先立って「葦牙会《あしかびかい》」という会がありました。胡蘭成が提案した天下英雄会を受けて、岡先生が命名したということです。ほかにも市民大学講座とか、光明会の念仏道場とか、岡先生を囲む会がいろいろあって、当初はなかなか全容をつかむことができませんでした。

春雨村塾には葦牙会の趣意書が掲げられていました。

日本民族はいよいよ亡びるか興るかの
瀬戸際に立つことになった。
日本の現状を病にたとえると

横隔膜が生気を失ったのである。
病膏肓に入るとはこのことである。
私達は民族精神を下から盛り上げて、
民族を死から救ひ、生氣溌溂たらしめ
ねばならぬ。葦牙會を結成する所以であって、
この名は古事記からとったのである。

岡潔識

テーブルをはさんでさおりさんと向い合い、簡単なあいさつをすませるとすぐ、『春雨の曲』をどう思いますか、やっぱり父は頭がおかしいと思いますか、と尋ねられました。「お待ちしていました」に劣らない意表をつくお尋ねでした。

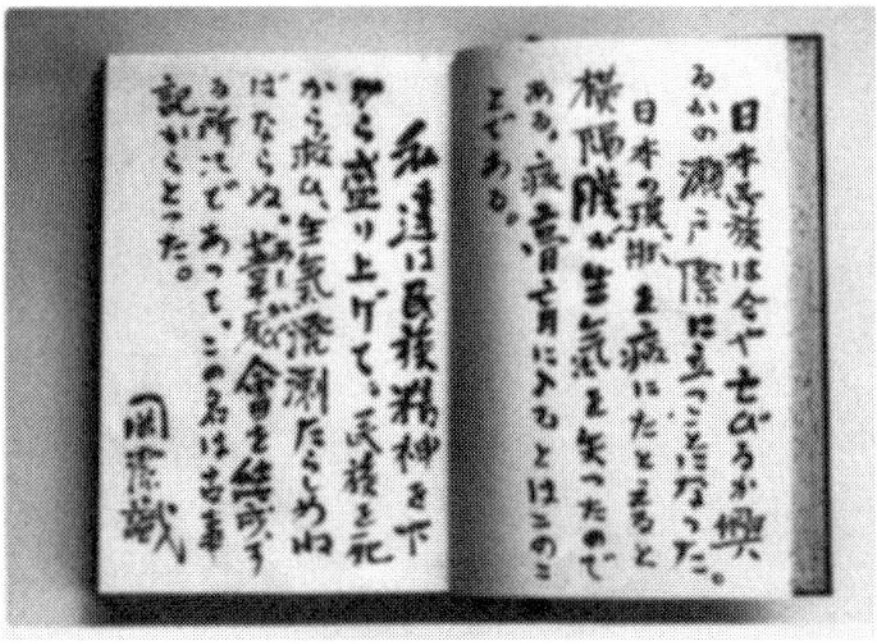
日本民族は今や亡びるか興るかの瀬戸際に立つことになった。

日本の現状を病にたとえると
横隔膜が生氣を失ったのである。病膏肓に入るとはこのことである。

私達は民族精神を下から盛り上げて、民族を死から救ひ、生氣溌溂たらしめねばならぬ。葦牙會を結成する所以であって、この名は古事記からとった。

岡潔識

葦牙会趣意書

さおりさんとの会話

『春雨の曲』をどう思うかと問われても、なにしろ実物を見たのはこの年の八月の末がはじめてのことですし、しかも拾い読みしただけなのですから、口に出して言えるほどの感想は何もありません。ぱらぱらと眺めただけでも実に不思議な作品という印象がありましたので、そのように申し上げました。岡先生は頭がおかしいとか、病気なのだとか、いろいろなうわさがあることは承知していましたし、紀見村を散策したときもそんな話をあちこちで見聞しました。ですが、ぼく自身はそんなふうに思ったことはなく、そもそも正常か異常かという問題に関心がありませんので、さおりさんの問い掛けに答えるすべはありませんでした。さおりさんもそれほど深く追究してきたわけではありませんので、そんなふうには思っていません、そうですか、というだけでこの場はおさまりました。さおりさんとしては、岡先生にまつわるこの手のうわさ話が嫌でならなかったのでしょう。

紀見峠に出かけて岡隆彦さんにお会いしたこと、隆彦さんの紹介で岡田泰子さんにもお会いしたことを伝えると、さおりさんは泰子さんの話をしてくれました。泰子さんのお子さんに尚さんという人がいて、まだ静岡在住のころのことと思いますが、あるとき交通事故にあったことがありました。車にひかれて鼻の骨が折れたのですが、幸いにも命はとりとめました。泰子さんはこれに感謝してクリスチャンになったのですが、岡先生はこれを嫌い、おまえはばかだ、ばかだと泰子さんを気安く叱っていたそうです。

岡先生が亡くなる前、二月はじめに泰子さんに知らせたところ、すぐにやってきました。泰子さんは岡先生のそばにどんとすわり、だいじょうぶ、だいじょうぶ、よくなるからだいじょうぶと言いながら、さすっていたそうです。

『春雨の曲』の出版を提案したのは書生の三上さんという人で、第七稿と第八稿をそれぞれ五十部ずつ作ったとも教えていただきました。すがねさんと煕哉さんはこの企画に反対でしたので、少部数の刊行ということで折り合いをつけたのでした。私家版ですから、持っている人は持っていますが、一般に入手は困難です。

春雨村塾の前に葦牙会がありましたが、さらにその前には、月に一度、岡家の離れを道場にして光明会のお念仏が行われていました。芦屋在住の杉田上人がやってきて、まずみなでお念仏をして、それから杉田上人の法話が一時間ほどあり、その次に岡先生が話をするという順序でした。岡先生は戦後、光明会お念仏に熱心に打ち込み、奈良女子大の学生たちを芦屋の光明会の本部に連れて行き、泊まり込みでお念仏に明け暮れることもありました。別時念仏会といい、お念仏のために特別の時間を作るのです。みちさんは岡先生より早い時期からお念仏をやっていましたし、岡先生御夫妻の影響を受けて、すがねさんもお念仏に加わるようになりました。煕哉さんとさおりさんはどうしたのか、はっきりうかがったわけではありませんが、すがねさんのように打ち込むことはなかったように思います。

春雨村塾の人びと

春雨村塾ではじめて対面したさおりさんの話が続きます。熱心にお念仏に打ち込んできた岡先生はあるときから別の考えに傾くようになったようで、お念仏をやめてしまいました。岡家の離れはお念仏のための道場にあてられていて、「岡道場」と呼ばれていました。昭和四十年代のある日のこと、岡道場でいつものようにお念仏の集りがあり、杉田上人の法話の次に岡先生が話をする番になったとき、岡先生は、ただ今のお上人の話は全部まちがっています、と言い出したのだそうです。これにはみな驚愕し、唖然としましたが、なかでもすがねさんの驚きは尋常ではありませんでした。はしごをはずされたような心境におちいったのでしょう。

こののち、岡先生はお念仏とは別の方向に思索を深めていき、『春雨の曲』の執筆に向かうようになりました。すがねさんはお念仏に留まり、さおりさんは岡先生の新たな思索に追随しようとする道を選びました。熙哉さんはこのようなことにはあまり関心がなかったようでした。

お念仏を離れてからの岡先生の話はだれも理解できなくなったようで、みちさんも、さっぱりわからないと言っていた由ですが、さおりさんはわかったようで、岡先生の言うことを翻訳してみちさんに伝えたりしたそうです。

岡先生が奈良女子大学に職を得たころ、さおりさんは小学生でした。あるとき、学校の先生に、お父さんが歌を歌っているから連れて帰りなさいと言われたので、岡先生を探し、おとうちゃん、帰ろう、と声をかけると、岡先生は、うん、と答えました。それでいっしょに帰宅したなどということがあったそうです。奈良女子大の落合学長が小学校に連絡したのでしょうか。

紀見峠の岡家の菩提寺は極楽寺というお寺で、宗旨は真言宗です。岡先生が亡くなる前のこと、岡先生は、ええな、おれ死んだら伊勢神宮だぞ、と言ったり、めんどうくさい、真言でええわ、と言ったりしたそうです。お葬式は奈良市の浄土真宗本願寺派の浄教寺で行われたのですが、極楽寺の住職も副導師として葬儀に参加しました。天皇皇后両陛下から白菊の供花があったのを見て、極楽寺の住職さんは、天皇陛下から香典をもらったのは、わしははじめてだ、と言ったそうです。これはおもしろいエピソードでした。

ほかにもいろいろなエピソードをうかがいましたので、書き留めておきたいと思います。

岡家には書生が四人いました。同時に四人というのではなく、通算して四人という印象を受けました。そのうちのひとりは滝村さんという人で、岡家に住み込んで、奈良高校に通いました。そのときの高校の先生の中に上原さんという人がいて、上原さんは岡先生を訪ねてきて、いきなり、弟子にしてください、と言いました。すると岡先生は笑って、弟子にしてやるから、弟子になったと思ってすぐに帰りなさいと応じたそうです。上原さんは春雨村塾の塾生のひとりです。

春雨村塾にはほかに河野さん、松澤さん、松尾さん、小学校の先生の佐々木さん、荻原さん、美術の先生の黒田さん、中森さん、自衛隊出身の長谷川さんと大隈さん、学習塾を経営している小石沢さん、飯塚さん、神職の青田さんなどの人たちがいます。さおりさんはひとりひとりについて簡単に紹介してくれました。青田さんのお名前は筑波山で梅田さんにうかがったことがあります。大東塾の出身で、梅田開拓筵を訪れたことがあるという話でした。

『春宵十話』の英訳の話など

さおりさんの話が続きます。『春宵十話』の英語訳を出したいと思い、サイデンステッカーとドナルドキーン（どちらもアメリカの日本学者）に依頼したところ、どちらがどう言ったのか、記憶が定かではないのですが、ひとりは断ってきて、ひとりは女の弟子にやらせてくれと言ってきたそうです。この企画は結局、実現しませんでした。どなたかの伝手《つて》を頼って頼んだのでしょうか。

岡先生が胃潰瘍で入院したとき、保田先生がすっぽんの血をもってきたという話もありました。これはたぶん昭和四十年の暮、保田先生と奥西さんが大阪労災病院にお見舞いにでかけたときのことと思います。また、保田先生が佐保田の家に来て、すっぽんを食べに行こうと誘い、「大市《だいいち》」という京都のすっぽん料理に行ったことがあったそうです。これだけでは前後の関係が不明瞭ですが、後日判明したところによると、昭和四十一年の暮の十二月に「大市」で対談することが決まっていたということですから、保田先生が岡先生を誘ったのはそれよりも前のことになります。この企画は岡先生の病気のために中止されましたが、そんな経緯がありましたので、保田先生のお見舞いの品物はすっぽんの血になったということでしょうか。「大市」

での対談は昭和四十二年の暮に実現しました。

昭和四十四年に学習研究社から五巻本の『岡潔集』が出たときは、保田先生が全巻の解題を執筆しました。学研の社員の高橋さんという人が担当して、保田先生のところに相談に行ったところ、保田先生は、後世に残るよう、最高級の紙を使うようにと指示したそうです。岡先生が亡くなった日は、まず朝の七時に市役所に電話して伝えました。亡くなる前は松倉病院から派遣された看護婦さんが付き添い、ずっと点滴を続けました。松倉病院には光明会のお念仏の道場がありました。奈良にはほかに安田道場もあり、岡道場ができるまで、岡先生は松倉道場や安田道場に通っていました。

岡潔と保田與重郎

高畑町に引っ越したのは昭和四十一年の夏で、それまでは、紀見村から奈良に出て以来ずっと法蓮佐保田町の貸家に住んでいました。正確に言うと、土地は借りて、家だけ十万円で購入したのだそうです。資金が不足して土地まで買うことができなかったのですが、引っ越し先を探してくれた奈良女子大の半田正吉先生は、もう十万円あればなあ、と言っていたということでした。中古のピアノが十万円という時代でした。

地主の蒲鉾屋さんが、この家に住みたいから八万円で売ってほしいと申し出たときのこと、岡先生が応対して、修理に三十万円かかった、三十万円でなければ売りませんときっぱりと言って、ぴしゃっと戸を閉めたとか。これもおもしろい話でした。

広島文理科大学に勤務していたときのこと、広島市牛田町の貸家に住んでいた一時期がありました。その家は早稲田神社の石の階段の脇にあったと教えていただきました。今は神社の集会所になっているともうかがいましたが、これはさおりさんの勘違いで、集会所と岡先生の家は実際には関係がないことが後日わかりました。早稲田神社は小高い丘になっています。

身余堂のかぎろひ忌

帰宅して数日がすぎたころ、栢木先生からお手紙があり、岡先生は三高で浅野晃（詩人）や「檸檬」の作者の梶井基次郎と同期だったという、おもしろい情報を教えていただきました。梶井基次郎は東京帝大の英文科の出身ですが、三高では理科でした。

平成八年の十月二十日は第三日曜日で、かぎろひ忌の日でした。身余堂で「風日」歌会が行われますので、出席することにして、京都に出かけました。ＪＲ京都駅から山陰本線に乗り、太秦駅で下車。少し歩いて京福電車の「帷子ノ辻《かたびらのつじ》」駅まで。ここから「鳴滝」駅に向いました。

身余堂に到着すると、保田先生の奥様の典子さんをはじめ、同人のみなさんが集っていました。補陀さんと栢木先生に再会し、挨拶を交わしました。「保田門下の助さん、角さん」のひとりの高鳥賢司さん、詩人の柳井道弘先生、ロマノ・ヴルピッタ先生も来ていました。

みなが持ち寄った歌一首を半紙に書き、番号を記入して並べてみなの前面に掲示します。作者名は伏せられています。出席者のひとりひとりに一枚ずつ紙片が配られます。掲げられた歌を見て気に入った歌を二首選び、番号を書き留め、署名もして、司会者のもとに提出し、それから集計して一首ごとに点数が記入されていきました。点数は、その歌を選んだ人の人数を示します。第一番目の歌は、

百年に一人と思ふ師の君を
偲びまゐらせ集ひし人ら

というのですが、この歌には二点入りました。歌は歴史的仮名遣で書くことになっています。点を入れた人の名前はわかりますから、司会者がその人を指名して、どうしてこの歌を選んだのかと尋ねます。それに応えて簡潔に理由を述べ、それがすむと、司会者が師匠格の適当な人に歌の感想を求めます。こんな話がひとしきり続いた後、司会者が、作者はどなたですかと発言。私です、と名乗りがあがると、一座がどっと盛り上がり、それからまたみなであれこれと感想を語り合うのでした。

こんなふうにすべての歌について一巡した後、最高点の歌の作者に主催者の典子奥様（みな、このようにお呼びしています）から御褒美が贈られました。これで歌会は終わり、続いて直会《なおらい》に移り、食事をいただき

ながらしばらく歓談が続きました。「百年に一人と思ふ師の君を」という歌に寄せて、保田先生と親しいおつきあいのあった作家の今東光は、「保田さんは三百年にひとりの人だ」と言っていたという話をうかがいました。この日のかぎろひ忌は第十六回目ということでした。

保田先生と胡蘭成の交友のはじまり

かぎろひ忌に出席した「風日」の同人たちの中には、補陀さんと栢木先生のほかにも、岡先生をよく知る人が何人もいました。典子奥様は龍神温泉の旅に同行したのですから、知っているのは当然ですが、柳井先生はすっぽん料理の「大市」で行われた岡先生と保田先生の対談に同席していましたし、奈良の岡先生のお宅を訪ねて原稿を依頼したこともあります。原稿というのは新学社で出していた教育日本新聞の原稿のことで、柳井先生は編集長でした。

歌会が始まる前のひとときや直会のおりの懇談の席で諸先生のお話をうかがいました。柳井先生に、岡先生が浅野晃（詩人。「天と海」の作者）や梶井基次郎（小説家。「檸檬」の作者）と三高で同期だったというのは本当ですか、とお尋ねすると、うん、そうそう、と首肯してくれました。浅野晃は保田先生の文学の仲間だった人です。高鳥賢司さんは奥西さんといっしょに新学社の創業に携わった人で、同時に国士のおもかげを宿す歌人です。岡先生のことは話題になりませんでしたが、胡蘭成のことを詳しく話してくれました。

戦後、昭和二十二年ころ、毛沢東の共産党と蒋介石の国民政府のどちらから見ても漢奸になった胡蘭成は、匿名で毛沢東に手紙を書いたのだそうです。それを読んだ毛沢東が胡蘭成を北京に招くという姿勢を示したので、胡蘭成は身の危険を感じて即座に亡命を決意したという話でした。

胡蘭成が来日したのは昭和二十五年の仲秋のころのことで、上海で船に乗り、横浜に上陸しました。高鳥さんの話では、貨物船で亡命し、横浜港で上陸する前に「みそぎ」をしたとのこと。日本で胡蘭成の世話をしたのは「山水楼」の宮田さんという人だったとのこと。台湾の「国立政治大学」の教授になったこともありますが、二年くらいでまた日本にもどってきたとも。このような話をいろいろうかがいました。色紙を書いてもらったこともあり、その文言は、

天上ふ租人
人生微浪

というのだそうです。「ふ」は本当は漢字で書かれているのですが、表記が不明瞭で読み取れなかったとか。おもしろい話ばかりですが、事実関係についてはあらためて確認したいと思いました。

高鳥さんの話の中には、保田先生と胡蘭成がはじめて出会ったときの消息もありました。なんでも昭和二十八年の出来事というのですが、熊本に紫垣隆《しがきたかし》という政界の黒幕がいて、保田先生とは戦争中からのおつ

前列左より　保田與重郎、岡潔、岡みち

きあいがあったそうです。十一歳のとき、伊藤博文に連れられて朝鮮に行ったとかで、どんな人物なのか、よくわかりませんでした。その紫垣隆は熊本に住んでいたのですが、宮崎民蔵、滔天《とうてん》兄弟を追悼する会を開いたとき、保田先生と高鳥さんも出席しました。保田先生は歌人の前川佐美雄と春日大社の宮司の水谷川忠麿《みやがわただまろ》も誘いました。水谷川忠麿は近衛文磨の弟です。この会に胡蘭成も出席し、保田先生たちともども九品寺の紫垣家の隣の旅館「桃山」に宿泊。保田先生と胡蘭成は三日間徹夜して語り合いました。これがお二人の交友のはじまりというのが、高鳥さんの話でした。

06 光明会

光明会のいろいろ

胡蘭成は汪兆銘の国民政府に参加したこともありますが、本来の資質はジャーナリズムにあったのではないかとぼくは思います。漢口で終戦を迎えたときは「大楚報」という新聞社の社長でした。高鳥さんの話によると、日本の敗戦を受けて、胡蘭成は天下三分の計というのを考えたのだそうです。天下というのは中国大陸のことで、それを三分するというのは、延安の毛沢東の共産党、重慶の蒋介石の国民党に加え、胡蘭成が中心になって武漢に勢力を張るというほどの構想のようでした。この計画は日の目を見ず、日本に亡命することになったのですが、高鳥さんの目には胡蘭成は革命家と映じていたようでした。

熊本の宮崎兄弟追悼会には孫科（孫文の子ども）夫妻、孫治平（孫科の子ども）夫妻、中華民国大使夫妻、中華民国の長崎総領事など、台湾の国民政府の要人も大勢招かれていましたが、胡蘭成の姿を見るとみないかにも親しそうに近寄ってきて、盛んに握手を求めたということでした。胡蘭成は共産党と国民政府の双方から漢奸として追われ、そのために亡命したのですから、終戦後のこととはいうものの、なんだか不思議な話を聞いたように思いました。

歌会の帰りはみなでＪＲ太秦駅まで歩きました。

翌二十一日、思い立って東京の河波先生に電話をかけました。河波先生は東洋大学で印度哲学を教えている方ですが、同時に光明修養会の指導的立場にいる人でもあり、前に一度、池袋でお会いしたことがあります。光明会というのは、意味合いを広く取ると山崎弁栄上人を慕う人たちの総称ということになると思いますが、各地に光明会を名乗る会が存在します。岡先生の道場で法話を担当する芦屋の杉田上人は、光明会本部聖堂という会の主催者ですが、それとは別に浄土宗門のお坊さんが集う光明修養会という会があります。光明会にもいろいろあるような感じで、相互関係を把握するのはむずかしく、当初は困惑させられる出来事がよく起りました。

岡先生は杉田上人と深くつきあって、この方面の指導者と見ていたような印象があったのですが、みちさんは熊野好月さんという尼さんをお念仏の師と慕っていたと、以前、河波先生にうかがった覚えがあります。それで、好月さんが住んでいたお寺を見たいと思い、河波先生にお尋ねしたところ、観空寺（これは地名です）の観音堂と親切に教えていただきました。

それからもうひとつ、京都の郊外に梅ヶ畑というところがあり、そこにお念仏の道場があって、戦後まもないころ、岡先生も何度か通ってお念仏をしたということでした。そんなふうに岡先生のエッセイに書かれていましたので、この際、現地に足を運んでみたいと思い、河波先生にうかがうと、そのことなら神戸の通照院の佐橋住職に尋ねるとよいというアドバイスをいただきました。

だいぶ前のことですが、光明修養会の事務所が大阪にあったころ、訪ねたことがあります。そのとき応対していただいたのが佐橋住職で、光明会をめぐるあれこれのお話をうかがいました。河波先生のこともそのとき紹介していただいたのでした。

梅ヶ畑の光明修道院

梅ヶ畑の光明修道院

佐橋上人に電話をかけたところ、幸いにも御在宅で、しかも御本人が電話口に出てくれました。ごぶさたの挨拶を交わし、お尋ね事を持ち出したところ、あまり詳しくは知らないのだがと言いながら、快く応じていただきました。梅ヶ畑というのは京都市の西方郊外の嵐山や高雄方面の地区なのですが、その梅ヶ畑の谷間のようなところに光明修道院があったということでした。建てたのは京都光明会を創始した恒村夏山という人です。

恒村さんはお坊さんではなく、内科の開業医で、今も京都大学の近くの熊野神社の十字路の角に恒村医院があります。小さなお子さんが病気で亡くなられたことがきっかけになって宗教的回心を体験し、その後、弁栄上人に会い、熱心にお念仏をするようになり、私財を投じて修道院を設立するまでになりました。正式には「光明修道院」と称するようですが、「梅ヶ畑の修道院」と呼び慣わされています。修道院という名にはどこかしらキリスト教の匂いがただよっています。

梅ヶ畑の修道院には三十人も四十人も収容可能な広間があり、そこが本堂でした。お寺の庫裡、すなわち台所にあたる場所は本堂より広かったとか。加えてかなり広い座敷がいくつもありました。ここで別時念仏会が催されます。導師のお坊さんがやってきますので、控室があり、庫裡と控室の間は渡り廊下で結ばれていました。

岡先生は戦後、光明会の先達たちを相次いで訪問し、語り合い、各地の別時念仏会に積極的に参加しました。日本の敗戦の衝撃に耐え、数学研究の日々を生きる道をお念仏に見出そうとしたのでしょう。梅ヶ畑の修道院にも何度か通っていますので、一度は出かけてみたいのですが、今も実現していません。

恒村さんは昭和三十年代に亡くなりました。その後、昭和四十年前後のことですが、恒村さんの御遺族が修道院を関西電力に売却したとのこと。修道院は現在はもう存在しないというのが佐橋上人のお話でした。

梅ヶ畑の修道院とは別に、恒村医院の二階も念仏道場になっていました。岡先生はここも訪問し、恒村さんと語り合いました。

本部聖堂と光明修養会

弁栄上人は全国各地をめぐり歩いた人で、行く先々で人びとに宗教的感銘を与えました。それらの人たちが光明会を名乗る小さな会を作りました。光明会というのは弁栄上人を慕う人たちの作る宗教的サークルのようなもので、小さなサークルが各地に散在していたのですが、何かしら全国的な組織が結成されていたのではないのではないか。河波先生や佐橋上人のお話をうかがっているうちに、そんな印象をもつようになりました。

いくつもの光明会のうち、京都光明会を結成したのが恒村さんですが、恒村さんは自宅を道場にするだけにとどまらず、梅ヶ畑に修道院を作ったうえ、さらに歩を進めて全国の光明会を結び合わせようという志を抱いて、神戸の芦屋に本部聖堂を作りました。ところが、その聖堂が十分に機能しないうちに恒村さんは病気になり、まもなく亡くなりました。聖堂を継承したのが、岡先生と縁の深い杉田上人でした。聖堂とは別に、各地の浄土宗のお坊さんたちのうち、弁栄上人を慕う人たちが集って、光明修養会を結成しました。それなら各地の光明会の人たちはどうしたのかといえば、聖堂と修養会の双方とおつきあいを続けました。聖堂の杉田上人も、お寺の住職さんも、弁栄上人の手で宗教の火を心に灯された人たちにとっては同等に映じたのでしょう。

岡先生が光明会のお念仏に打ち込んでいたということですので、かねがね光明会のことを知りたいと思っていたのですが、だんだん状況が飲み込めてきました。光明会という名の単一の全国組織は、厳密には結成

学生別時三昧会
昭和 28 年 12 月　光明会本部聖堂にて

されていないと思います。岡先生は聖堂の杉田上人と親しくつきあっていましたし、杉田上人はエッセイ集『風蘭』（講談社現代新書）の巻末に解説を執筆していましたから、聖堂と杉田上人のことは承知していました。修養会のことは長い間、知らなかったのですが、光明会を連結する大きな組織です。

　杉田上人は同志社大学を卒業した人のようで、学生時代というと昭和初期あたりになるのではないかと思いますが、熱心に左翼運動に打ち込んでいたと聞きました。そういう時代だったのでしょう。官憲に追われる日々もあり、やがて恒村医院に逗留してお念仏に取り組むようになったのだとか。このような経緯がありましたので、杉田上人は恒村さんのお念仏のお弟子格になり、それで聖堂を継承する成り行きになったのであろうと思います。

　杉田上人と同様、恒村さんに教えを受けた人に佐々木隆将上人がいます。佐々木上人は島根県の人で若いころ、梅ヶ畑の修道院に一、二年ほど住み込んで修業したことがあるそうです。お手紙をいただいたことがありますが、岡先生にも会ったことがあるということでした。

　光明主義のお念仏をする人たちは実にさまざまで、岡先生は、戦後まもないころから多くの人に会っていますが、いつのころからか杉田上人のことしか語らなくなりました。その杉田上人と光明修養会の関係は良好とは言えません。岡先生はどうして杉田上人一辺倒になったのか、光明会の様子が次第に明らかになってくるのにつれて、素朴な疑問が新たに生れました。

春雨村塾再訪

十月下旬、春雨村塾を再訪したいという心情に誘われて、奈良に向いました。あらかじめさおりさんに電話したところ、松原家では塾生の代表格の松澤さんも待っていました。あれこれと四方山話が続く中で、まずはじめに話題にのぼったのは「葦牙会」のことでした。昭和四十三年は全国の大学で学生運動が激化した年でしたが、岡先生はそんな状勢に触発されて、既成の大学を離れて市民大学というものを作るという考えを表明しました。これを受けて宗教団体の「統一原理」が、岡先生を提唱者にして、市民大学を名乗る会を組織しました。この市民大学は実際には岡先生が作ったのではありませんが、統一原理の提案を受け入れた形になり、みずから講師に就任し、各地で講義を行うようになりました。講義の記録は「心情圏」という月刊誌に毎月のように掲載されましたが、これは統一原理が出していた雑誌です。

この市民大学を聴講する若い世代の人たちが自然に集り、独自に結成したのが「葦牙会」でした。葦牙会もまた岡先生が御自身で作ったわけではなく、岡先生の話を聴きたいと望む人たちが自主的に結成し、岡先生を招いて講話を聴き、テープに記録し、「葦牙」という名前の冊子に掲載するという活動を行いました。

市民大学と葦牙会とは別に、岡家にはお念仏の岡道場があり、そこにもまた岡先生の話を聴きたいと望む若い人たちが集まってきました。それで、この岡道場でのお念仏の会を「青年学生光明会」と呼んだのでした。葦牙会の会員たちもまた青年学生光明会に出席しました。

そうこうするうちに岡先生がお念仏から離れようとする気運が出てきましたので、またも局面があらたまりました。市民大学や葦牙会や青年学生光明会とは別に、岡家には書生がいたのですが、晩年の二人の書生にさおりさんが加わって、三人で岡先生の話を聴くという状況が現れました。これが春雨村塾の原型です。松澤さんたちの葦牙会は、あくまでも岡先生の話を聴きたいということを念願にしていたのですから、市民大学とも光明会とも特別の関係があるわけではありません。それで、岡先生がお念仏から離れるのに伴い、葦牙会は春雨村塾と合併し、新たに「拡大した春雨村塾」が発足するという恰好になりました。

なかなか複雑な経緯ですし、松澤さんの話をうかがって即座に諒解することができたというわけではありませんが、この後も何度か会話を重ねているうちに、春雨村塾の成り立ちはおおよそ上記の通りであろうと考えるようになりました。

松澤さんとさおりさんの話を聞く

さおりさんと松澤さんにうかがった話のあれこれを書き留めておきたいと思います。岡先生は毎日新聞社から出した『春宵十話』を皮切りに、次々とエッセイ集を出していきましたが、最後のエッセイ集は『神々の花園』という作品で、昭和四十四年に講談社現代新書の一冊として刊行されました。講談社現代新書としてはこれで五冊目になります。ところが岡先生としてはこれで終りにするつもりはなかったようで、なお一冊、『流露』という作品を執筆し、講談社の現代新書の編集部に原稿を送付したのだそうです。この話ははじめて聞きました。送付したのは昭和四十五年の年初のことで、六冊目の現代新書になる見通しだったのですが、編集部から出版しないという方針が伝えられてきたのだとか。文章にナイーブさが足りないという主旨の理由が附されていたということですが、この時期になると岡先生のエッセイ集も売れ行きがにぶってきたようで、ブームは去ったという判断がなされたのでしょう。

現代新書の編集部内で岡先生を担当していたのは、奈良女子大出身の藤井さんという人ですが、岡先生の没後、藤井さんが『流露』の原稿を送り返してきました。それで、この原稿は今も春雨村塾に保管されています。

岡先生が亡くなった後、岡先生が書き遺したいろいろな原稿が見つかりました。この話は以前、すがねさんにうかがったことがあり、一度は見せていただく約束ができたものの、反故にされるという苦い体験があります。その遺稿群がどのようにして見つかったのか、さおりさんが経緯を話してくれました。佐保田の家から高畑の家に引っ越したとき、岡先生のお父さんが使っていた軍用トランクに、岡先生の枕元にあった書類などを手当たり次第に詰め込んでもってきて、そのまま物置きに放り込んでおきました。没後、トランクをあけてみると、未公表のエッセイや連句稿、それに数学の研究ノートなどが出てきたというのでした。いくぶん不思議な感じのする話ですが、御本人の生前にはトランクをあけるという発想は起らなかったことでしょう。

岡先生の父の岡寛治さんは、日露戦争に従軍した体験があります。所属部隊は前線には出なかったようですが、朝鮮半島に駐屯していますす。そのとき寛治さんといっしょに朝鮮半島まで行って戻ってきたトランクが、後年、岡先生の遺稿群の保管所になったのでした。

松澤さんは昭和四十七年三月から光明会の月例会、すなわち岡道場での青年学生光明会に出席するようになったとのこと。当初は杉田上人の法話もありましたが、ある時期から杉田上人の姿が見えなくなり、それからの光明会例会は岡先生の講話を拝聴する会に変りました。

毎日新聞に「春宵十話」が連載されたとき、その記事は口述筆記でした。筆記したのは毎日新聞奈良支局の松村洋さんという人です。松村記者は奈良市に住んでいるというので、連絡先を教えていただきました。それと、胡蘭成の著作『天と人との際』の刊行に尽力した小山奈々子さんは、胡蘭成といっしょに岡家を訪ねてきたことがあり、今も年賀状のやりとりが続いているとのことで、住所と電話番号を教えていただきました。これでまたフィールドワークの領域が広がりました。

原宿グリーンランドを訪ねる

十月末、東京に向いました。中谷宇吉郎先生のお子さんの芙二子さんをお訪ねしたいと思い、広島の法安さんに電話をかけて、中谷家の電話番号とおおよその道順を教えていただきました。さおりさんに会ってきたことも伝えました。フィールドワークを始めてからこのかた、行く先々で次々と異様な話を見聞きして、そのつど岡先生の評伝の構想が崩壊するという話をすると、法安さんは、考古学みたいですねと、おもしろい感想を披露してくれました。ああもあろう、こうもあろうと自由に想像をめぐらしてみても、ひとつでも事実と矛盾してしまえば、瓦解してしまいます。おびただしい事実群を踏まえたうえで、かろうじて成立する可能性が開かれるのが考古学の理論です。

芙二子さんの御都合をうかがって、十月二十六日のお昼前の十時ころ、訪問する約束ができました。お住まいは三階建てのビルで、宇吉郎先生が氷の研究に打ち込んだ場所にちなんで、原宿グリーンランドと名づけられています。

中谷家は原宿駅前の代々木ゼミナールのすぐ近くにありました。中谷家には岡先生の消息を物語る大量の手紙が保管されていて、芙二子さんはそのすべてに目を通したようでした。それと、岡先生は昭和十年の夏と昭和十六年の秋から一年ほどの二度にわたって札幌に逗留したことがあり、芙二子さんは当時の思い出を記憶しています。そんなことを踏まえて、芙二子さんの話が続きました。

岡先生はきれいなものが好きで、札幌の丸井デパートに芙二子さんたち姉妹を連れて行き、何でも好きなものを買ってやるといって、フランス人形や七福神の小さな置き物を買ってくれました。芙二子さんは次女で、咲子さんという姉がいます。ひとりはフランス人形、もうひとりは七福神をいただいたのですが、どちらがどっちだったのか、忘れてしまいました。

岡先生の心身が一番調子が悪かったのは昭和十一年から十四年あたりでした。ちょうど勤務先の広島文理科大学を辞職して帰郷したころのことになりますが、この時期に宇吉郎先生宛に届いた手紙の差出人は、みちさんをはじめ、大学の同僚の数学の森先生、岡先生の父、妹の泰子さんなどとのことでした。岡先生本人の手紙もありますが、俳句や連句の話、それに宇吉郎先生の著作の感想などが書かれているばかりで、のんびりとした手紙ばかりのようでした。

帰郷の前後の岡先生

芙二子さんは岡先生が広島文理科大学を辞職して帰郷することになった事情に通じているようで、いろいろな話をしてくれました。後日、だんだん判明した事実と少しずれることも混じっていますが、ひとまずうかがった通りに再現したいと思います。

昭和十一、十二年ころ、岡先生は非常に調子が悪く、辞める二年前の昭和十一年には入院しました。これが最初の入院で、この年の六月ころのことでした。十一月には伊豆の伊東温泉に出かけて宇吉郎先生と交流しています。それで勤務先の広島文理科大学では岡先生の代りに講義をする人を決めなければならなくなり、昭和十一年度はだれかが代講してカバーしたのですが、翌年になるとカバーしきれなくなり、このままでは辞めるしかないという状勢になりました。ですが、岡先生は自分からは絶対に辞めると言いませんでした。

このような場合、大学の側で休職の手続きをすすめると、必然的に後任人事が行われ、ポストがふさがり、岡先生はもどれなくなってしまいます。そこでみなで思案して、岡先生を説得して病気を理由に自主的に休職願を提出させようとしたのですが、岡先生が信頼して耳を傾けるのは秋月先生と宇吉郎先生のみでした。ところが当時、秋月先生は釣りに凝っていてなかなかつかまりませんので、だれもみな宇吉郎先生に手紙を書いて相談しました。結局、宇吉郎先生の説得が効を奏する恰好になって、昭和十三年の六月に病気休職願が学校に提出されました。岡先生が自分で書きました。

奇行の数々

岡先生が広島を離れた事情をうかがうことができたのは衝撃的で、強い印象を受けました。昭和十一年から十三年あたりにかけて、広島、伊東、それに静岡で、岡先生の生涯でもっともたいへんな一時期がすぎたのでした。みちさんの困惑も激しかったようで、共に人生を歩む自信を失い、別居を決意したり、離婚を考えたり、悩みの深い日々を暮らしました。岡先生はたばこをものすごくたくさんすって、理屈をこね、手がつけられなかったというのですが、岡先生本人の手紙は、春風駘蕩というか、「咲子ちゃん、芙二子ちゃん、ぼくちゃん、御母堂、みなさんによろしく」という調子で、非常に繊細で、ていねいでした。芙二子さんの目に映じた岡先生は、伊東でも、札幌でも、岡先生御自身はいつも清らかな気持ちですごしていました。「ぼくちゃん」というのは敬宇《けいう》という名前の宇吉郎先生の長男のことで、夭逝しました。

伊東時代（というのはこの時点ではまだはっきりと特定できなかったのですが、昭和十三年の春です）、岡先生の精神状態は振幅が激しく、みちさんもお手上げになってしまいました。それで、山下清を発見したことで知られる式場隆三郎が経営する病院に入院させました。式場病院では鍵のかかった部屋に入れて、電気ショックをかけようとしました。みちさんはそれを聞いてびっくりして、中谷、秋月両先生に助けを求めたところ、両先生が乗り出して病院を説得し、電気ショックをかける寸前に助け出しました。そのとき岡先生は、「ここの病院の人はぼくの言うことが全然わからないんだ」とこぼしたということです。これは宇吉郎先生の奥さんの静子さんから伝えられたという話です。

以下、とりとめのない話が続きます。中谷家の伊東での滞在先をお尋ねしたところ、観月園や江口別荘などを教えていただきました。

岡先生が文化勲章をもらうことになって上京したとき、そのころ中谷家は原宿に移っていて、宇吉郎先生は病気で東大の附属病院に入院中でした。そこで岡先生は親授式の当日、その足で東大病院に中谷さんを見舞いました。

岡先生は昭和十六年の秋、北大理学部に勤務するため札幌に単身で出かけ、一年ほど滞在しました。逗留先は「おぎの」という下宿屋でしたが、その下宿屋はそのままにして中谷家の離れに暮らした時期もありました。中谷家の前に北星女学園という女学校があり、朝、女学生たちが登校するころ、岡先生は家の前に立って女学生に向かって小石を投げたりしたそうです。女学生たちは、きゃあきゃあと逃げて、中谷さんのところに変な人がいると言い合っていたとか。何回も小石を投げて、小石の描く放物線をじっと見つめていたそうです。

きれいなものが好きで、花泥棒のようなことをしたこともありました。近所の軒下でマッチをすり、放火魔にまちがえられて通報されたため、宇吉郎先生が警察によばれて始末書をとられたこともありました。岡先生は、火がついて燃え尽きるまでの様子をじっ見つめ、観察していたのでした。中谷家の座敷でマッチをすったこともあります。それで、中谷さんの奥さんの静子さんが隣室で障子につばで穴をあけて様子を見ていたのですが、それを知った宇吉郎先生は、そんなことをするやつがあるか、失礼なことをするな、とものすごくしかったそうです。

宇吉郎先生を語る

一風変ったところのある岡先生の言動はたいていの人に理解されず、宇吉郎先生もまた理解できたというわけではなかったろうと思いますが、岡先生を信頼するというのが、パリではじめて合ったときから終始変らない宇吉郎先生の姿勢でした。岡先生を絶対的に信頼するのが岡先生のために一番いいのだ、見守るのが唯一の手立てだという考えで、宇吉郎先生はこれを寺田寅彦先生に学んだということです。寺田先生にも宇吉郎先生にも、何かしら人生の苦に通じる体験があったのでしょう。

宇吉郎先生はたいへんな努力家で、人を助けることが子どものときから身に付いていました。弟と妹が四人いて、十一歳のとき、父が亡くなりました。そのとき、おじさんの中谷巳次郎が、大丈夫か、と尋ねると、中谷さんは、おっきい弟がいるから大丈夫だ、と答えました。おっきい弟というのは治宇二郎さんのことです。

宇吉郎先生はいつもせかせかと忙しく立ち働いて、困っている人がいると助けてやりました。人にやさしい人で、苦労している人がいると助けてやりたくなる性分でした。小松中学を卒業して金沢の四高を受験して失敗し、東京の予備校に通っていたときのことですが、左翼の大学生たちの街頭演説などを聞いてむなしさを感じ、二箇月ほどで東京滞在を切り上げて帰郷しました。空虚な理想を聞いても心を打たれない、こんな空気にまみれたくないと思ったというのですが、父を亡くし、弟と力を合わせ、母とともに中谷家を支えていかなければならないという、強い自覚があったのでしょう。母がはじめた呉服屋の番頭などをしながら、独学で受験の準備をして、翌年、四高に合格しました。

岡先生はというと、宇吉郎先生の生活の苦労には理解が及ばなかったふうで、中谷さんはどうしてあんなにせかせかしているんだろうといぶかっていたようでした。宇吉郎先生は緊張感を楽しんでいるんだろうなあ、と思っていたくらいのことで、宇吉郎先生に迷惑をかけているとか、宇吉郎先生のおかげでやっていけるのだという認識はありませんでした。宇吉郎先生の方では、フランスで治宇二郎さんが岡先生とみちさんに非常に世話になりましたので、恩返しをしたいという強い気持ちがありました。

松村さんと待ち合わせの約束をする

宇吉郎先生は四高から東京帝大に進みましたが、弟の治宇二郎さんが小松中学を卒業したころになると中谷家には余裕がなく、治宇二郎さんは高校進学を断念せざるをえなくなりました。宇吉郎先生は、自分よりも弟の方がずっと頭がいいと言っていたそうです。宇吉郎先生が途中で落第して治宇二郎さんと同級生になったりすると困ると周囲が配慮して、治宇二郎さんの小学校入学をわざわざ一年遅らせたのだそうです。

治宇二郎さんは小松中学を出た後、北国新聞の記者になってモスクワに行ったこともありました。新聞記者の次は演劇に熱中したこともあり、それから考古学に打ち込みました。

岡先生が治宇二郎さんに、「せなはげ」やなあ、と言うと、治宇二郎さんは、「腹まではげとるわ」と答えたというおもしろいエピソードをうかがいました。いつどこで行われた会話なのか、よくわかりませんが、治宇二郎さんが由布院で療養していたときのことでしょうか。「せなはげ」というのは「なまけもの」という意味とのことですが、これは中谷兄弟の郷里の小松地方の方言のようです。

このような話をうかがった後、午後、小平市の津田塾大学に行き、数学史シンポジウムに出席しました。二日目の翌二十七日のことですが、休憩のとき、ある先生から岡先生のエピソードをうかがいました。戦前、札幌で数学物理学会があったときのことというのですから昭和十二年の夏のことと思われますが、秋月先生や物理の金原誠先生など、みなで遠足に出かけたとき、金原先生が、熊が出たらどうする、と冗談めかして尋ねてきました。すると岡先生がこれを受けて、秋月君はあぶないが、君やぼくのようなやせている人は大丈夫だよ、と応じたとか。岡先生は案外冗談を言ったりする人で、「岡の冗談」と呼ばれていました。この日、奈良の松村洋さんに電話をかけて、大阪でお会いする約束をしました。待ち合わせの場所は阿倍野の近鉄デパートの屋上のベンチです。

「春宵十話」の回想を聞く

東京からの帰途、大阪で下車して松村洋さんにお目にかかりました。松村さんは毎日新聞社の記者時代に岡先生をいわば発見した人で、毎日新聞に掲載された「春宵十話」も岡先生が話したことを松村さんが記録してできた口述筆記でした。ぼくがお会いしたときにはもう毎日新聞は辞めていて、四天王寺国際仏教大学にお勤めでした、何を教えているのですかとお尋ねすると、ジャーナリズム論というお答えが返ってきました。

喫茶店で向い合ってお話しをうかがいました。岡先生に着目した一番はじめのきっかけは何ですかと問うと、数学者であること自体はニュースにならない、ニュースを求めていろいろな大学のいろいろな先生たちを訪ねるのも仕事のひとつで、岡先生もそのうちのひとりだったとのことでした。岡先生にお会いして非常に興味をもち、はじめ「新春放談」を口述筆記して、毎日新聞に載せました。これは単行本の『春宵十話』に収録されています。

「春宵十話」をきっかけにして、岡先生は次々とエッセイ集を出すようになり、新聞にもひんぱんに登場するようになりました。秋月先生はそれをおもしろくないと見ていたようで、ご機嫌が悪かったそうです。ジャーナリズムが岡先生を引っぱり出してだめにしたというのが秋月先生の見方で、俗世間と接触しない方がいいと、秋月先生は考えていました。市民大学や葦牙会のことで、岡先生が原理運動とつきあっていたことも、秋月先生は気に入りませんでした。

松村さんは岡先生の評伝を書こうと思った一時期があったそうで、ずいぶん調査もしたようですが、岡先生が次第に日本主義に傾いていくような発言が続くのに違和感があり、追随することができなかったという話もありました。

『春宵十話』の次に『春風夏雨』というエッセイ集を同じ毎日新聞社から出しましたが、これは口述筆記ではなく、岡先生の書き下ろしでした。

松村さんが「春宵十話」の口述筆記を手がけたときの模様もうかがいました。岡先生の話を聞き、要点をメモし、そのメモを基礎にして再現するのですが、岡先生は話の飛躍がひどすぎて、話が飛んでしばしばわからなくなってしまいました。そんなときは質問すると、丁寧に説明してくれました。

松村さんの回想（続）

岡先生の話は論理が飛躍してわからなくなりますので、そんなときは質問して説明していただいたのですが、その説明自体もまたよくわからないことがありました。ですが、岡先生の思考の流れを妨げてはならないというので、質問の仕方を工夫して、「ということなのでしょうか」というふうに尋ねるようにしました。他の場所で同じ話を別の形で話すこともあり、あちこちの飛び地をつなぐと話が通じたりもしますので、話の順序を入れ換えたりもしました。同じ話を繰り返す習癖があったのですが、岡先生にしてみれば、大事な話であればあるほど、何度でも繰り返したかったのではないかと思います。岡先生自身、同じ人が言うんだから同じことを言うのはあたりまえだというほどの考えだったようです。

口述筆記して作成した原稿を持参して校正をお願いすると、読むのはめんどうだから読み上げてくれと依頼されました。そこで目の前で読むと、それでけっこうですと、あっさりと許可が出ました。松村さんがはじめて会いに出向こうとしたころにはすでに、この先生はちょっと変っているといううわさがあったそうです。

「春宵十話」が好評でしたので、岡先生のもとに毎日新聞社から続篇を書いてほしいという依頼がありました。松村さんがこれを伝えると、岡先生は、自分で書かなければ真意が伝わらないというので、今度は自分で書くと言って引き受けました。この岡先生の意向を松村さんが毎日の出版局に伝え、やがて実現の運びとなり、毎日新聞社の週刊誌「サンデー毎日」に昭和三十九年四月から「春風夏雨」の連載が始まりました。これを基礎にして、翌昭和四十年に単行本の『春風夏雨』が刊行されたのですが、その際、松村さんが岡先生にインタビューしてできた記事がひとつ、収録されました。それは、「六十年後の日本」というエッセイで、「サンデー毎日」の昭和三十九年一月十二日号に「新春随想」として掲載されました。

松村さんはずいぶんいろいろな話を聞き出そうとしたようですが、岡先生としてもさんざん話したと思ったようで、もう話すことはないと言ったこともあったそうです。

岡家ではビールなどをごちそうになることもありました。奥さんのみちさんは気さくでやさしい方で、松村さんが訪ねたときも、いつもくつろげる雰囲気を出してくれました。岡先生のために尽くした人という印象を受けたということでした。

こんなふうにして岡先生がマスコミに登場したころは、岡先生の言う「日本的情緒」という言葉にフレッシュな感じがありました。このようなことを口にする人は当時はいませんでしたし、しかもこれを発言した人が数学者だったというところに、新鮮な感じがおのずとかもされたのでしょう。

岡先生が入院した病院の話も出ました。松村さんは岡先生の評伝を書こうとした時期があり、わざわざ東京に出て東大病院の精神科の内村祐之《うちむらゆうし》先生に面会したこともありましたが、入院先として松村さんが挙げたのは式場病院でした。中谷芙二子さんに聞いた話が思い出されましたが、松村さんはこれをみちさんにうかがったのだそうです。

宇吉郎先生が亡くなったとき、岡先生の「中谷宇吉郎さんをしのぶ」という記事が毎日新聞に出ましたが、これは松村さんが談話を取りました。岡先生が亡くなったとき、毎日の夕刊に出た訃報は学芸部の記者が書き、翌日の朝刊に、松村さんが署名入りの記事を書きました。

07 胡蘭成の人生

往復書簡

松村さんが会ったころの岡先生はしきりに世相を憂え、悲憤慷慨していたということで、その様子は刊行された一群のエッセイ集にもよく現れています。松村さんは岡先生の日本主義に違和感を感じたと言っていましたが、これは松村さんだけのことではなく、岡先生の初期のエッセイを喜んで愛読したおおかたの読者に通じる心情と思われます。『春宵十話』に見られる岡先生は、いかにも超俗の数学者という感じがしますし、奇抜な言動もまた数学者らしいということで、世の中に受け入れられてきたのではないかと思います。

岡先生にしてみますと、超俗の数学者から日本主義の憂国の数学者へと途中から変身したわけではなく、岡先生の学問を支えていたのはその真価をまだだれにも知られないころから、一貫して日本主義でした。戦後の日本には岡先生の日本主義を許容する余地は本当は存在していなかったのですが、数学者だからというので、存在しないはずの余地が奇跡的に出現したと言えるのではないかと思います。その流れの中で岡先生の発言が続き、書くものも日本主義や憂国の心情の吐露ばかりになってくると、世間の目は次第に冷たくなっていきました。岡先生の本の売れ行きは次第にかんばしくなくなり始めましたし、『流露』の出版が講談社に拒否されたのもそのためでした。初期のエッセイはよかったが、あとはちょっとね、とか、だんだんついていけなくなった、という主旨の感想は、ぼくもしばしば耳にしました。そのような読者は岡先生の著書をはじめから誤読していたのだとぼくは思います。

往復書簡の続き

平成八年の十一月はフィールドワークには出かけずに、これまでに出会った方たちに手紙を書きました。御礼を申し上げるとともに、疑問点をお尋ねするという主旨の手紙でした。

まもなく十一月十日付の法安さんのおたよりが届き、中谷兄弟をよく知る人として、愛知県在住の樋口敬二先生と大分県在住の賀川光夫先生のお名前と連絡先を教えていただきました。樋口先生は宇吉郎先生の最後のお弟子で、名古屋大学の名誉教授。退官後は名古屋市の市立科学館の館長とのこと。賀川先生は別府大学の考古学者で、治宇二郎さんの遺稿をまとめて本にするときなど、お世話になったとのことでした。

数日後、今度は十一月十七日の消印の岡隆彦さんの手紙が届きました。岡家の歴史がつづられていました。岡先生の祖父は岡文一郎というのですが、男の子ばかり四人の子どもがいて、次男の寛範は橋本の紀ノ川の向こうの清水の谷家に養子にいったとのこと。岡先生の父の寛治さんは三男で、昭和十四年四月一日に亡くなったこと。それから、岡家の本宅は昭和十四年の暮にとりつぶすことになりました。そこで隆彦さんの父の憲三さんが岡家の一部と風呂と倉を道路の向い側に引いて住まいを用意したのですが、岡先生は不便な紀見峠に住むのを嫌って、峠の麓の慶賀野に移りました。憲三さんは和歌山中学を卒業したこと。寛治さんは、百姓をしながら、柱本小学校の学務委員を長く勤めたこと。

隆彦さんの手紙にはおおよそこのようなことが書かれていました。前にうかがってすでに知っていることもありましたが、はじめて聞く話もありました。

墓地下の家と松下の家

岡隆彦さんからの手紙を拝見して、もう少しお話をうかがいたいと思い、手紙を受け取った当日の十一月十九日に電話をかけました。紀見峠の岡家の所在地や慶賀野への転居の時期などについて、もうひとつ茫漠として理解の行き届かないところがありましたので、お尋ねしたかったのです。すでにうかがったことのある話と重複するものもあり、これはそのひとつなのですが、紀見峠の岡家の跡地は二箇所ありますので、岡家の所在地を語るときはどちらを念頭に置いているのか、はっきり区別しないと混乱してしまいます。もともと紀見峠の高野街道の真ん中あたりにあったのが「元家」で、墓地が開かれた斜面の下の位置にありましたから、「墓地下の家」です。この家が長雨のときの崖崩れに襲われましたので、おじいさんの代に（と隆彦さんは言いました）引っ越しました。その新しい岡家の側には大きな松の木がありましたから、「松下の家」と呼ぶとよいと思います。

隆彦さんの父の憲三さんは分家して、紀見峠の「松下の家」の近くに新居を建てました。憲三さんは岡先生の父、寛治さんの長兄の岡寛剛《おかひろたけ》のそのまた長男でしたから、本来なら岡家を継いでもよかったのですが、実際には岡先生が家督を継ぐ形になりました。岡先生はこれを気に病んだようで、まちがったことをした、岡家の資産を全部わたすと憲三さんに言ったそうです。憲三さんはこれを受けて、岡先生の生活が困難に陥ったとき、何かとお世話をしたということでした。

松下の岡家には岡先生の両親のほかに、祖母のつるのさんが健在でした。父の寛治さんは昭和十四年四月一日に急逝したのですが、このとき隆彦さんは中学を卒業して天王寺師範学校に入学することになっていました。その入学式の前にお葬式がありました。

紀見峠から慶賀野に移るときは荷車で荷物を運びました。倉だけ残して、あとは近くの人に売却したということですが、倉はともかくとして、近所の人に売ったというのは何を売ったのか、このときの電話ではもうひとつはっきりつかめませんでした。

十二月に入り、手紙を二通、書きました。一通は和歌山のかつらぎ町大谷の草田源兵衛さん、もう一通は東京の郊外の羽村市にお住まいの小山奈々子さんで、どちらも御都合のよいときにお会いしたいという主旨の手紙です。草田さんは粉河中学の出身で、岡先生の後輩になる人ですが、同窓会の会合に岡先生を呼んで講演していただいたおり、なぜか岡先生に叱られたという体験を持っています。そういう人がいると、橋本市役所でお目にかかった北川さんに教えてもらい、それからずっと心にかかり、一度お会いしたいと念願していました。小山さんは胡蘭成のお弟子のような感じの人で、胡蘭成といっしょに奈良に岡先生を訪ねたこともあります。連絡先はこの十月にさおりさんに教えていただきました。折り返しお二人から返信があり、面会の申し出を快く受けていただきました。

十二月には電話も二箇所にかけました。岡先生の高校大学時代のことを知りたいと思い、京都の三高会館に電話してみたのですが、電話に出た人がいきなり「海堀です」と名乗りましたので、まったく驚きました。思わず、「海堀さんといいますと、あの海堀さんですか」とお尋ねしたところ、即座に「はい、そうです」というお答えがありました。これにはまたびっくりでした。海堀さんというお名前は岡先生のエッセイに一箇所だけ登場します。戦後まもないころ、三高の後輩の海堀さんという学生が紀見村の岡先生を訪ねてきて、高等学校が廃止されるのを阻止するため、反対の署名を集めにきたという話です。ただそれだけの話にもかかわらず、なぜか心に残っていたのですが、御本人の海堀さんが健在で、しかもいきなり電話に出たので驚いたのでした。しばらく話をして、一度はぜひ三高会館をお訪ねしますと言って電話を切りました。

もう一箇所、名古屋市の科学館に電話をかけて、館長の樋口先生と話をしました。かくかくしかじかで一度お目にかかりたい旨をお伝えしたところ、即座に諒解していただいて、都合の悪い日はいつといつ、科学館に出向く日はいつといつ、というふうに話が細かくなり、十二月二十七日の午後四時四十分という細かい日時が設定されました。これで年末のフィールドワークの方針が定まりました。

名古屋市科学館訪問

十二月二十七日の午後、名古屋の科学館に樋口先生をお訪ねしました。約束の通りきっかり四時四十分に着いたのですが、先生は忙しそうな様子でした。夜は夜で会合の約束があるとのことで、時間に余裕がなく、五時をすぎてから近くの喫茶店に移動して少しだけ話をしました。樋口先生は岡先生のことを宇吉郎先生から聞いていたらしく、いろいろなうわさ話をご存知でした。樋口先生の見るところ、人はだれもアダルト（大人）な部分とチャイルド（子ども）の部分をもっていて、アダルトとチャイルドが接触するとまずい。岡先生はアダルトの部分が少ないことを自覚していたが、どうにもならない。宇吉郎先生はどちらの部分も大きかった、ということでした。アダルトとチャイルドが接触するとまずいというのはどういうことなのか、説明がありましたが、思い出せません。樋口先生は司馬遼太郎とおつきあいがあったようで、その方面の話もありました。

時間が少なくて断片的な話に終始する中で、岡先生がパリにいたときの滞在先の住所はわからないだろうか、というお尋ねがありました。年が明けたら出張でパリに出かける予定があるので、時間があれば訪ねてみたいからというのでした。この時点ではまだそこまで調査が及んでいなかったため、即答できなかったのですが、法安さんにお尋ねすればわかるかもしれないと、ひとまず応じました。この予測は適中し、後日、法安さんにサン・ジェルマン・アン・レの下宿先の住所表記を教えてもらい、それを樋口先生に伝えました。サン・ジェルマン・アン・レはパリの郊外の町で、岡先生とみちさんと治宇二郎さんは一時期ここに滞在していたことがありますし、法安さんは治宇二郎さんの手紙をたくさん収集していましたから、サン・ジェルマン・アン・レで書いた手紙もきっとあると考えたのでした。

年が明けて三月に入ってまもないころ、樋口先生から突然電話をいただきました。電話に出ると、わかりました、と唐突な声が聞えました。パリで用事がすんでゆとりができたので、サン・ジェルマン・アン・レに出向き、住所を頼りに散策したところ、下宿先の建物が見つかったというのです。ついては三月九日の由布院の亀の井別荘でパーティーがあるから、参加しませんかとお誘いを受けました。この話には驚きもし、うれしくもあり、即座に、必ず行きますと応じ、これで二回目の由布院行が急に決まりました。

三度目の紀見峠行

名古屋市科学館の館長の樋口先生にお会いして、岡先生の洋行中のサン・ジェルマン・アン・レの下宿先が判明するかもしれないということになったのは大きな収穫で、楽しみができましたが、面会そのものは短時間で終りましたので、なんだか手持ちぶさたのような感じになりました。それで、また紀見峠に行ってみ

岡家の墓地から紀見村をのぞむ

たいと思い始め、名古屋から大阪に向い、翌十二月二十八日、紀見峠に行って、岡隆彦さんにお会いしました。紀見峠行は、二月、六月に続いて、これで三度目です。

前に聞いたことのある話でも、何度もうかがうとだんだん輪郭がはっきりしてきます。紀見峠の道路の拡幅工事のため、岡先生が紀見峠の第二の岡家、すなわち「松の下の家」を引き払って慶賀野に移ったのは昭和十四年の夏のことですが、隆彦さんの話によりますと、拡幅工事が実際に始まったのはこの年の暮からで、昭和十七年になって完成したということです。道路になってしまった岡家のそばの松の木はしばらくは健在だったものの、先年、枯れてしまいました。それで、昨年（平成七年）の十一月に、同じ場所に小さな松の木を植えたのだとか。そう言われてあらためて見ると、確かに松の木がありました。教えてもらうまでは気づきませんでした。

紀見峠から麓に降りる山道はいくつかあります。馬転かし坂のほかに、巡礼坂というのを教えていただきました。

第二の岡家の倉は道の向い側に引っ張って保管したことは承知していましたが、今度は引っぱり方の話がありました。壁の下半分を露出させ、固定して引っ張ったのだそうです。それと、岡家は取り壊されたのではなく、倉のほかにも、風呂と隠居部屋を道の向い側に引っ張ったのだとか。この話は前に手紙で教えていただいたことがあります。現在の倉の隣の家には津田さんという人が住んでいて、その家と風呂はかつての岡家の隠居部屋ということでした。第二の岡家の見取り図もおおまかに描いていただきました。

話が前後しますが、三高会館に電話をかけて海堀さんと話をしたのは十二月五日のことです。海堀さんは昭和二十三年の正月にはじめて岡先生を訪問したのですが、そのころ岡先生は慶賀野の第一の家に住んでいました。奥さんのみちさんは実家に滞在中とのことで、岡先生はひとりで海堀さんを迎えました。海堀さんの見るところ、岡先生は自分の立場にとらわれず、自分の利害を超越した人でした。高等学校が廃止される趨勢にあることについて、岡先生は、おれたちにも責任はある、と言ったそうです。

海堀さんは秋月先生の紹介を得て会いに行きました。なんでも秋月先生は海堀さんを岡先生に会わせてお灸をすえてやろうと思ったというのですが、これは意味がよくわかりませんでした。秋月先生とは三高を受験したときからのおつきあいになるのだそうです。

秋月先生は岡先生よりも娑婆っ気があり、戦時中は行政の中枢部にいたそうです。戦後、三高の生徒の間で、戦争中に悪いことをしていたやつらは追い出せ、という動きがあり、一時は秋月先生も糾弾の対象になろうとしたほどでした。それで秋月先生は茫然自失の状態におちいったのですが、そのとき岡先生が、早く数学にもどれ、と説教しました。秋月先生が、いや、もうだめだ、と弱音をはくと、岡先生が、ばかもん、と言って、横つらを張りました。わしはそれで目を覚ました、立ち直った、と秋月先生が海堀さんに語ったとい

秋月康夫

うのでした。岡先生が秋月先生を張り飛ばしたとははじめて聞くエピソードで、興味を覚えました。

海堀さんが、旧制高校廃止の動きに対する反対運動のための署名の話をしたので、海堀さんはそのためにきたと岡先生は思ったようですが、これは岡先生の勘違いで、海堀さんにはまた別の事情があったのだそうです。どのような事情だったのか、そこまではわかりませんでした。

十二月には谷口治達先生にも電話をかけました。谷口先生は当時、福岡市の造型短期大学の学長でしたが、その前は西日本新聞の文化部長でした。昭和四十一年の秋、西日本新聞の企画で岡先生と九州八女の画家、坂本繁二郎との対談が企画されましたので、その場に居合わせた谷口先生にそのころのお話をうかがいたいと思いました。この対談は九州柳川の料亭「御花《おはな》」で実現し、その記録は新年の新聞紙上に連載され、そのおり、坂本繁二郎の「親子羊」の絵が挿絵に使われました。電話でそんな話を教えていただいてから少しして、十二月十四日の消印のはがきが届き、「親子羊」の絵は岡家に贈呈されたと教えていただきました。

平成八年のフィールドワークはここまでで終りましたが、年初の二月から開始して熱心に取り組んだものの、話を聞くとそのつどかえってフィールドワークの領域が拡大するというありさまで、なんだか収拾のつきそうにない状勢になってきました。手掛かりがつかめても聞き取りや文献蒐集が不十分な領域もありますし、全然手のつかない領域もたくさん残されています。こんなふうではいつになったら評伝を書き始めることができるのか、まったく見通しがたちませんでした。構想が確立しなければ評伝は書けませんし、なにしろこうもあろうかと思い描いていた構想が、フィールドワークのたびにいちいち崩れ去ってしまうというありさまでしたので、この時期にはなんだか茫漠としたイメージしか心に描けませんでした。

「かつ吉」で小山さんの話を聞く

東京の羽村市にお住まいの小山奈々子さんにお会いして胡蘭成の話をうかがうことは、フィールドワークの大きなテーマのひとつでした。胡蘭成は岡先生の晩年の友人で、小山さんは胡蘭成をよく知る人ですのでお名前はかねがね承知していました。平成八年十二月、一度お便りをさしあげたところ、お返事をいただいたのですが、年末年始は何かと忙しいとのことで、日時の約束にはいたりませんでした。年末、電話をかけて相談したところ、親しく言葉を交わしたもののはっきりしたことは何も決まらず、そのまま年明けを待つ構えになりました。

新年四日、東京に出て、都内からお電話して御都合をうかがうと、明日はどうでしょう、ということになり、今度はたちまち日時が設定されました。待ち合わせの場所としては、胡蘭成にゆかりがあるという水道橋のとんかつ屋が提案されました。なんでも日露戦役のとき天狗煙草で財をなしたという人がいて、戦後、養豚業に転じてはじめたのだそうで、「かつ吉」というお店です。五日の午後、水道橋の駅で小山さんと待ち合わせて「かつ吉」に向かったのですが、ただのとんかつ屋ではありませんでした。店内には、万里の長城の東端の山海関の扁額「天下第一関」の拓本が掲げられていました。

知る人の間では非常に有名なお店のようで、調べればたちまち大量の情報が集りそうです。ひとまず小山さんの話をそのまま再現すると、現在の店主は吉田さんという人で、吉田さんの祖父は日本ではじめて紙巻たばこを売り出した人なのだそうです。吉田さんはなぜか信州松本の松本中学を卒業。卒業後、近衛連隊に入隊したとき二二六事件にまきこまれ、ピストルの弾運びをしたのだとか。それで部隊は中国大陸に追放されるような恰好になり、終戦まで帰国できませんでした。帰国後、宝石屋の娘と結婚したというのですが、銀座でリヤカーを引いてりんごの行商などをしたという話もあり、詳しい事情はわかりません。吉田さんは中国時代にどこかで胡蘭成と知り合い、胡蘭成の亡命後、交友が復活したということだろうと、このときは思いました。

胡蘭成を語る

胡蘭成を語る小山さんの話が続きます。胡蘭成が亡くなったのは昭和五十六年の夏のことで、お葬式は小山さんをはじめ、胡蘭成の日本のお弟子さんたちが取り仕切って行いました。何分にも若い人たちばかりでしたので、どのように進めたらよいのか、戸惑いもあり、京都の保田先生に相談しました。ちょうどそのころ保田先生は病気で入院していたのですが、葬儀の執り行い方を懇切に教えてくれたそうです。病気の保田先生に代って奥様の典子さんが上京し、葬儀に参列しました。

以下、とりとめのない話が続きます。胡蘭成の知り合いに清水董三《しみずとうぞう》という人がいて、中国大使館の一等書記官でした。戦後、清水董三は社会人を相手の書道塾を開いていて、吉田さんも塾生でした。胡蘭成が日本に亡命して一番はじめにたどりついたのは清水董三の家で、そのとき清水董三の家は東京の荻窪にありました。胡蘭成はこの塾で吉田さんに会い、吉田さんの書を見て「なかなかいい」とほめたところ、吉田さんは大いに感激し、それから胡蘭成のパトロンになったということでした。胡蘭成と吉田さんの関係はこれでわかりましたが、胡蘭成と岡先生の関係はこの時点ではまだ何もわかりません。

上海に張愛玲というわりと有名な女流作家がいて、胡蘭成の恋人でした。胡蘭成は張愛玲のことを「私が一番影響を受けた人」と語っていたそうです。張愛玲はアメリカに亡命し、アメリカで亡くなりました。

胡蘭成の小説に『今生今世』というのがあり、恋愛遍歴が書かれているとのこと。胡蘭成が中国大陸を放浪しているときに書いたということですから、日本の敗戦の直後から日本に亡命するまでの数年の間のことと思われました。擬古文的な漢文でつづられているとのことで、台湾で出版されました。胡蘭成は台湾の文化学院大学の永世教授になったという話もありましたが、これは日本に亡命した後の話です。

胡蘭成は浙江省の農村の出身でした。汪兆銘の子飼いの弟子ではなく、汪兆銘と分れて新聞社を乗っ取ったというのですが、このあたりからだんだんと話が込み入ってきました。

胡蘭成ははじめ燕京大学の聴講生になり、途中から学校に行かなくなりました。もともと日本寄りというか、はじめから日本的な考え方をもっていたというのですが、胡蘭成が小山さんにそんなふうに話したのでしょう。

小山さんは國學院大学を出た人で、卒業後、國學院の附属の研究所に勤務して日本書紀の校合《きょうごう》の仕事をしていました。胡蘭成の自宅は福生にあり、羽村の近くですが、ある日、胡蘭成が突然、小山さんを訪ねてきて、何でも小山さんが書いたものを読んだとかで、ぜひ手伝ってほしいことがあるとお願いしたのだそうです。その日は小山さんは留守で、小山さんのお母さんが応対したのですが、二、三日後にまたやってきました。今度は小山さんも在宅で、話をしました。これは昭和四十五年の暮に近いころのことで、三島由紀夫の自決事件の直後です。胡蘭成は三島由紀夫の死を強く批判していたそうです。

胡蘭成の著作『自然学』

ここまでのところで、胡蘭成と小山さんが知り合ったのは昭和四十五年の暮であることがわかりました。胡蘭成は福生に自宅があり、奥さんとお子さんがいたのですが、胡蘭成自身は筑波山で生活し、梅田学筵の支援を受けて著作活動を続けていました。昭和四十三年に保田先生、岡先生、それに胡蘭成の三人が揃って龍神温泉に清遊に出かけたときも胡蘭成には梅田さんが同行していました。昭和四十四年の状況も同様でしたし、昭和四十五年の秋十一月には岡先生とみちさんが梅田学筵を訪問し、胡蘭成と梅田さんの歓迎を受けています。

胡蘭成の著作ははじめ保田先生が文章を見て、校訂をしていましたが、胡蘭成はこの仕事を小山さんに依頼しました。昭和四十七年に胡蘭成の著作『自然学』が刊行されました。出版元はこれまで通り梅田学筵ですが、原稿の校正を担当したのは小山さんでした。刊行の前年の昭和四十六年には胡蘭成の依頼を受けて岡先生が序文を執筆し、同年十二月、胡蘭成は校正稿をもって奈良に岡先生を訪ねました。このとき同行したのは小山さんでした。何事かが大きく変化したのでしょう。やがて胡蘭成は筑波山を離れ、福生の自宅で暮らすようになりました。

昭和四十六年の暮に胡蘭成といっしょに岡先生を訪ねたときのことですが、岡家には青年男女が何十人も集って四角いテーブルを囲んでいたそうです。隣の部屋で胡蘭成と二人で待機していると、まもなく岡先生がやってきて、胡蘭成と二人で話を始めました。それから小山さんに向かって、お仕事、何をやってるの、といきなり尋ねてきました。日本書紀の校合をしていますと答えると、岡先生は、校合?とつぶやいて、それから、そんな死んだ学問をして何になる、とずばっと言いました。小山さんはこれを聞いてしゅんとなってしまいましたが、岡先生は何事もないように胡蘭成と話を続けました。

それからまもなくみちさんが大きなざるにふかしたじゃがいもをいれて運んできて、テーブルに置きました。岡先生は這いよってじゃがいもをひとつ取り、手にもつところだけを残して皮をむき、小山さんに手渡して、「お食べ」と言いました。

訪問を終えて帰る道すがら、胡蘭成が小山さんに、驚いたでしょう、でも岡先生はあれで気を遣っているんだよ、と話したということです。

岡先生の最後の書簡

胡蘭成の最後の著作は『天と人との際』といい、和歌山で補陀さんに見せていただいたことがありますが、この本には胡蘭成に宛てて書かれた岡先生の手紙が紹介されています。岡先生が亡くなる直前の昭和五十二年の年末に書かれた手紙です。岡先生の晩年の思想を考えるうえで貴重な基礎文献で、それが収録されているという一事により『天と人との際』は一段と重い位置を占めています。

その手紙の日付は十二月二十三日ですが、投函されたわけではなく、岡先生の書生をしていた竹内さんという人が胡蘭成のもとに持参しました。これを見た胡蘭成は、ちょうど新著の準備中だったのですが、そこで語られている岡先生の考えに触れて、「この考えをどう思う」と小山さんに尋ねました。小山さんが「ついていけない」と答えると、胡蘭成もまた「ぼくもそうだ」と応じ、そのうえで、「でも、それでも今度の本に収録するつもりだ」と言い添えました。

小山さんが胡蘭成といっしょに岡先生を訪ねたとき通された部屋には岡先生の等身大の写真が飾られていて、その前に文机があり、その上に漫画の本が置かれていたそうです。その部屋はぼくがはじめて訪問したおりに通された松原家の二階の春雨村塾で、写真は柿沼和夫さんの作品です。漫画の本を毎日一頁ずつめくっているのだというのですが、なんだかおもしろい話でした。

歴史小説の海音寺潮五郎は胡蘭成と仲がよかったそうで、小山さんはいろいろなエピソードを話してくれました。小山さんがはじめて保田先生をお訪ねしたときの話もありました。岐阜市内の護国神社の宮司は森《もり》磐根《いわね》さんというのですが、森さんは國學院で小山さんの後輩だった人で、ある時期から胡蘭成のお弟子のようになりました。森さんの護国神社に小山さんと胡蘭成が滞在したおり、あと二人の人物もいっしょに、これからみんなで保田先生のところに行こうではないかということになり、岐阜から京都まで本当にでかけたのだとか。小山さんはこれが保田先生との初対面でした。胡蘭成と保田先生は非常に親しかったようで、保田先生とは兄弟のように心が通じ合うと胡蘭成は話していたそうです。

胡蘭成は書をよくする人で、小山さんの話では、北魏の書法を継承する現代で唯一の人物ということでした。

胡蘭成の著作と人生

胡蘭成は昭和二十五年に日本に亡命しました。上海で船に乗り、横浜港に近づくと、小さな漁船が迎えにきたので乗り換えて上陸しましたが、そのとき下着を全部着替え、古い衣類は海中に投じました。海の神様に祈りを捧げるというほどの心情だったのだそうです。漁船が迎えに出たということは、上海のみならず日本国内にも支援者がいて、内外打ち合わせのうえで日本に向ったことになりますが、どのような勢力が胡蘭成を支えていたのか、詳しいことは今もわかりません。戦前戦中の中国大陸の政情に関わりのあった政治家や、民間の論客たちではないかと想像されるものの、調査の手立てをつかめないまま今日にいたっています。作家の尾崎士郎なども有力な支援者でした。

胡蘭成が昭和五十六年の夏に急逝したときは小山さんたちが葬儀を執り行い、お墓も建てました。岡野さんという陶工や、森さんなど、数人が集って相談したということです。亡くなる一箇月ほど前に、胡蘭成は、ぼくの一番好きな書だと言って、「幽蘭」という字を書いて小山さんにプレゼントしました。そこでこの字を墓石に彫りました。墓は福生市の清岩院というお寺にあります。清岩院の先代の住職が胡蘭成の崇拝者で、胡蘭成もよく清岩院に遊びにでかけたのだそうです。

こんなふうにして「かつ吉」で小山さんからおもしろい話をたくさんうかがいました。胡蘭成の人生と人物の姿が非常に明瞭になったことは、小山さんにお会いしたことの一番大きな成果でした。胡蘭成は何冊かの著作を遺しましたが、何よりも興味が深いのは胡蘭成の人生それ自体なのではないかという印象があります。岡先生は昭和四十三年秋の龍神温泉行のおりに、「数は量のかげ」という言葉をつぶやいて保田先生や胡蘭成に感銘を与えました。この流儀でいくなら、「著作は人生のかげ」と言えるのではないかと思います。

小山さんが現れたころを境にして、胡蘭成は筑波山を離れ、福生の自宅で日々をすごすようになりました。水道橋の「かつ吉」で小山さんの語る胡蘭成の話にしばらく耳を傾けた後、小山さんの発案を受けて新宿に移動することになりました。紀伊国屋書店の新店舗が南口にできたから見物に行こうという趣旨でした。書店見物の後、中村屋の喫茶部に移り、またしばらくお話をうかがい、それから新宿駅で別れました。これを皮切りに、小山さんとはこの後も何度かお会いしました。

08 琵琶湖周航の歌

秋月先生とモリマン先生

小山さんにお会いしたのち東京を発ち、京都で下車して四条寺町の三高同窓会館を訪ねました。京都駅から海堀さんに電話をかけて御都合をうかがうと、ちょうど新年会をやっているところだが、別にさしつかえないからどうぞいらっしゃい、と誘っていただきました。

四条寺町の新京極通りの入口の角に菊水ビルというビルがあり、その六階のフロアに三高同窓会の本部があります。事務室の隣が談話室になっていて、同窓会の面々が折に触れてここに参集し、四方山話にふけるのだそうですが、この日は新年会でしたので、大勢の会員が一堂に会していました。学生帽子をかぶったり、赤い半纏のようなものを羽織ったり、なんだか仮装大会のような雰囲気で、和気に包まれて歓談していました。その間を通って事務室にたどり着くと海堀さんが待っていましたが、海堀さんもまた帽子をかぶり、頬に赤い丸印をつけて、手には扇子のようなものをもっていました。話はいきなり秋月先生のうわさになりました。秋月先生の長女の節子さんは昭和十八年卒の安井達彌さんと結婚して大磯に住んでいるとか、秋月先生の奥さんはつい最近、亡くなられたということなどです。秋月先生は長く三高にお勤めでしたので、三高の卒業生たちはたいていみな秋月先生を慕っていました。海堀さんは岡、秋月両先生と同じ三高の理科甲類、すなわち理甲の出身です。

秋月先生は三高時代に一度留年したことがあり、御本人はパーペンで落ちたと言っていたそうです。パーペンというのは図画すなわち図学の福田正雄先生のあだ名です。この奇妙なあだ名は英語のパーペンディキュラー（直角）に由来するのだそうで、福田先生は講義のとき、紙や鉛筆や定規を教壇の上に直角に配置する癖があったというので、三高生たちが進呈したのだということでした。そのパーペン先生の成績が思わしくなくて落第したというのですが、これは表向きの言い訳で、本当は数学のモリマンこと森満先生の試験に失敗したためだったのだそうです。

モリマン先生は情け容赦なく落第点をつけるので有名でした。試験の成績を気に病んだ学生が自宅を訪ねていくと、本人が出てきて、モリマンは留守だ、本人が言うのだからまちがいない、などと言ったりしたというので、性格が悪いという風評がありました。ところが、そのモリマン先生に落された秋月先生はこれを否定していました。秋月先生があるときモリマン先生の自宅を訪ねたところ、モリマン先生はちょうど試験の成績をつけようとして苦吟している真っ最中でした。欠点をつけた答案を前にして考え込んでいたというのですが、欠点にはしたものの突き放すことができず、何かよいところを探してよい点をやろうとして悩んでいたのでした。秋月先生はこの話を根拠にして、モリマン先生は決していじわるではないという説を唱えていたということでした。

二人の海堀さん

三高と三高生にまつわる海堀さんの話をいろいろうかがいました。海堀さんは岡先生と同じ和歌山県の出身で、大阪から見ると岡先生の郷里の紀見村よりさらに奥の、高野山の麓のあたりに生れました。伊都中学から三高理科甲類に進み、昭和二十二年三月、三高を卒業して京都帝国大学工学部に進学。会社にお勤めの後、三高同窓会の事務局長に就任しました。三高を愛し、三高のことでしたら知らないことはなく、どのようなお尋ねを持ち出しても懇切に教えていただきました。

海堀さん

例年五月一日は三高の創立記念日で、京都市内の小中学生を集めたり、女人禁制の寮を特別に開放して公開したりしました。仮装行列などもあったそうです。

昭和十七年九月の航空記念日に和歌山県の伊都郡内の小学生を集めて模型飛行機大会があり、海堀さんも参加しました。その翌年、三高に入ったのですが、この年の入学試験には英語は出題されませんでした。

国史の試験対策として三題ほど山をかけたところ、全部あたり、余裕をもって合格したそうです。面接のとき、面接官は秋月先生で、「君は兄さんのことをどない思ってるんや」といきなり質問されました。どう答えたものか戸惑っていると、「え、どやね。え、どやね」と繰り返し聞いてきました。知らん顔をしたものの、しつこかったので、「困ったことをしてくれたと思っとります」と答えました。

これだけでは何のことか、意味がわかりませんが、何でもその当時の三高には、海堀洋平、海堀一郎という二人の海堀さんがいたのだそうです。海堀さんというお名前は珍しい部類に入ると思いますが、今度の海堀さんは三人目になります。海堀洋平さんは長身白皙《はくせき》の絵に描いたような秀才だったとのこと。海堀一郎さんは海堀さんの兄で、その一郎さんが海堀さんの兄であることを知っていて、どう思っているのか、と尋ねたのでした。海堀さんの兄の一郎さんは何かしら事情があって留年を重ねていたようで、秋月先生の質問はそのことを指していたのですが、弟の入試の面接のときの質問としては少々奇妙です。

それからもうひとつ、これは三高に入学してからの話ですが、英語の先生が「どっちの弟や」と海堀さんに話しかけてきたことがありました。「どっちと思いますか」と応じると、「うん、それを聞いてわかった」と返されました。こんなエピソードを紹介してから、海堀さんは、当時の高校の先生方は生徒のひとりひとりをよく知っていたと説明し、この点が当時と今との決定的な違いだと評しました。これはまったくそのとおりのことで、感銘の深い御指摘でした。

三高の配属将校殴打事件

戦中の昭和十七年一月、三高で「軍人殴打事件」という出来事がありました。当時は配属将校といって軍事教練を担当する軍人が学校に派遣されていたのですが、三高の配属将校は軍人の位が高く、陸軍大佐でした。さて、昭和十七年一月のある日の軍事教練のときのこと、そこの私語をしているやつ、とひとりの学生を名指して、上半身はだかの状態でグランドを駆け足するように命じました。その態度があまりに傲慢だったためでしょうか、ある生徒が配属将校の立つ台に駆け上がり、「あほなことはやめとかんか」と言いながら、銃の台尻で大佐の胸を突きました。陸軍がこれを怒り、大問題に発展しました。

陸軍はこの不始末を処理するためということで七、八項目の要求を三高に突きつけ、これを受け入れなければ徴兵猶予を取り消すという構えに出て、三高と陸軍が対立した恰好になって交渉が始まりました。当時の三高の校長は前年赴任してきたばかりで三高の様子がわからず、そのために交渉が滑らかに進まなかったという側面もあった模様です。顛末はどうなったのか、なぜかノートに記述がないのではっきりしたことがわからないのですが、殴り掛かった生徒が他校に転学の余地を残す退学処分を受けて落着したとうかがったように覚えています。

二十歳になると徴兵検査を受けますが、昭和十八年からは十九歳に引き下げられました。昭和十七年当時の徴兵検査はまだ二十歳でしたし、それに高等学校の生徒はおおむね二十歳未満ですから徴兵を取り消すとか取り消さないとかいうのは変なのですが、陸軍が決意を固めれば、三高の生徒のみ、在学中に徴兵検査を実施することも可能だったのかもしれません。

戦中の秋月先生

海堀さんは三高の入学試験を受けたころから秋月康夫先生とご縁があり、三高を卒業した後も親しいお付き合いが続きました。それで秋月先生にまつわるいろいろな話を御存知でした。

昭和二十年は戦争の最後の年になり、海堀さんたち五十人ほどの三高の生徒は兵庫県の但馬竹田町に疎開して、公会堂の和室で集団生活を送っていました。三高の生徒は召集を受けず、健康に問題のない生徒は軍需工場で働き、結核の徴候のあるグレーゾーンの生徒は百姓をしながら集団疎開生活をしたのでした。海堀さんはまかない担当。監督の先生が二人いて、半月ごとに交代しましたが、秋月先生はその上の総監督で、数学の講義も担当しました。

五月か六月ころのある日のこと、秋月先生が円に内接するか外接するか、どちらかの四角形がどうこうという解析幾何の問題を講義で取り上げて、まずお昼前にまったくむだのない実にみごとな解法を示しました。海堀さんたちは一同みな大いに感嘆しました。ところが、お昼すぎの講義でまた同じ問題を取り上げて、午前の解法よりもさらに輪をかけてあざやかな解法を示し、今朝はああいう話をしたが、あれは「岡の解」で、

「今のが私の解法」と種明かしをしました。海堀さんたちはますます唖然として驚きあきれたということで、今も同窓生たちの間の語り草になっています。ところが、その秋月先生ご自慢の解法というのはどのようなものだったのか、覚えている人はひとりもいないのだそうで、ただただ感嘆したことだけが語り継がれているのだとか。海堀さんはこんなふうに話をとりまとめ、いかにも楽しそうに笑いました。

秋月先生は戦中は三高の生徒主事になり、この仕事に寝食を忘れるほどに没頭し、数学の研究どころではない状態になりました。生徒の風紀一般の責任を受け持ったのですが、秋月先生の生活指導は非常にきびしく、生徒たちに相当にうらまれたようでした。そのため戦争が終ると三高では生徒総会が開かれて、戦中の学校行政に対して生徒たちが文句をつけるという空気が生まれました。秋月先生に対する反感が大いに高まり、一時はさながら蛇蝎のように嫌われるという風潮さえ現れて、生徒たちはこの問題をめぐって徹底的に議論をたたかわせたのだそうです。海堀さんにしても、秋月先生をなぐってやろうと思ったこともあったくらいでした。

敗戦の衝撃は秋月先生にとっても非常に大きく、学者として油の乗り切ったはずの数年を空費したという思いが強く、そのためすっかり気落ちして茫然自失という状態になってしまいました。そんなとき岡先生が秋月先生のほおを張り倒し、そんな弱気でどうするのだと気合いを入れ、それから、もう一度数学をやろうとやさしく語りかけるという出来事がありました。秋月先生はこの話を海堀さんにして、岡にどつかれてなあ、わしはあれで立ち直った、と述懐したということでした。この話は幾度も繰り返しうかがいました。

三高の終焉の話もうかがいました。三高の歴史は昭和二十五年三月で幕を閉じたのですが、このとき卒業したのは昭和二十二年四月に入学した学生たちで、三高の最後の卒業生になりました。昭和二十四年度から学制があらたまり、新制度の国立大学が発足し、三高は新制京都大学に吸収される恰好になったのですが、昭和二十三年四月にも新入生が入ってきましたし、その前年の昭和二十二年組の生徒もいました。彼らは新制京都大学の学生ではなく、かといって、従来の三高はもうなくなりました。三高は終焉を前にして過渡期にさしかかり、「京都大学第三高等学校」などと称したのだそうです。

それでも昭和二十二年四月に入学した生徒たちは三高の最後の卒業生になったのですが、それなら昭和二十三年四月の入学組の生徒たちはどうなったのかというと、昭和二十四年の新制大学の発足を受けて、一年修了ということになって放り出されてしまい、どこでも好きな大学を受験せよということになりました。せっかく三高に入学したというのに、二年続けてまたも受験しなければならなくなったという気の毒な成り行きになったのですが、この学年の生徒の中にウシオ電気の牛尾治郎とか、SF作家の小松左京などがいました。

昭和二十四年四月の時点で、「京都大学第三高等学校」には、旧制三高の三回生と新制京都大学の一回生が同時に在学していました。

兄の帽子

海堀さんの兄の海堀一郎さんは海堀さんと同じ伊都中学出身の秀才で、三高を経て昭和十七年九月に京大理学部に進み、数学を学びました。ところが当時の京大理学部はどうも雰囲気が合わなかったようで、翌昭和十八年九月に北大の理学部数学科に移りました。当時の京大数学科には松本敏三というボスのような人物が数学教室を仕切っていて、その松本先生と折り合いが悪かったということもあり、それに軍事教練を受けなかったとかで、あれこれが重なって京大を離れることを余儀なくされたのでしょう。北大は前年の九月まで岡先生が滞在していたところです。

北大に半年いて、昭和十九年二月に教育召集を受けて入隊し、同年二月中国大陸に渡りました。出征の前に一日帰宅して、はがきを出すから、掛谷宗一の著作『微分学』『積分学』（岩波全書の）を送ってくれと言い残して出かけて行きました。このはがきは届いたようで、海堀さんは約束を守って二冊の本を送りましたが、返信はなく、そのままになったところ、昭和二十年一月、中支那で戦死との公報が届きました。これを受けて海堀さんは戦中にもかかわらず列車で札幌に行き、兄の遺品を整理してもどってきたということです。

海堀一郎さんは弟の海堀さんに三高時代の帽子を遺しました。正面の中央に三本の白線が横に引かれ、その中央に五弁の花びらが配置されています。夢の中でお兄さんが帰ってきて、「おい、あの学帽を返せ」と言ったことがあるそうで、そんな夢を二回見たと、海堀さんは話してくれました。

その帽子を見せていただきました。かろうじて形を保っているものの、さわるとこわれてしまいそうでしたが、三高の生徒が実際に着用していた古い帽子です。旧制度の高等学校の魂が込められているかのようで、強い実在感があり、迫力がありました。かつて存在し、今はなくなってしまった学校への憧憬が、一個の学帽に投影しているのでしょう。

三輪さんの話

三高同窓会の事務所で海堀さんから三高と岡先生の話をうかがっているとき、なにしろ新年会の当日のことですので、相次いで同窓生が顔を出しましたが、その中に三輪佳之さんという人がいて、しばらく往時のあれこれを話してくれました。三輪さんは名古屋の愛知一中の出身で、戦中の昭和十九年四月に三高に入学したのですが、中学時代に軍事教練が不合格になったため、一時は高校に進めないのではないかという事態に直面したのだそうです。愛知一中の五年生のときのことで、軍事教練を担当する軍人ににらまれて、卒業見込みの証明書を出してもらえないという成り行きになったためなのですが、高校を受験するには中学を五年まで終える必要はなく、「四修」と言って、四年までの課程を終えていれば受験することができました。それで、問題ないと思って八高を受験するつもりでした。ところが中学から卒業見込み証明書が出ないことになったため、八高に問い合わせると、証明書がなければ受験はできないと申し渡されました。

これで事態の深刻さに気づき、全国各地の高校三十四校に手紙を出し、事情を説明して受験できるかどうか、問い合わせたところ、ただ一校を除いて、どの高校からも、返事がなかったり、返事があっても受験を許可しないという形式的な文面だったりしました。その例外の高校というのが三高で、四年を修了しているのだから問題はないというばかりか、「健闘を祈る」というひとことまで添えられていたそうです。実に興味深い話でした。たわむれに、一高はどうでしたか、と尋ねると、拒否するばかりか、何やらお説教まで書かれていたということでした。こんな経緯がありましたので、三輪さんはすっかり三高に惚れ込んで、三高のためなら何でもするという気持ちになり、そのままの心情で今日に及びました。

三高の入試は、一次試験は学力検査、二次試験は面接と身体検査でした。身体検査のおり、三輪さんは風邪をひいてしまったのですが、検査官の医師が、君、今日は調子が悪いな、と声をかけてきて、あとでまた来るようにとだけ言って、それで終わりました。形式に流れることがなく、生徒の事情に配慮したのです。

面接のときの教師について、合格後のことですが、三輪さんが海堀さんに、オールバックで眼鏡をかけていて反っ歯だったと伝えると、海堀さんはすぐにわかり、あっ、秋月や、と言って、二人で手をたたきました。生徒たちもまた教師のひとりひとりに親しんでいたのでした。

戦後すぐの昭和二十一、二年ころ、三輪さんは秋月先生のお宅に入りびたり、毎晩のように訪ねたそうですが、秋月家にはいつも岡先生がいました。まるで秋月家にころがりこんだみたいで、夕刻、三輪さんが訪問して話をしていると、岡先生が二階から降りてきて話に加わりました。二階には部屋が二つあり、東の部屋は秋月先生の書斎で、アンドレ・ヴェイユの肖像が飾られていました。岡先生は西の部屋を占拠していました。秋月家には昭和のはじめに生まれた女の子がいて、節子さんというのですが、その節子さんが物心のついたころには、もう岡先生が家にいて、節子さんは「岡のおじちゃん」と呼んでいたというのですから、よほどひんぱんに秋月家に逗留したのでしょう。秋月先生が岡先生を好きなだけ逗留させていたことは、三輪さんの目にもめざましいものがあったようで、単なる「男の友情」を越えたものを感じたということです。

三輪さんたちの話に岡先生が加わることもありましたが、三輪さんが、先ほど先生はこのように言われましたが、と言うと、岡先生は、いや、そんなことは言っていない、と即座に拒絶するという調子でしたので、語り合うという感じではなかった模様です。後日、同じような話を何人かの人から聞きました。

海堀さんの話にもどりますと、戦後すぐの三高の校長は落合太郎先生で、海堀さんの卒業証書には落合先生の署名があるということです。落合先生が三高の校長に赴任したとき、どんな人物だろうかと、海堀さんの同級生が落合先生に面会をもとめました。確かめるつもりだったのですが、話をするほどに丸め込まれてしまい、これはいい先生だ、ということになったのだとか。海堀さんのお見立てでは、わりあい偏屈なところがあったそうです。

落合校長は昭和二十四年から奈良女子大学の学長になりました。奈良女高師が大学に昇格して奈良女子大学になり、落合先生が初代学長に就任したのですが、秋月先生は奈良女子大の創設を早くから知り、岡先生を斡旋しようと考えて運動していた模様です。そこに三高時代から周知の落合先生が学長と決まりましたので、順調に話がまとまりました。落合先生も岡先生のことは承知していたのでした。

往年の三高生の歌う琵琶湖周航の歌を聴く

戦争が終り、昭和二十一年になって三高の野球部が復活しました。この年、海堀さんは三年生になり、これからは勉強に打ち込むぞと決意を新たにしたにもかかわらず、野球部長に就任した秋月先生の要請を拒絶することができなくて野球部のマネージャーになりました。秋、伝統の対一高戦が行われて敗北を喫しました。野球部のマネージャーとしての役割はこれで終ったのですが、負けたままでやめるのはいやだ、もういっぺんやってやろうと思ったそうです。それで、翌昭和二十二年の夏、西京極に一高野球部を迎えて試合をしたところ、今度は勝ちました。そのころ海堀さんはすでに三高を卒業して京大の一年生になっていました。三高の野球部のマネージャーは続けていたのかどうか、そのあたりは聞き漏らしました。

海堀さんは人生に悩みがあり、世をはかなんで煩悶していたところ、秋月先生に、いっぺん、岡に会って話を聞いてみたらどうだ、とすすめられ、それで昭和二十三年の年明けに紀見村に岡先生を訪ねました。岡先生は法華経や俳句の話などをしたそうで、そんな話をうかがっているうちに悩みも解消したような気持になって帰ってきたということでした。

後年のことですが、岡先生が文化勲章を受賞したとき、秋月先生が岡先生の様子を海堀さんに語り、うれしそうにはしゃいどった、ああいうやつにあげなけりゃ、あかんのだ、と言ったそうです。また、これは一月末に三高同窓会館を再訪したときにうかがった話ですが、岡先生のフランス留学（昭和四年、出発。昭和七年、帰国）が決まったとき、秋月先生が岡先生に、フランス語は大丈夫か、と聞いたところ、岡先生は、仮定があって、帰結があって、証明があるから大丈夫だと応じたとか。これもおもしろい話でした。

こんなふうにしばらくお話をうかがってからおいとましたのですが、談話室を通りかかったところ、新年会に集っていた往年の三高生たちが自然に声を合わせて歌い始めました。それは琵琶湖周航の歌でした。

09 粉河中学の記憶

「風日」の新年歌会で「日本及日本人」の田邉編集長に会う

三高同窓会館訪問から二週間ほどすぎて、第三日曜日の一月十九日、琵琶湖のほとりの大津の義仲寺で「風日」の新年歌会が開催されました。前年十月の「かぎろひ忌」のとき以来の歌会で、栢木先生や補陀さん、柳井先生、高鳥さん等々、保田先生をめぐる方々と再会しました。保田先生の奥様の典子さんもお元気でした。この日は「日本及日本人」という雑誌の編集長の田邉宏さんも参加していて、帰り道をいっしょに歩き、大津から京都三条に出て、同じホテルに宿泊していろいろな話をしました。岡先生のことも話題にのぼり、岡先生にまつわるあれこれの話を伝えたところ、それを書くようにとの依頼を受けるという成り行きになりました。これは実現し、後日、三回にわたって連載稿を書きました。ただ、四月になって編集部に連絡したところ、田邉さんは少し前に交通事故にあって急に亡くなったとのことで、残念に思いました。岡先生のことを書く件は新編集長に伝えられていました。京都三条のホテルで一泊し、田邉さんと遅くまで語り合った後、翌朝、なぜか身体が動かず弱りました。田邉さんに御挨拶をしたかったのですが、ようやくお昼ころ起き出してみるともういませんでした。結局、ただ一度だけの出会いになりました。

このときの旅ではあらかじめかつらぎ町の草田源兵衛さんにおたよりをさしあげて、京都から電話もしてお目にかかる約束をしていたのですが、調子が悪く、でかけられそうにありませんでした。それで電話で事情を話したところ、草田さんも、こちらも風邪をひいてしまったのでまたにしましょう、ということになりました。

それから一週間がすぎて、奈良県桜井市に栢木先生をお訪ねしました。義仲寺でお会いしたとき、一度ぜひ桜井のお宅にお訪ねしたい旨を申し上げたところ、栢木先生もいろいろ見せたいものがあるからと、快諾していただいたのでした。

栢木家訪問

栢木先生のお宅は桜井市の高家という場所にあります。地理が不案内ですので近鉄の桜井の駅からタクシーで向ったのですが、前もって栢木先生に電話をかけて目印をうかがいました。だんだん近づくと、坂道の上のあたりに先生が立っていて、手を振っていました。おーい、ここ、ここ、と大きな声で呼んでいたようにも思います。栢木家は農家だったようで、構えの大きいがっしりとした造作の家でした。桜井市高家はかつては奈良県磯城郡安倍村の一区域でした。安倍村の栢木家は、紀見村の岡家に似た位置を占めていたのでしょう。

栢木先生のお話はいきなり高鳥賢司さんのことから始まりました。保田先生の心を純粋に受け継いでいる人というのが、栢木先生の見る高鳥さんの姿でした。以下、しばらく話があちこちに飛びました。

戦後、高鳥さんと奥西さんの二人が吉野書房という出版社を始めて、これは成功しました。また、柳井先生が中心になって「新論」という雑誌を創刊しましたが、これは失敗したということでした。このあたりの経緯は断片的にうかがっただけですので、正確なことはわかりません。

三島由紀夫の百日祭は玉井栄一郎さんが主催して、実行委員長でもありました。保田先生が栢木先生に、岡先生に出席してくれるように頼んでほしいと依頼しましたので、頼みにいったところ、岡先生は、栢木先生が言うから行く（栢木先生に頼まれたから引き受ける）、と応じました。この依頼の時点では岡先生のお宅の所在地はまだ法連佐保田町です。家に入るとすぐ三畳間があり、そこが応接間にあてられていました。ふすまの向こうは六畳間で、向って右側にピアノが置いてありました。

岡先生の字で「無我」と書かれている扇子を見せていただきましたが、同じものを橋本市の郷土資料館でも見たことがあります。扇子の裏に、「昭和三十七年十二月十六日　柱本小学校本館改築竣工記念」と記されていました。この扇子の字は印刷物ですが、栢木家には岡先生の直筆の色紙もありました。

雲映す
緑の風や
平城址
岡潔

これは、栢木先生と保田先生が奈良市内の月日亭に岡先生を招き、一夕、歓談したときにいただいた色紙です。昭和三十八年七月九日のことでした。

栢木先生の話を聞く

栢木先生は岡先生が毎日新聞に連載したエッセイ「春宵十話」を読んで感銘を受け、奈良に岡先生を訪ねたのですが、最初の訪問は「春宵十話」が世に出たのと同じ昭和三十七年の暮、十二月十九日のことでした。保田先生に「春宵十話」に感激したことを話したところ、保田先生は、あんたの感はまちがいない、あれが文学だ、と言って励ましてくれたそうです。栢木先生と保田先生は同郷で、お父さん同士が仲がよかったともうかがいました。

それからしばらく四方山話になりました。保田先生の兄弟は男の子が四人、女の子が三人。戦後、郷里に滞在した保田先生を京都に呼んだのは奥西さん。奥西さんが栢木先生にその旨を依頼し、栢木先生が保田先生のお父さんを説得したのだとか。そうすると保田先生のお父さんは反対していたということでしょうか。

保田先生の門下に西村公晴さんという歌人がいて、この人は先祖が十津川の郷士で、天忠組の伴林光平と関係があるというような話でしたが、このあたりはうろ覚えです。奈良市在住の読売新聞の記者だった吉見さんという人がいて、奈良新聞に「空ニモカカン」というタイトルで保田先生の評伝を連載中と教えていただきました。これは後日、コピーを入手することに成功しましたが、しばらくすると単行本になって刊行されました。

栢木先生が國學院に在学中の昭和十九年のことですが、折口先生に、いっぺん、家に来るようにと言われました。それで折口家にうかがうと折口先生は、わたしはね、ここにいなければご飯が食べられないからここにいるんだ、というような話をして、それから川崎女学校を紹介して、添書を書いてくれました。栢木先生はそれをもって川崎女学校に行き、就職したのですが、昭和二十年三月三十一日付で辞めてしまいました。それから東京を離れ、橿原神宮に就職したということですから、國學院で神職の資格を取得したのでしょう。橿原神宮の宮司は高品さんという人でした。禰宜の中に吉田智朗さんがいて、まもなく権宮司になりました。後年、吉田さんは湊川神社の宮司になり、岡先生とも親交がありました。

岡先生と菊水会

岡先生と保田先生の初対面は昭和三十八年七月九日のことで、月日亭という料亭で一夕、親しく語り合いました。奈良市内の料亭というと、月日亭と菊水が有名なのだそうで、玉井栄一郎さんが段取りを決め月日亭になったのだそうです。支払いも全部、玉井さんがしました。この面会のおり、保田先生は佐藤春夫に紹介を頼みました。佐藤春夫は岡先生といっしょに文化勲章を受けたのですが、岡先生とおつきあいがあったというほどのことはありませんし、佐藤春夫も、岡先生のことは知らないから、というふうなことを言ったとか言わなかったとか。それでも名刺に添書をしてくれました。平成九年には岡先生も保田先生も玉井さんも亡くなっていたのですから、栢木先生は月日亭の会談の模様を知る唯一の人でした。

玉井さんは中学（畝傍中学）が栢木先生の二年先輩になるのだそうですが、同時に保田先生の親戚でもある人です。保田先生の次男の悠紀夫さんの奥さんの節子さんが、玉井さんのお子さんです。玉井家は後南朝の系譜を継ぐ郷士ともうかがいました。玉井さんのお父さんが民族学的な調査研究をして、「鳥見神社」が「宗像神社」を勧請したという事実を再発見して著作を出したとき、保田先生は、まちがいない、と太鼓判を捺して序文を書きました。保田先生の唯一の民俗学方面の業績になるということでした。

岡先生は文化勲章後の一時期、安岡正篤と親しくつきあっていたことがありますが、保田先生の見るところ、安岡さんは本物の思想家とは言えないようで、安岡さんと付き合うのはやめるように伝えてほしい、と栢木先生に依頼したことがあったそうです。これも興味深い話でした。

三島由紀夫の百日祭のとき、栢木先生が岡先生に出席を依頼したところ、岡先生は、三島のことは知らん、と言いましたが、それでも出席しました。その席に菊水会という右翼の団体が来ていて、メンバーのひとりが岡先生を見つけて、「君が岡か！」と言うと、岡先生もまた「おまえは菊水会か！」と鋭く言い返したという場面があったそうです。岡先生と菊水会の間に何があったのか、判然としませんが、その後、菊水会から岡先生のお宅に電話があり、挨拶に行くとのこと。それで、岡先生の奥さんのみちさんは、用心して、平服のまま夜通し起きていたことがありました。このエピソードの背景はわかりません。

山の辺の道の万葉歌碑

岡先生が亡くなられて、栢木先生がお葬式に参列したおりに、みちさんが栢木先生に、岡先生の最後の言葉を伝えました。それは、「おれは仕事があるから、もうちょっと（この世に）おりたいけど、もうあかん。あしたあたり、死んでるやろ」というものでした。

栢木先生が岡先生から聞いた言葉の中に、日本的情緒の根源は正法眼蔵、というのがあったともうかがいました。

川端康成は、源氏物語をこえるものを書きたいと言っていたそうですが、栢木先生がこれを岡先生に伝えたところ、言下に、書けない！と断言したとも。岡先生に誘われて、お念仏の集まりに参加したこともあるそうです。

　このような話をあれこれとうかがっているうちに夕刻になったのですが、栢木先生は岡先生を訪ねてお話をうかがうと、そのつど記録を書いていて、手書きのメモを大量に保存していました。月日亭の一夜の記録もあり、保田先生の著作『現代畸人伝』の出版記念会のおりの諸先生の挨拶も書き留められていました。岡先生の挨拶の言葉もありました。晩年の岡先生を知るうえで、実に貴重な第一級の基礎資料です。コピーをさせてくださいとお願いすると、栢木先生は元気よく、よっしゃ、と快諾し、そのうちエッセイを書きたいから私の分もいっしょに写しを作ってほしい、と言われました。この企画は実現し、後日、郵送されてきた文書群を拾い読みしながら、二部ずつコピーを作りました。

　帰りは栢木先生のお子さんに車で近鉄の駅まで送っていただきました。駅の構内の書店で山の辺の道の万葉歌碑を紹介する冊子『山の辺の歌碑をたずねて』(犬養孝監修。タイムス)が売っていましたので、購入しました。山辺の道に一群の歌碑を建立するというのは桜井市の企画ですが、実際に作業を遂行したのは保田先生です。小林秀雄の歌碑もあり、岡先生染筆の歌碑もあります。万葉集巻十一。柿本人麻呂歌集からの一首です。

　　足引きの
　　山かも高き
　　巻向の

岸の小松に
み雪降りけり
岡潔書

建碑場所は、当初は桜井市の巻向川のほとりの穴師車谷の堀井甚一郎さんのお宅の西隣りだったのですが、平成九年夏、近くに移動しました。山の辺の道の歌碑は、保田先生と岡先生の晩年の友情の姿を後世に伝える貴重な記念品です。

草田さんが岡先生に叱られた話（一）

桜井の栢木家訪問の翌日、和歌山県かつらぎ町の草田源兵衛さんをお訪ねしました。草田さんにお目にかかって、かつての粉河中学をめぐるお話をうかがいたいとかねがね念願していたのですが、一週間前に約束したときは急に体調が悪くなり、草田さんも風邪をひいたということで、約束した当日になって中止と決まりました。それから一週間がすぎて、再度、お目にかかる約束ができました。行き方も教えていただきました。大阪の難波から南海高野線に乗り、なつかしい天見駅、紀見峠駅、御幸辻駅をすぎて橋本まで。橋本でＪＲの和歌山線に乗り換えて大谷という駅で降りました。大谷は無人駅です。

お昼すぎに大谷駅で降りると、ちょうど草田さんを乗せた車が駅に到着したところでした。車の運転手は平野さんという人で、平野さんは草田さんのことを「先生」と呼んでいました。草田さんは「塀《へい》」という俳号をもつ俳人で、平野さんは俳句のお弟子ということのようでした。

草田家に到着し、応接間でしばらくお話をうかがいました。草田さんは大正十二年に粉河中学に入学し、昭和三年三月に卒業しました。粉中の第二十三期生です。岡先生が粉中に入学したのはその九年前の大正三年ですから、平成九年の時点で振り返ると、お二人は同時代を生きた同期生のように感じられました。まずはじめにおうかがいしたのは、草田さんが岡先生に叱られたという事件の顛末でした。

粉中の同窓会は「風猛会」というのですが、昭和四十五年六月七日、笠田公民館で風猛会の集りがあり、そのおり岡先生を招いて「かつらぎ風猛会主催記念講演会」が行われました。風猛会の会員のほか、岡先生の講演を聴きにきた人も多かったようで、主に学校の先生たちだったそうです。草田さんが会長で、副会長は当時のかつらぎ町長の木村重雄さんでした。講演の前に色紙を書いてもらったとのことで、草田家に保管されている一枚を見せていただきました。

人には平生の心
の奥に無私の
心がある
岡潔

岡先生は同じ文言の色紙を三枚書き、そのうちの二枚は草田家にあります。午後二時、講演の前に草田さんが開会のあいさつをし、岡先生の講演が始まりました。終了後、当初の手はずでは副会長の木村さんが閉会の挨拶をすることになっていたのですが、実際には草田さんが御礼の挨拶をすることになりました。岡先生がいきなり怒り出したのはこのときのことでした。

草田さんが岡先生に叱られた話（二）

岡先生の講演が終了したのを受けて、主催者の席にすわっていた草田さんが閉会の挨拶に立ちました。岡先生は講師席で椅子にすわっていました。草田さんは講演の前に書いていただいた色紙の言葉を引用しながら、…とうかがったように思いますが、先生、さようでございますね、とちょっと念を入れて確かめて、挨拶の糸口にでもしようとしたところ、岡先生がいきなり怒り出したというのです。その怒りようは尋常ではなく、烈火のごとくというか、怒り心頭に発するという感じのものすごいありさまでした。

なんで怒っているのか、草田さんはさっぱりわかりませんでしたので、ただ怒られているだけの恰好になったのですが、そのうち講師席に座っていた岡先生が、「しかっている自分が座っていて、しかられているおまえが立っているとは何事か」と一喝する場面も現れました。こんなふうで、どうにもならない状況になったところ、木村町長が、本日は御多忙のところをありがとうございました、という感じの通り一遍の挨拶の言葉を述べて、その場をおさめました。

あとになって同窓会のみなから「災難やったな」と口々に声をかけられましたが、でも身内だからなあ、という言葉もありました。これは同じ粉中の同窓生だから、という趣旨と思います。岡先生がなぜあんなに怒ったのか、草田さんが強いて案ずるに、色紙の中味をどこまでわかっているのか、理解しているのか、と岡先生は思い、失礼千万だ、というので怒ったのではないかと考えてみたりしました。これは少しでも合理的に理由を考えようとしてみただけのことで、草田さんにしてもなにがなんだかわからないというのが本当のところでした。

岡先生に唐突に叱りつけられた人は非常に多く、草田さんも、岡先生はだれとかの結婚式の席でも怒ったという話をしていましたが、ぼくもあちこちでそんな話を耳にしました。他人にはうかがいしれないことで、岡先生の性格というほかはないところです。

それで、講演そのものの内容はどうだったかというと、草田さんは何も覚えていないそうですが、講演の様子については多少の印象があるということでした。岡先生は煙草の「朝日」を手にし、マッチを一本、取り出しました。それからマッチを箱にしまい、その箱をポケットに入れ、煙草を箱におさめ、その箱をまたポケットに入れるというふうで、確かに変った挙動です。

平成九年二月、草田さんはこの講演のおりの体験を回想して「逆鱗」というエッセイを書き、郵送してくれました。

草田さんの句集『涼梢日録』を見る

岡先生に叱られた話の顛末がひととおりすむと、「郡役所移転事件」が話題にのぼりました。明治初期のことで、和歌山県北部地域の近代史の一幕です。当時の住所表記でいうと妙寺村に伊都郡の郡役所が設置されました。「郡」というのは今では地理上の区分にすぎませんが、明治初期から大正期にかけて、行政上の区画として機能した一時期があり、郡役所が置かれ、郡長が任命されたのでした。郡役所が設置される地区は大きな発展が予測されるためか、設置場所をめぐってしばしば深刻な問題が起りました。

岡先生の祖父の岡文一郎が伊都郡の郡長になったとき、文一郎さんは地元の紀見村の隣の橋本村に郡役所を移そうとして、これは実現したのですが、政治経済の中心地が移動することを意味するのですから、妙寺村の人びとが猛烈に反対して、大挙して郡役所に押し掛けるという騒ぎになりました。当時の新聞に「伊都郡民暴動事件」と報じられた大事件でした。デモ隊の中心人物のひとりに草田亦十郎という人がいて、この人は草田さんの縁戚です。

橋本地区の人から見れば岡文一郎は地元の発展に大きく寄与した人物ですから、業績をたたえる旌徳碑が建てられましたが、妙寺村の方面から見れば評価は正反対になる道理です。草田家にも伝承があるようで、岡郡長は抜き打ちに郡役所を橋本に引き上げたというので、大勢が郡役所に集って岡郡長を詰問したという話をうかがいました。

御先祖の代にはそんな事件がありましたが、代が移ると交友もまた変化するようで、草田さんの俳句の先生は岡先生のいとこの北村俊平さんです。草田さんは俊平さんを尊敬し、慕っていて、いつか必ず紀見峠に俊平さんの句碑を建てなければならないと言っていました(これは数年の後に実現しました)。俊平さんは「風太郎」を名乗る俳人で、『麦門山房抄』という句集があります。草田さんには『涼梢日録』という句集があり、見せていただきました。粉中の生徒のころから作句を始めていたそうです。

風太郎こと北村俊平さんの一句。

蜘蛛は囲い
　人は孤独の旅に出ず

句作の方面で大きな影響を受けた俳人として、草田さんは山口誓子の名を挙げました。山口誓子は本名を山口新比古《やまぐちちかひこ》といい、大正八年、岡先生と同時に三高に入学した人です。

ひとしきりお話をうかがった後、粉河中学と粉河高校を見に行くことになりました。戦後まもないころの学制改革で粉中の歴史も大きく変遷しました。かつての粉河中学と粉河高等女学校が合併して、新制度の粉河高等学校が成立し、高等女学校の校舎が新制粉河高校の校舎にあてられました。それなら粉河中学の校舎はどうなったのかというと、新しい学制のもとで成立した粉河中学になりましたので、中味は一変しましたが、「粉河中学」という呼称はそのままです。まずはじめにその粉河中学に見学に行きました。

粉河中学散策

粉河中学は昔も今も名前は同じでも中味は全然違います。戦前の粉中は県立中学でした。戦後の学制改革を受けて粉河町の町立中学になり、草田さんに案内されてでかけたときもそうだったのですが、平成十七年になって紀の川市が成立し、市立中学になりました。正面の正門附近に数本の楠《くすのき》があり、草田さんの話では昔からの名残りとのことでした。正門も歴史が古く、大正十四年六月に校友会が建てたのでした。その正門をくぐると、右手にかつての粉中の面影を宿す石碑が建てられていました。そこに刻まれている簡単な記事によると、

明治三十四年四月　和歌山県立第三中学校設置開校
明治三十四年六月　和歌山県粉河中学校と改称
昭和二十三年四月　学制改革　閉校
平成元年　記念碑建立

ということでした。「粉河中学校」という名称が成立した明治三十四年は、岡先生の生年でもあります。

校歌の第三番も刻まれていました。

見よ紀之川の
　清流は
混濁の世を
　あざけりて
青葉若葉の
　涓滴も
積る知識の
　真の淵

「涓滴《けんてき》」というのはむずかしい言葉ですが、水のしずくとか、したたりという意味です。岡先生は粉中の生徒のとき、当初は紀見峠から通学するのは困難でしたので、寄宿舎に入りました。その寄宿舎は今はもう存在しませんが、草田さんの後をついて校内を歩いていくと、立ち止まった草田さんがある場所を指さして、あのあたりに寄宿舎があった、と教えてくれました。

粉中見学の後、今度は粉河高校に向いました。草田さんがあらかじめ訪問のおもむきを伝えていたようで、校長先生が待っていて、平野さんもいっしょに三人で校長室でお話をうかがうという恰好になりました。

校長先生の話

草田さんは粉河高校の校長先生に向い、遠くから来たのだから、何でもみんな話してやってくださいと、ぼくのことを紹介してくれました。校長先生は旧制の粉河中学と新制の粉河高校の同窓会名簿を示し、岡先生のお名前が出ているページを開きました。同窓会名簿というのは基本中の基本の資料で、ぼくがもっとも参照したかったものでした。岡先生が粉中に入学したのは大正三年で、この年度の前後の同窓生たちはたいてい亡くなっていましたが、岡先生の少し後に入学した東京の立川にお住まいの藤枝さんという人が健在の様子でした。この予測は適中し、住所を記録して、後日、お便りをさしあげたところ、お返事をいただいて、大正時代の粉中の様子について教えていただきました。

大正十一年三月の卒業生は第十七期になりますが、その中に「北村赳夫」という名前がありました。この人は北村俊平さんの弟で、岡先生の母方のいとこです。当時の中学は五年制でしたから、赳夫さんの入学年度は大正六年になり、岡先生が三年生のときの新入生ということになります。

北村赳夫さんのお名前を目にしたのは、実ははじめてではありませんでした。岡先生の自伝風のエッセイに『春の草』（日本経済新聞社）というのがあり、岡先生のエッセイ群の中でぼくが一番はじめに読んだのはこの本だったのですが、そこに中学時代の岡先生の写真が掲載されていました。そこには岡先生を含めて三人の粉中生が写っていて、そのひとりが北村赳夫さんでした。たしか寮で同室だったと覚えています。なんだか懐かしいお名前に巡り会ったように思い、感慨がありました。

粉河中学には「風猛」という校友会誌があることも、この訪問のときに教えていただいてはじめて知りました。バックナンバーの一冊を見せていただいたのですが、岡先生の在校時代のものは欠号になっているとのことで、この点は少々残念でした。それでもどこかに存在していることは間違いなく、それならいつか閲覧することのできる機会もありそうに思い、そうすれば粉中時代の岡先生の生活の模様が具体的にわかりそうで、胸がはずみました。このときは「風猛」という誌名を記憶しただけに終りましたが、後日、橋本市役所におつとめの北川さんのおかげで、相当の分量の実物を見ることができました。北川さんは独自に入手したようで、岡先生の在学中の「風猛」のコピーを送ってくれたのですが、そこには岡先生の作文などが掲載されていて、深く心を惹かれました。

岡先生は粉中の入試に一度、失敗し、二度目に合格したのですが、このことも岡先生本人がエッセイに書いています。失敗したときのことは、こんなまちがいをしたのでは受かるはずがないというふうなことを書いていて、合格したときのことは、今度はやすやすと合格したと書いていました。それで合格したときの成績を知りたくて、お尋ねしたところ、このときは、わからない、ということだったのですが、後日、もう少し詳しいデータを教えていただきました。大正三年の入学試験は志願者総数三百六十九名。そのうち入学を許可された者は百四十七名ということです。岡先生の席次はわかりませんが、相当にむずかしい入試だったという印象を受けました。

人生の網の目について

岡先生の粉河中学時代のことについては、詳しく知りたいとかねがね思っていた懸案事項がありました。それは内田與八先生という英語の先生のことで、岡先生はエッセイの中で何度も繰り返して内田先生を回想しています。校長先生にお尋ねすると、粉河中学を去ってからの内田先生の足跡が少しだけ判明しました。内田先生はまず鳥取県倉吉中学に転じ、それから山梨県甲府中学に移り、さらに同じ山梨県内でもう一度、今度は校長になって身延中学に転じました。身延中学の初代校長です。

和歌山から鳥取を経て山梨県に移ったというのですから、当時の中学校の教員の人事は全国にわたっていたわけで、現在とは全然違います。ともあれこれで山梨までは判明し、うれしかったのですが、和歌山以前の経歴はわかりませんし、調査はようやく緒についたばかりというところでした。

粉河高校訪問の後はかつらぎ町近辺の名所旧跡めぐりのような恰好になりました。平野さんの運転する車に乗って、華岡青洲のお墓を見たり、粉河寺に出向いたりしました。粉河寺では平野さんには車で待っていていただいて、草田さんと二人で境内を散策したのですが、道すがら和歌と俳句の違いや、句集を出したときの苦心談など、いろいろなお話をうかがいました。粉河寺には「風猛山」という山号がついていて、それが粉中の同窓会や校友会誌にも採用されていることも教えていただきました。

ひと通り見物がすんだ後、三人で「野半《のはん》の里」に出かけて、運転手の平野さんはお茶を飲み、ぼくと草田さんは地ビールを飲みました。それから出発点の大谷駅に送っていただいてお別れしたのですが、八年余に及んだフィールドワークを振り返っても、草田さんにお会いしたことは格別印象が深く、何というか、「人生」というものを感じました。岡先生の生涯を知りたいと願い、こうしてゆかりの人びとを訪ね歩くことになり、先々で出会う人たちのひとりひとりに、その人だけの人生があります。あたりまえのことではありますが、岡先生の人生は孤立しているのではなく、無数の人びとの人生の網の目が複雑に交錯する中に配置してはじめて、岡先生の人生も真に人生でありうるのであろうとしみじみと思いました。

泰子さんからの便り

草田さんにお会いしてからまた少し時が流れ、平成九年も二月に入りました。一年前のこの月からフィールドワークを開始してからこのかた、わずか一年の間に遍歴した土地は非常に多く、お目にかかった人も相当の数にのぼりました。早くフィールドワークを完結させて、評伝の本文の執筆に取り掛かりたいと願っていたのですが、実際に始めてみると一筋縄ではいかない場面に次々に遭遇し、前途の多難さを思わされました。こんなふうではいつ完了するとも予測がつきませんし、十分に満足がいくまでどこまでも進んでいく覚悟を固めるほかはありませんでした。

二月十九日付で岡先生の妹の泰子さんからお手紙が届きました。もっぱら岡先生のことが記されていて、おおよそ次のような文面でした。

京都大学を出てからの家賃も生活費もみな父が支払いました。（註。岡先生は京都大学を卒業してすぐに結婚したのですが、それからの生活の様子の一面です。）

打出《うちで》は空気がよく、魚がとれました。絵を描く画板《ガバン》と三脚と水彩絵の具を買ってもらい、六甲の姿や松原続きの海の姿をずいぶん写生して歩きました。写生して歩くと、美しさがよくわかりました。人の悲しみがわかる心、こちらの言いたいことを早く察する人になれと、（岡先生が泰子さんに）教えました。（小学生のとき、岡家は兵庫県の打出の浜に転居した一時期がありました。）単語帳を作り、それで漢字の書き方を覚えました。英語も同じく単語帳で覚えたのですが、これは兄に教わりました。（これは泰子さんが女学校を受験したときの回想です。）

受賞のたびに、私の家にきました。（註。これは戦後のことで、岡先生は上京する機会が増えたのですが、そのつど泰子さんの家に滞在しました。）

島根県の佐々木隆将上人からも二月二十二日付のお手紙をいただきました。佐々木上人は光明会の大先達で、恒村医院で修行した一時期もあります。お手紙によると、光明修道院は「梅ヶ畑の修道院」と呼ばれ、京都市左京区梅ヶ畑高鼻にありました。恒村夏山先生は内科医で、恒村先生が三万円の私費を投じて開院しました。恒村先生の一人娘が若くして他界したとき、恒村先生の悲しみを救ったのが弁栄上人でした。親しく弁栄上人に指導を受け、猛勉強し、大宗教家になりました。佐々木上人は昭和六年四月に修道院に入り、

恒村夏山

八ヶ月間、念仏に打ち込みました。修道院には若い学生もたくさんいました。京大、同志社大、立命館大学、仏教大学などの学生たちでした。恒村先生は頭脳明晰、温情豊かな大宗教家でした。昭和三十五年一月十三日、七十六歳で大往生しました。

佐々木上人は岡先生と一度だけ会ったことがありました。話を聴いてくれたそうですが、いかにも天才風だったということです。

二度目の由布院行

三月に入ってすぐに名古屋市科学館の館長の樋口敬二先生からお電話をいただきました。樋口先生とは年末、名古屋でほんのわずかな時間だけお目にかかったのですが、そのおり、近々フランスに出かけるとうかがっていました。樋口先生は、開口一番、「見つかりました」と大きな声で言いました。岡先生御夫妻と中谷治宇二郎さんがいっしょにすごしたサン・ジェルマン・アン・レの下宿先が見つかったというのです。樋口先生はパリに用事があり、用件がすんだ後、サン・ジェルマン・アン・レに出向き、住所を頼りに下宿先の家にたどりついたのでした。住所表記は「フォッシュ元帥大通り十六番地」。「菩提樹」という名前の下宿でした。

この報告に続いて、ついては三月九日に亀の井別荘でパーティーがあるから参加しませんか、と誘っていただきました。即座に受諾し、喜んで出かけることにしました。前年八月に続いて、これで二度目の由布院行になりました。

パリにて岡潔（左），岡みち（中），中谷治宇二郎（右）

由布院では中谷次郎さんに再会したのをはじめ、中谷健太郎さんにもお会いしました。法安さんも中谷芙二子さんも来ていました。同じテーブルでしたので、御挨拶をして、言葉を交わしました。法安さんが一歳半のとき、治宇二郎さんがパリに行ったこと、治宇二郎さんの手紙ははじめ宇吉郎先生がもっていたけれども、後に静子さんにわたり、それからさらに法安さんの手に移ったということでした。

パーティの途中で樋口先生のフランス行の話が披露されました。サン・ジェルマン・アン・レの下宿の現在の当主の父親がオーナーになったのは一九三三年から。通りの片側は偶数番地。もう一方の側は奇数番地とのことでした。樋口先生は絵がお上手で、水彩画を描くのですが、下宿「菩提樹」の全景をスケッチしてきました。その絵を亀の井別荘に寄贈することになり、みなの拍手の中で健太郎さんに手渡されました。

法安さんの由布院で生れた末の妹の恭子さんは、岡先生が文化勲章を受けたとき、法連佐保田町の家に岡先生を訪ねたことがあるそうです。そのとき岡さんは恭子さんに向い、「これからたいへんなお金を毎年もらえることになった。なんでも困ったことがあったら言ってくれ」というようなことを言いました。それを聞いていた奥さんのみちさんが、背後で苦笑いをしていたそうです。この話は恭子さんにうかがいました。

岡潔と中谷治宇二郎

10 武尊の麓

『武尊の麓』

三月末、上州群馬県の利根郡川場村を訪れました。川場村は江口きちさんという女流歌人の郷里です。昭和十四年の初夏、江口さんの遺歌集『武尊の麓』が刊行されたときのことですが、広島の大学を離れて郷里の紀州紀見村で孤高の数学研究の日々を送っていた岡先生は、新聞の公告で江口さんの歌集を知り、千里の道を遠しとせず、大阪に出て一本を買い求めました。岡先生のエッセイにそのように書かれていましたので、ずっと気になっていたのでした。

江口きち

岡先生はなぜか江口さんの名前を明記せず、単に「無名女流歌人」としか記されていないのですが、歌集『武尊の麓』の書名が出ていましたので、著者の江口さんのお名前も判明しました。全般に岡先生の書くものにはこのようなことが多く、すべてを詳細に書くことはしない代りに、何ほどかの調査のヒントがちりばめられています。

　以下に引くのは『武尊の麓』との出会いを回想する岡先生の言葉です。エッセイ集『月影』から採りました。

　満州事変が一応終わったのち、日支事変の始まるまでの間、重苦しい平和が続きました。当時の民謡「酒は涙か溜め息か、心の憂さの捨て所」がこの雰囲気をよく表わしています。その時新聞に『武尊《ほたか》の麓』という歌集の広告が出ていました。失恋の結果、カルモチンを多量に飲んで自殺した無名女流歌人の歌集で、その最後の歌というのは、実に、

武尊の麓

　大いなるこの寂《しず》けさや天地の
　時［ママ］誤たず夜は明けにけり

というのです。これはカルモチンを多量に飲んでしまってからの心境なのです。新聞の広告には「憂鬱の女ひとり、くちびるを噛んで」と書いて、袂《たもと》を噛んでいる女性の挿し絵まで添えてありました。
　私は郷里から十里の道を遠しとせず大阪に出て、一本を求めて帰りました。紫の布地の綺麗な表紙の本です。ざっと目を通しましたが、感心したのはこれ一首です。その代わりこの一首は素晴らしいのです。疑いもなくきわめて深い捨の境地ですね。

東京から上越新幹線に乗り、上毛高原駅で下車。タクシーで川場村に向いましたが、これはやや迂遠で、沼田からバスに乗るほうがよいとあとで気づきました。

江口さんの辞世の歌

三月二十七日に川場村に到着したときはもう夕方でした。この日と翌二十八日の二日間、民宿に泊まり、江口さんにゆかりの人の話を聞き、ゆかりの場所を訪ねました。

江口さんが卒業した川場尋常小学校は廃校になり、郷土資料館として使われています。江口さんに関する基本資料が一室に集められていて、小さな記念館のような形になっています。隣の教室もまたある人物の記念資料室になっていました。その人物というのは血盟団の井上日召で、この人もまた川場村で生れたのでした。

資料館には地元の婦人会の人が二人常駐していて、江口さんのことをよく知っていました。歌集『武尊の麓』は長い間、まぼろしの本で、見たことがなかったのですが、資料館には置いてありましたし、ほかにも川場村には持っている人がたくさんいるということで、このあたりはいかにも地元ならではの消息です。『武尊の麓』を閲覧すると、江口さんの人生の概略が判明しました。江口さんは大正二年に生れた人で、存命なら平成二十九年で満百四歳になります（ぼくの父と同年です）。長女ですが、四つ上に兄の廣壽がいました。

それと、二つ下の妹のたきさんがいました。昭和十三年十二月二日、歿。翌三日、葬儀。川場村谷地《やち》の桂昌寺に埋葬されました。

歌集『武尊の麓』は昭和十四年四月二十七日の日付で婦女界社から発行されています。定価一円五十銭。紫色の布風味の装幀ですが、紫色は江口さんが好きだったという桐の花の色とのことでした。

　桐の花を歌う江口さんの歌一首

　　桐の花さかりとなりて離れ住む

　　故里戀ふる人びとを思ふ

目次を見ると、構成は次のようになっています。

序　（河井酔茗が書いています。）

短歌　（昭和七年から昭和十三年まで、全部で三百六十七首）　詩及び長歌

日記　（昭和十三年六月一日から同年十一月二十八日まで）

後書　（島本久恵が書いています。）

江口さんの死は自殺で、病気の兄、廣壽もいっしょに亡くなりました。辞世の句二つ。

睡《ね》たらひて夜は明けにけりうつそみに
　聴きをさめなる雀鳴き初む
大いなるこの寂けさや天地の
　時刻あやまたず夜は明けにけり

岡先生が紹介したのは後のほうの歌です。

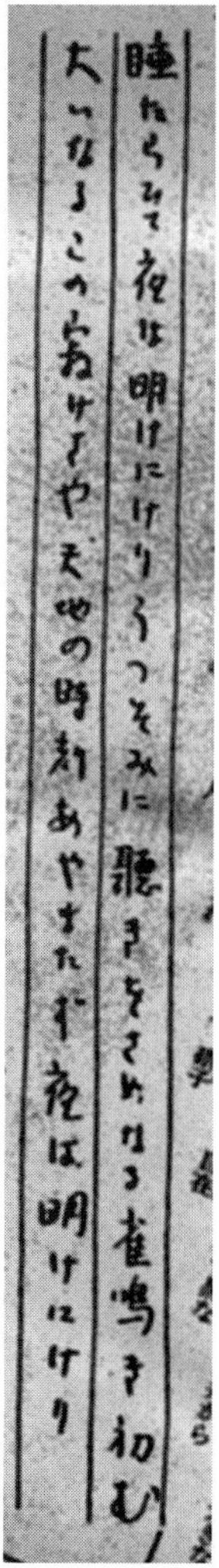

江口きちの辞世二首

江口さんの妹のお墓を見る

平成九年三月二十八日、小林民子さんと、小林重雄さんの奥さん（お名前を失念しました）の案内を得て、江口さんのお墓のある桂昌寺を訪ねました。桂昌寺には江口家の三つのお墓が並んでいました。向かって左側のお墓の裏に刻まれている文字は次の通りです。

清和童子　昭和二十年十月五日
　長男満洲夫三才
浄和童子　昭和二十年十一月十日
　次男保夫一才
昭和三十七年
秋分の日　小林はつゑ建立
協賛者
　高山留三郎
　吉野案次郎
　関壽美蔵
　宮田操
　星野タケ

これだけではよくわかりませんが、満洲夫と保夫は江口さんの妹たきさんのお子さんです。お墓の右側面に多少の消息が刻まれています。文面は次の通りです。

柏崎より入夫
江口保平
昭和二十年八月十四日　満洲国浜江省老黒山大平満に於て戦死
三十七才
妻たき
昭和二十年八月二十七日
中華民国哈爾浜
三十才

これを見れば、このお墓は江口さんの妹夫妻と二人のお子さんのお墓であることがわかります。江口保平とたきさん夫妻は開拓団員として満洲の地にわたったのですが、日本の敗戦に伴って生活の基盤を失いました。江口保平が現地で召集を受け、ソ連軍との戦いの中で戦死。たきさんと二人のお子さんは放浪の途次、生きる力を失って亡くなりました。満洲夫と保夫というお子さんのお名前に、たきさん夫妻の生活の歴史の痕跡が刻まれています。江口家はこれで絶え、昭和三十七年の秋分の日に小林はつゑさんがお墓を建てたのでした。

お墓の左側面の刻まれている江口さんの歌一首
春に頼む幸あらなくに春来なば
来なばと待ちし妹なりし

江口家の三つの墓

三つのお墓の中央に位置するのは江口さんの両親のお墓です。墓石の右側面に父の名が刻まれています。

昭和十七年十月十八日
千葉県之産
江口熊吉
行年七十才

左側面に刻まれているのは母の名です。

昭和五年六月三日没
栃木安蘇之産

江口ゆわ
行年半百一

「半百一」というのはあまり見ない言葉ですが、百の半分を「半百」と表記しているのですから、母のゆわさんの行年は五十一歳であることになります。

墓石の裏面には江口さんの歌が刻まれています。

生まれきて異郷の
つちの祖となりし母が
かなしきいのち思ほゆ
きち

父は千葉、母は栃木に生れた人ですが、どこかで知り合って群馬県の山村に住み着いて、栃木屋という名の居酒屋というか、大衆食堂を始めました。どんぶり物を売っていたそうです。お店の名前に母の郷里の面影がかすかに宿されています。父の熊吉は仕事をせず、ばくち打ちみたいな暮らしをしていた人でしたので、栃木屋を切り盛りしていたのは実際には母のゆわさんでした。江口さんと妹のたきさんも手伝いましたが、兄の廣壽は脳膜炎の後遺症で病んでいましたので、仕事はできませんでした。昭和五年に母が亡くなった後は、もっぱら江口さんが栃木屋の仕事を受け継ぎ、妹のたきさんは川場尋常小学校を卒業した後、上京し、美容師のもとで年期奉公を始めました。

一番右側の墓石は江口さんと廣壽のお墓です。裏面に、

江口きち廿六才
昭和十三年十二月二日
江口廣壽　三十才

と刻まれていて、亡くなった日にちがわかります。墓石の表面に江口さんの戒名が刻まれ、左側面には廣壽の戒名が刻まれていました。右側面には、江口さんの辞世二首のうちのひとつ「大いなる」の歌が刻まれています。江口さんの戒名は「文暁妙珠大姉」というのですが、「暁」の一字には、もうひとつの辞世「睡たらひて夜は明けにけりうつそみに聴きをさめなる雀鳴き初む」が反映しているように思います。

江口さんは廣壽とともに桂昌寺に埋葬されました。当初はお墓らしいお墓はなかったのではないかと思います。両親についても事情は同様でしたし、妹のたきさん夫妻については、何しろ江口家は絶えてしまったのですから、お墓はありませんでした。現在の三つのお墓は、昭和三十七年になって小林はつゑさんが建てたものです。

11 春雨村塾誌を見て

お別れの前後のあれこれ

江口さんは母の没後、病気の兄を抱えて栃木屋を切り盛りしていたのですが、常連のお客のひとりに宮田さんという人がいました。宮田さんは陸軍士官学校を出た軍人で、当時は村の農業会の役職についていました。お子さんは海軍兵学校に進んだということですし、村の有力者です。胃の調子が悪かったようで、おかゆを食べに栃木屋に通っていました。

江口さんは宮田さんが好きだったようですが、将来の見通しはありませんし、兄は恢復の見込みの立たない病気ですし、この世にお別れするほかに道のない状況に追い込まれていったのでしょう。兄に青酸カリを飲ませ、自分も飲み、二つの辞世を遺して亡くなりました。宮田さんに宛てた遺書もあり、それを妹のたきさんに託し、たきさんは父の熊吉に見せて相談しました。熊吉は小林はつゑさんの家に遺書をもってきて、(上州の言葉で)「どうすべ」と言ったそうですが、結局、宮田さんの手にわたり、それから島本久恵さんにあずけられました。

亡くなった江口さんを発見したのは小林民子さんのおじさんでした。民子さんの話では、森永キャラメルの大箱（内部にスズをはった箱）に遺骨を詰めて土葬したということです。「小林重雄さんの奥さん」は小林はつゑさんのお子さんで、はつゑさんは江口さんとは「乳兄弟」（乳姉妹）だったということですから、後年、江口家のお墓を建てるだけの縁《えにし》があったのです。

お二人にうかがった話を少々。江口さんは村の子どもたちを集めてクリスマスをしました。普段いいことをした人には、サンタさんが煙突からやってきてプレゼントをくれるのだという話をしました。

亡くなる前の晩は、川場村では「とおかんや」という行事がありました。子どもたちが「とおかんや、とおかんや」と言いながら、わら束で家の前の庭をたたいて家々を回るのだそうです。庭をたたくのは「もぐらたたき」ということですが、この行事は意味合いがよくわかりませんでした。「とおかんや」という言葉も不明です。それはともかくとして、江口さんは「とおかんや」が終った後で子どもたちを家に集め、ノートと鉛筆と消しゴムをプレゼントしました。

川場小学校の記念室には江口さんが縫った花嫁衣裳がありましたが、江口さんはこれを小林はつゑさんの家のミシンで縫いました。はつゑさんの母が、自分にも着せてほしいと言うと、江口さんは、これは私の花嫁衣裳だからだめ、と断りました。

江口さんの自筆の辞世や、『武尊の麓』の刊行を伝える新聞公告や、江口さんの自筆の書簡など、みなコピーですが、さすがに地元にはいろいろなものがごく普通に伝えられていました。それらを拝借し、翌二十九日、村のコンビニでコピーを作成して返却し、それから川場村を離れました。

人生ということを語るのであれば、岡先生にゆかりの人たちの中で、もっともよく岡先生に似ているのは江口さんであろうと思います。川場村の印象は深く、八年におよぶフィールドワークの中でも格別心の残る土地になりました。

小石沢さんに会う

三月二十九日、桂昌寺に案内していただいた二人の小林さんに会い、前日拝借した文書類をお返しし、喫茶店、というよりも村の名産品の展示場の一角を占める休憩所だったと思いますが、みなでコーヒーをいただいて別れました。村内の停留所からバスで沼田に出て、沼田からＪＲで高崎まで。高崎で新幹線に乗り換えて東京に向いました。それから新幹線で京都に向い、この日は京都で一泊しました。

翌三月三十日は春雨忌でした。春雨忌というのは岡先生を追悼する日のことで、奈良の高畑町の春雨村塾で年に一度、集まりがもたれます。岡先生の命日は三月一日ですが、ぴったり同じ日にみなで集るのもむずかしいというので、おおよそ三月末から四月はじめにかけて、適当な日を設定する慣わしになっています。

近鉄の奈良駅で降りると、駅前に「奈良市民憲章」が刻まれた石碑がありました。よく見るとそれは岡先生の字で、市民憲章の文言の末尾に「岡潔」という署名が読み取れました。

春雨村塾は松原家の二階ですが、到着するとすでに大勢の人が集っていました。ざっと二十人ほどでしょうか。知っているのは松澤さんだけで、あとは初対面の人ばかりでしたが、みなに挨拶し、それからいろいろなお話をうかがいました。二間を隔てるふすまを取り去ると、相当に広い空間が現れます。桟には「葦牙会趣意書」をおさめた額がかかり、書棚や押し入れには岡先生に関係のある文書類がたくさん蒐集されていて圧巻でした。

この日、各地から集った人たちの中に埼玉県北本市在住の小石沢さんという人がいて、もちろん初対面なのですが、小石沢さんはぼくのことを知っているというので非常に驚きました。

ぼくは一度だけ岡先生に会ったことがあります。それは昭和四十七年五月三日の憲法記念日のときのことで、その日、東京の九段会館で日本学生同盟という団体が主催して、憲法の改正を（阻止するのではなくて）促進するという趣旨を掲げて講演会が行われました。電信柱にビラが貼ってあるのを見て、にわかに心が動いて九段会館に出向きました。到着すると、ちょうど岡先生の講演中で、前方に空席を見つけて拝聴する構えになったのですが、何を話していたのか、まったく記憶がなく、楠木正成、正行父子の「桜井の駅の別れ」の話をしていたような印象がかすかに留められたばかりでした。

講演が終り、廊下に出て所在なくたたずんでいると、数人の取り巻きを引き連れて岡先生がやってきました。思い切って声をかけると、岡先生はほんのちょっとだけ立ち止まり、返事をするともしないともなく、取り巻きを引き離してひとりですたすたと玄関口に向かって歩き出しました。後を追うと、玄関ではお迎えの車が待っていました。乗り込もうとする岡先生に向い、もう一度、勇気を出して声をかけたところ、いきなり大演説が始まったのでした。

右足を車の中に入れ、上半身を車の外に出し、そのままの恰好で左手を高く挙げて話し続けるのですが、何を話しているのかさっぱりわからないまま、岡先生の前で拝聴する恰好になりました。大勢の人が車と岡先生とぼくを取り巻いていて、小石沢さんはその中にいたというのです。これにはまったくびっくりしました。昭和四十七年から平成九年まで、この間、二十五年という歳月が流れています。

小石沢さんの話

いつ果てるともしれない岡先生の大演説の中味のことはさっぱり記憶にありませんし、そもそも岡先生の話は空中に向っているかのように思われて、ぼくはただ立ちすくんでいただけという印象しかないのですが、小石沢さんはまったく別の話をしてくれました。小石沢さんは、「岡先生はあなたに向って話していましたよ」というのです。それでぼくはどうしていたのかというと、盛んに質問を繰り返して食い下がり、岡先生はそれに応えていたというのですが、ぼくにしてみるとまったく思い掛けないことでした。岡先生の大演説について、小石沢さんの耳に断片的に届いたところによると、

「現代数学は死んでいる。」

「日本民族は日本民族のやり方で数学をやりなおさなければならない。」

という話をしているような気がしたということです。ぼくの耳にわずかに、しかしはっきりと残っているのは、「西洋は低い、日本は高い」という謎めいたひとことのみでした。

岡先生とぼくを遠巻きに眺めていた小石沢さんは、いったいどうなるのだろうとはらはらしながら見守っていたのですが、講演会の主催者と思われる人が、先生、もうそろそろ、と岡先生に声をかけ、それを機に大演説は終了し、岡先生は九段会館を離れていきました。

小石沢さんは麻生正紀さんの始めた葦牙会東京同志会の初期からの会員で、筑波山の梅田開拓筵にも通っていました。葦牙会東京同志会の活動の一環として、岡先生の講演日程の通知ということがあり、昭和四十七年五月三日の九段会館の講演についてもお知らせが届いたので参加したのでした。岡先生の講演をテープに録音し、原稿を作ったのですが、いくつか聴き取り難い箇所がありましたので、奈良に岡先生をお訪ねして校訂をお願いし、できあがった改訂稿は梅田学筵で発行している機関誌「風動」に全文が掲載されました。

二年前の昭和四十五年十一月八日、岡先生は梅田学筵を訪ねて講演を行いましたが、小石沢さんはこのときの講演も聴講しています。岡先生の筑波山訪問はこのときの一度きりでした。

九段会館で岡先生にお会いした体験の衝撃は非常に大きく、頭にかすみがかかったような状態がしばらく続きました。もっと勉強を重ね、態勢を整えてから出直そうと思っていたのですが、まもなく岡先生の訃報が伝えられました。その後、鹿児島で出ている「カンナ」という文芸同人誌に「紀見峠を越えて」という作品を連載し、そのおり九段会館での出来事も紹介しました。連載の完結後、さらにまた数年の歳月が流れ、日本評論社の数学誌「数学セミナー」に転載されたのですが、小石沢さんはそれを読み、この著者はあのときの学生にちがいないと直観したということでした。

春雨村塾でお目にかかって挨拶を交わし、あの日の出来事を互いに回想、語り合いました。まるで昨日のことのようにありありと覚えています、というのが小石沢さんの話なのでした。

春雨村塾で文書群を閲覧する

小石沢さんには葦牙会東京同志会の終焉の経緯も教えていただきました。麻生さんは昭和四十七年三月三日、自宅近くに建設中のマンションから飛び降りて亡くなったのですが、その後、葦牙会の面々が集って、今後はどうするかという話し合いが行われ、これからはめいめいが独自に活動していこうということになりました。葦牙会は解散と決まり、会員に宛てて解散の通知証が送付され、それから豊島区民センターで追悼式が行われました。ぼくと小石沢さんが九段会館で岡

麻生正記　後列中央

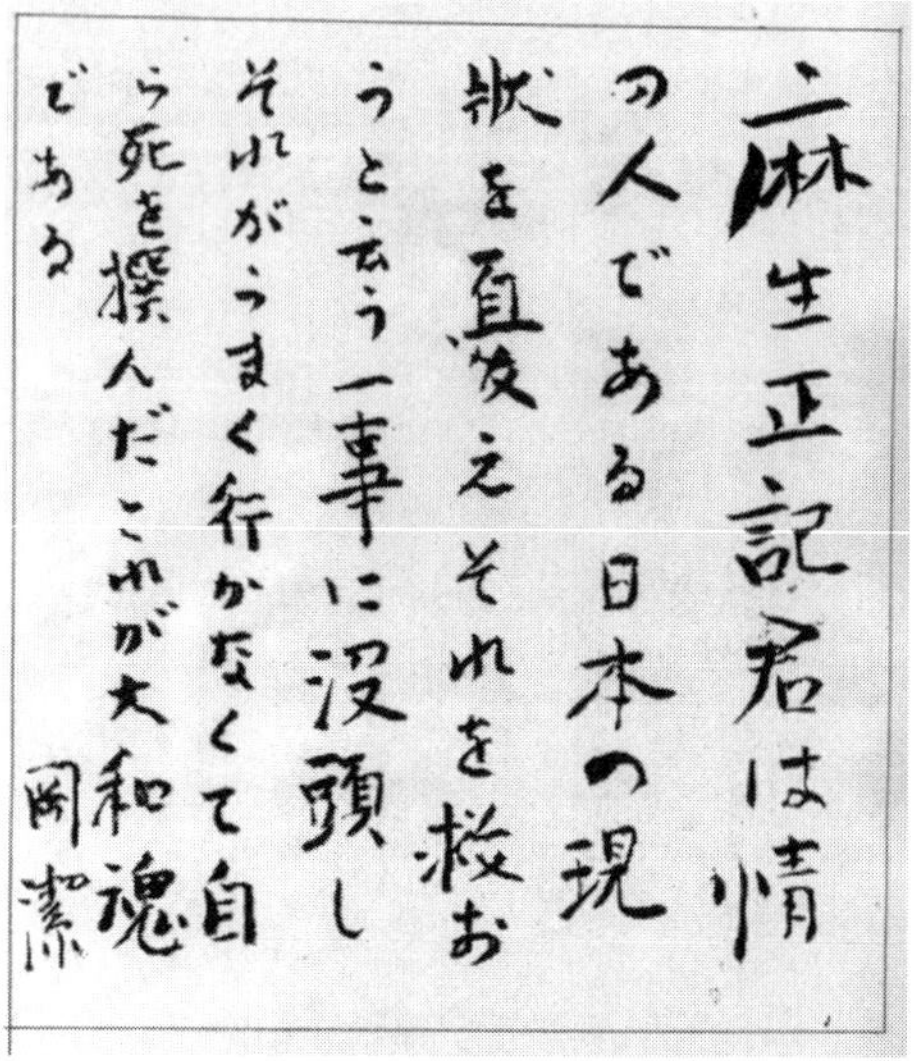

岡潔が麻生正記を悼んで書いた色紙

先生の講演を聴いたのは、麻生さんの死からちょうど二ヶ月後のことになります。

春雨村塾に保管されている大量の文書を閲覧すると、岡先生の生涯にわたる細かい諸事情がわかり、心を惹かれました。ひとつひとつの文書は新聞や雑誌の記事のコピーで、格別珍しいものではありませんが、大量に蒐集されて一堂に会すると貴重な資料になり、大きな値打ちが付与されます。それに、中にはオリジナルの資料を見るのがむずかしいものもありました。塾生のみなさんやさおりさんにうかがって判明した事柄もたくさんありました。

このときの訪問では春雨村塾に二泊しました。この間に知りえたことを、当時のノートを参照していくつか書き留めておきたいと思います。

岡先生は昭和五十三年三月一日に亡くなったのですが、それからまもないころ、五月二十六日にみちさんが亡くなりました。五月二十日、脳に出血があり、入院しました。二度目の出血でした。みちさんは、今度はあかんと思う、心が暗い、戒名用意しといてや、とさおりさんに言いました。戒名については、「春日院」

までは考えとるんや、と言いましたので、続きをさおりさんが考えて、「春日院藤蔭緑風大姉」という戒名ができました。

みちさんの実家は河内の柏原の小山家です。岡先生が洋行してフランスに渡った後、みちさんもまたフランスに向いました。これはみちさんのお父さんの小山玄松さんのおすすめによるもので、お金を出してやるから行ってこい、ということになったのだそうです。

岡先生の俳号は当初は「海牛」といい、中谷宇吉郎先生が命名したのですが、この俳号はいつしか使われなくなり、新たに「石風」という俳号が現れました。これは岡先生が自分で考えて作ったということでした。

表紙に「春雨村塾誌」と記されたノートがあり、一九七六年四月から記述が始まっていました。ページを繰ると、「一九七四年一月五日　午前十一時　春雨村塾誕生」と、誕生の日時を明記する語句が目に入りました。このとき何があったのか、だれがこの記事を書いたのか、興味があったのですが、この点についてはだれかれにうかがってもはっきりしたことはわかりませんでした。塾生の名簿もあり、四十五名の名前と住所が記載されていました。それと、別格の扱いで胡蘭成の名前が記されていました。住所もあり、福生市に家があることがわかりました。

岡先生の最後のころの模様も略記されていました。昭和五十三年の正月二日、奈良女子大の数学教室の面々が岡家に集って新年会が行われ、みなで碁を打ったのですが、夜、風呂場で一時間ほど昏睡状態に陥りました。一月十日、京都産業大学でこの年度の最終講義を行いました。一月十六日から十八日にかけて、京都の松原さんが訪問し、三日続けて碁を打ちました。松原さんはさおりさんの御主人の父親です。この碁三昧の三日間の翌一月十九日、寝たきりになりました。二月六日、ほとんど食欲がなくなり、二月八日には点滴が始まり、入浴が禁止されました。このような経緯をたどってまもなく世を去ることになるのですが、何かしら特定の名前のついた病気のために亡くなったというのではなく、何というか、蝋燭《ろうそく》が燃え尽きてふっと消えるような、消えるべき時期に際会して命の灯が消えたという印象を受けました。

「春雨村塾誌」の記事を拾う

ノート「春雨村塾誌」から関連する記事を引くと、一九七六年五月には、

『旅路』

第一章　人の旅路とその自覚

という語句が目に留まります。これは第五稿のメモのようでした。同年十一月二十八日には、

第六稿

第一篇　序曲

第一章

第二章

とあり、第六章の試みが始められた様子が見られます。一箇月後の十二月三十日には、

第二篇　旅路
第一章　旅路の原型
第二章　補足Ⅰ　無明
補足Ⅱ　正と死

と、本論の構想の一端が明らかにされています。第五稿も「旅路」から書き始められようとしていたようですし、岡先生は「旅路」という言葉に格別の愛着を抱いていたのでしょう。

年が明けて一九七七年になると、一月二十九日に、

第二篇　旅路
第二章　私の旅路
Ⅳ　第九識の確認

と記されました。第二章のタイトルが変更されたことがわかります。さらに三月二十三日には、

巻の一「旅路」の原稿　二度目の読み直し。校正済。

と出ていますから、第二章「旅路」は「第一巻の一」と装いをあらためて、しかも原稿はひとまず完成したという印象があります。第二章の呼称が「巻の一」とあらためられたところが目を引きますが、全篇の組み立ての構想に変化があったのでしょう。翌三月二十四日のメモは、

巻の二「人の世」を書き始める

というのですが、「人の世」とはまたいかにも不思議なタイトルです。

「春雨村塾誌」からもう少し先の記事を拾うと、

十月十八日　谷口雅春と対談

十月二十一日　神戸市民大学でお話

と記されていて、岡先生の晩年の行動の一端がわかります。谷口雅春は宗教団体「生長の家」の総裁です。神戸市民大学は岡先生の提唱を受けて新たに発足した市民大学で、このときの「お話」は「人の世」の原稿に基づいて行われた模様です。

年が明けて岡先生が亡くなり、それからまた四年がすぎて、

一九八二年四月四日（日）

「春雨忌の集い」　十七名参加

とあり、第一回目の春雨忌の日時がわかります。この日は日曜日でした。十七名の参加者の中には小石沢さんの名前もありました。

新聞記事拾遺

春雨村塾文書の紹介をもう少し続けます。昭和三十五年十月十四日の朝日新聞の「きのうきょう」の欄に、谷口豊三郎の「岡潔君」という記事が出ています。谷口さんは三高で岡先生と同期だった人です。岡先生は、文化勲章授賞内定のニュースを聴いて、「文化勲章は偉い人がもらうものだとばかり思っていた」とか、「受賞は夢のようだ」と手放しで喜んでいたという話が紹介されています。

昭和三十五年十月八日の毎日新聞の記事によると、岡先生の文化勲章が内定したのは十月七日だったとのことで、岡先生は京都大学に出張中でした。留守宅に知らせがありました。夜の八時ころ、帰宅。そのときの発言が記録されています。

ありがたく思っています。うれしいですね、全く。なぜかというと、この勲章をもらうと定年後もアルバイトなどしなくても食べていけるからです。これからもずっと研究生活に没頭できるというのうれしさですね。

時間が惜しくてたまらないのです。肉体がだんだん衰えていくにつけても一応自分の目指している段階までは完成させたい。そのほかには何も望みはないのです。

昭和三十五年十一月三日は親授式の当日ですが、この日の読売新聞に岡先生の談話が出ています。この読売新聞は夕刊です。

小学校じぶんにかえったような気持ちです。一九三二年以来変動の多い時代で、家内はわたしについてくるのがたいへんだったと思う。わたしは固いくつをはくのが窮屈で、いままで雨靴ばかりはいてきました。でも、今日は家内の意見で盛装しました。木靴でもはいているみたいです。

一九三二年というと昭和七年で、岡先生が洋行先のフランスから故国にもどった年ですが、年初から内外に事件が絶えず、満洲国建国、血盟団事件、五・一五事件と続きます。それから先の日本は大事件ばかりで、何よりも岡先生の人生そのものもまた大波乱の波に襲われ続けました。それで岡先生は「家内はわたしについてくるのがたいへんだったと思う」と言い添えたのですが、岡先生なりの心遣いの現れと思います。

奈良市への転居の前後

春雨村塾に集積されている文書群をここでは仮に「春雨村塾文書」と呼ぶことにしたいと思います。そのひとつに、岡先生が紀見村から奈良市に転居したときの事情が書かれていました。

岡先生が奈良市内の法蓮佐保田町に転宅したのは昭和二十六年四月はじめのことで、ぼくが見た文書によると、当時の紀見村の茶谷村長が小学校の敷地を宅地にするというので、十五万円で買い上げたということです。持ち歩いていたノートにそのように記されているのですが、これだけではもうひとつ意味がつかめません。小学校というのは柱本小学校のことで、これは紀見ヶ丘地区に存在する現在の柱本小学校ではなく、紀見ヶ丘に移転する前の校舎を指しています。旧校舎は岡家の土地に建てられていて、その土地を紀見村が購入して宅地にし、小学校は紀見ヶ丘地区に移転したという事情が背景にあります。岡家の側から見ると、土地を売却して十五万円の現金が手に入ったことになりますが、全額ではないとしても、このお金が岡先生の転居費用になったということであろうと思います。

ノートの記事にもどると、奈良女高師主任の半田さんに十万円で家を探して購入してほしいと頼んだ、と書かれています。「半田さん」というのは奈良女高師の数学の教授の半田正吉先生のことですが、京大の出身で、岡先生の先輩です。岡先生の要請を受けて、半田先生は自転車に乗って奈良市内を探して回りましたが、なかなか見つからず、せめて二十万円出してくれたらなあ、と嘆息しました。それでも市の西北の隅にようやく一軒の家が見つかりました。少し傾いている四間の家だったというのですが、「六畳一間の文化勲章」と週刊誌に書かれたことがありますし、栢木喜一先生が岡先生をお訪ねしたときの回想によりますと、家に入るとすぐに三畳間があり、ふすまの向こうは六畳間だったということですから、きっと六畳間がもうひとつあったのでしょう。

橋本高校の卒業生三人がお手伝いにきて、布団を背負って前日からこの家に来て泊まり、掃除をしたということですが、このお手伝いの三人はたぶん岡先生の長女のすがねさんの同期生です。すがねさんはこの年、橋本高校を卒業して奈良女子大学に進みました。これがきっかけになって、岡先生は奈良に転居することにしたのでした。

家屋は十万円で購入した模様で、土地を合わせて購入するには資金が足らず、土地は借りることになりました。それで、この法蓮佐保田町の岡家のことを「貸家」と書いたことがあるのですが、家屋そのものは購入したのですから、「貸家」という言葉はあてはまらないかもしれません。このあたりは正確にはどのようになるのでしょうか。

家の南に小さな空き地があり、そこに花壇を作るというので、半田先生が土を運ぶ作業を手伝いました。

北村赳夫のエッセイより（一）

「春雨村塾文書」の中に昭和三十五年十月二十一日付の「紀の川新報」（紀の川ライフ新聞社）があり、北村赳夫さんのエッセイが出ていました。北村赳夫さんは岡先生の母方のいとこで、北村俊平さんの弟です。明治三十七年（一九〇四年）のお生まれですから、岡先生の妹の泰子さんと同年で、実際に柱本小学校の同級生でした。岡先生と同じ粉河中学から早大に進み、独文科を卒業して大阪朝日新聞の記者になりましたが、終戦にともなって帰郷し、紀見中学の教員になりました。昭和三十五年当時は橋本市の学文路《かむろ》中学にお勤めでした。奥さんは千代さんという人で、次に挙げるのは千代さんの一句です。

野いばらの
　道いまはてて
　　花野かな

句のおもむきから推して、文化勲章を受けた岡先生を祝う一句と見てさしつかえありません。

北村赳夫さんのエッセイに出ているエピソードを拾いたいと思います。おもしろい話が並んでいますが、なかには事実とは違うのではないかと思われるものもあります。

一　中谷宇吉郎先生は「潔さん」（北村赳夫さんは岡先生をそう呼んでいます）には知らせずに理学博士の学位をとらせ、「おせっかいな」と、かえって本人（岡先生）からしかられた。

岡先生の学位取得は宇吉郎先生とは関係がありませんから、これは何かのまちがいと思いますが、そんなうわさがあったということがおもしろく感じられます。宇吉郎先生がどれほどの熱意をもって岡先生を支えたことか、岡先生を囲む人たちはみなよく承知していたのです。

二　ある晩、「おみっちゃん」（みちさんのこと）が懐中電灯をもって、お寺を訪ねてきた（北村赳夫さんが仮の住まいにしていたお寺のことです）。ドイツのベーンケ博士から手紙が来ているが、「潔さん」はいっこうに封を切ってみようとしない。長い間、そのままになっているが、どうしたものだろうかと相談をもちかけられた。

これはいかにもありそうな話です。岡先生のもとにベンケの手紙が届いたのは本当ですが、実際には全然封を切らないということはなかったと思います。岡先生も返事を書いていて、下書きが遺されています。

三　叔父さんの北村純一郎は七十七歳になるが元気に暮らしている。昨年（昭和三十四年）、純一郎さんのお宅で法事があり、その席で「潔さん」と純一郎が碁を打った。「潔さん」は独酌でぐいぐいやりながら打っていた。ズボンや畳にお酒がこぼれ、そうこうするうちに「潔さん」が煙草の火を落とし、煙が出て、座布団に穴があいた。「潔さん、裏返しとき」と純一郎さんが小さな声で言うと、「潔さん」は無造作に座布団を裏返して打ち続けた。その座布団は新調の揃いの座布団だった。

これもおもしろい話です。岡先生は碁も将棋も強く、詰将棋が好きでした。麻雀もしましたし、学生時代には花札などにも興じていたということです。

北村赳夫のエッセイより（二）

北村赳夫さんのエッセイを続けます。

四　「潔さん」は三高に在学中の三年間、一度も歯ブラシを使わなかった。洋行が決まってフランスにわたるとき、母の八重さんは、「ときには爪もきれいに切り、爪あかもためないように」と言って、荷物の中にわざわざ爪切りを入れた。翌年、「潔さん」の両親が心配して、「おみっちゃん」に後を追わせた。

これはまた変な話ですが、歯ブラシと爪切りの件はこの通りの可能性があります。みちさんが岡先生の後を追うようにフランスに出かけていったのは、みちさんのお父さんが、お金を出してやるから行ってこい、とすすめたからという話もありますが、岡先生の両親もまた岡先生の暮らしを案じていたのはまちがいありませんし、みちさんと岡先生の双方の親同士が話し合ったのでしょう。

五　三高の合格通知が届いたとき、岡先生は北村家で将棋を指していた。妹の泰子さんが合格通知のはがきをもってきた。すると「潔さん」は、「そうか」と言ったきり、将棋を指し続けた。

北村家の出の人ならではのエピソードです。このときの岡先生の将棋の相手は案外、北村さん本人だったのかもしれません。

六　京大時代、「風俗に堕してはならぬ」ということを心がけ、そのような意味の言葉を壁にはりつけて座右の銘にしていた。

京大時代の暮らしを伝える貴重なエピソードです。粉河中学時代の岡先生の様子を伝える記述もあります。北村さんが粉中に入学したとき、岡先生は四年生で、寄宿舎の同じ部屋に住んでいました。

七　寄宿舎時代には「潔さん」の腕白は鳴りをひそめ、代わって「ものぐさ」が頭をもたげてきた。部屋の隅に寝転んですごし、寝るときも寝間着に着替えなかった。上着だけ脱いでごろっと寝た。入浴もすすんですることはなかった。舎監の内田先生が、「北村、岡を風呂に入れてやれ。臭うていかん」と言った。「潔さん」は、「服を脱がせてくれたら入ってやろう」とだだをこねた。そこで靴下や服を脱がせて浴室に連れていった。

これもまた不潔な話ですが、粉中時代の岡先生の肉声を伝えるおもしろいエピソードです。こんな日常のあれこれを書き残してくれた人は北村さんしかいません。内田先生はフルネームを内田與八という、英語の先生で、岡先生のエッセイにも登場してなつかしく回想されています。

12 中谷兄弟のふるさとを訪ねる

大量のはがきの束を閲覧する

「春雨村塾文書」とは別ですが、さすがに松原家には松原家ならではの文書群が保管されていました。中でも目を見張らされたのは、百枚とも二百枚ともつかない大量のはがきの束でした。岡先生が書いたものもあればみちさんの書いたものもあり、閲覧すると、かねがね知りたいと願っていた基本的な事実のあれこれがたちまち判明しました。

一枚のはがきには、

無事マルセーユニツキマシタ
五月二十一日
潔

京都帝大理科大学数学教室

と記されていました。日付は昭和四年のもので、洋行して船でフランスに渡った岡先生が安着を伝えたはがきです。昭和五年のお正月に、ドイツに留学中の荒木俊馬からパリの岡先生に宛てた年賀状もありました。「どうです、巴里は面白いですか」と問いかけて、「伯林《ベルリン》にやってきませんか」と誘う文面です。荒木俊馬は京都帝大の天文学者で、京大の理学部では岡先生の少し先輩になる人ですが、古くから交友があった様子がしのばれて感慨がありました。後年、荒木俊馬は京都産業大学を創設し、奈良女子大学を定年で退官した岡先生を招聘し、教養科目「日本民族」を担当してもらうという成り行きになりました。

このはがきの束を見てわかったことをいくつか挙げてみます。

一　京都市下鴨半木町七七

これは京大の附属植物園の近くの住所ですが、京大を卒業してから洋行するまで、岡先生とみちさんはここで暮らしていました。

二　広島市牛田町早稲田区八八二

これは岡先生の広島時代の住所のひとつです。牛田町に住んでいた一時期があったことは岡先生のエッセイを通じて承知していましたが、番地まで正確にわかったのはうれしい出来事でした。

三　札幌市北一条西七丁目　荻野方

これは岡先生が札幌時代に滞在した下宿屋「おぎの」です。「おぎの」の名は認識していましたが、これではじめて明確なイメージをもつことができました。

四　広島市南竹屋町六〇一

これは広島文理科大学に赴任した岡先生の一番はじめの滞在先の住所です。後、ここから牛田町に移りました。岡先生の生涯に関心をもつ者にとって、このような正確な諸事実が次々と判明するのは何よりもうれしいことで、まるで考古学上の大発見に遭遇したような気分でした。

広島文理科大学・高等師範学校

奈良から信州松本へ

松原家所蔵のはがきの閲覧を続けます。岡先生にゆかりの場所の正確な住所が次々と明らかになっていきました。

五　静岡県伊豆伊東町岡角屋

昭和十一年秋、岡先生は伊豆伊東温泉に滞在し、中谷宇吉郎先生との交友を暖めましたが、「岡角屋」というのは伊東での逗留先です。

六　京都市上京区岡崎町広道通　小野木正蔵方

岡先生は三高京大の学生時代、平安神宮の近くに下宿してすごしましたが、大家さんは小野木正蔵という人でした。

七　札幌市北六条西十七丁目

これは中谷宇吉郎先生のお宅の住所のひとつです（中谷家は札幌で何度か転居しました）。

八　5. Rue des Feuiellautines Paris 6e

「パリ六区フイヤン通り五」のフイヤンホテルは、岡先生の洋行時代の滞在先のひとつです。岡先生はパリに到着してからしばらくは日本館に滞在しましたが、それから帰国するまで、各地を転々としました。そのすべてを把握したいとかねがね願っていたのですが、フイヤンホテルの住所が判明するとは思いもよらない出来事でした。

九　42 rue Pierre - Nicole Paris 5e

「パリ五区ピエール・ニコル通り四十二」。これも洋行時代の滞在先の住所です。

春雨忌にはじめて参加して春雨村塾の塾生のみなさんにお目にかかり、小石沢さんのお話をうかがい、保管されている貴重な文書群を閲覧することができて、フィールドワークは大幅に進捗しました。このようなことがあるのですからやはりフィールドワークは重要で、「その場に出向けばなんでもないことのように見ることができるが、その場に赴かなければ決して見ることのできないもの」というのは確かにあることを、あらためて認識しました。何物かが訪れるのをじっと待っているだけの机上の空論ではやはりだめで、この世の真相に触れるには、どれほどの手間ひまがかかろうとも、人と場所を求めてみずから足を運んでいかなければならないのです。

四月一日、春雨村塾を離れて信州松本に向い、夕刻、到着しました。信州大学の教養部の前身は松本高等学校なのですが、県《あがた》の森公園の中に松本高等学校のおもかげを伝えるものがいくつも保存されています。松本高等学校の校舎もあり、そこはかつて「旧制松本高等学校記念館」として活用されていたのですが、その後、「あがたのもり文化会館」に変わりました。「旧制松本高等学校記念館」は「旧制高等学校記念館」へと拡大し、「あがたのもり文化会館」の隣に建設されました。ここを訪れて旧制高校について勉強するというのが、このときの松本行の目的でした。

村田先生との遭遇

あがたの森公園内の旧制高等学校記念館には、かつて日本に存在した高等学校のおもかげを今に伝える基本文献が大量に収集されていました。「高等学校高等科法制及経済、理科数学教授要目」という文書には、旧制高校の理科の数学の科目と割当時間が記載されていました。

立体幾何（約二十時間）

解析幾何（約七十時間）

代数（約六十時間）

微分積分（約百七十時間）

微積分の講義が非常に多く、他の三科目の合計を超えている点が目立っています。岡先生は大正八年に三高を受験して合格したのですが、そのときの試験科目を知りたいとかねがね望んでいました。旧制高等学校記念館の人にそのように話して相談したところ、当時の試験問題が出ている文献を即座に示してくれました。あまりに簡単に判明しましたので、いくぶんあっけにとられもして、餅は餅屋というか、あるところにはあるものだという感を深くしたものでした。

こんなふうにいろいろな文書を眺めていたとき、思いがけなく村田全《たもつ》先生にお目にかかりました。村田先生は著名な数学史家で、日本における数学史研究の草分けと見られる少数の方々のひとりです。神戸一中から北海道帝大の予科に進みましたが、入学年度が昭和十八年ということですので、ひときわ興味をそそられました。あがたの森公園内の喫茶店（たしか旧制高等学校記念館の中のお店だったように思うのですが、隣のあがたのもり文化会館内だったかもしれません）でしばらくお話をうかがいました。

岡先生は北大理学部の嘱託という珍しい辞令を受けて昭和十六年の秋から一年ほど赴任していますから、

村田先生が北大の予科に入学した昭和十八年といえば、岡先生が札幌を去った直後のことになります。北大には功力金二郎《くぬぎきんじろう》先生という数学者がいて、岡先生が洋行したとき、パリで知り合ったのですが、昭和十六年秋の北大赴任も、功力研究室の研究を補助するというのが名目でした。その功力先生が村田先生に向い、「数学をやる者は花園の中を歩くような気持ちでやらなければだめだ」という話をしたと、村田先生が話してくれました。

北大の数学科にはほかに『零の発見』(岩波新書)の著者の吉田洋一先生、守屋美賀雄先生、河口商次先生がいましたが、村田先生の話によると戦後、昭和二十二年から二十三年にかけてこの体制が崩壊したのだそうで、功力先生は阪大、吉田先生は立教大学へと去っていきました。守屋先生の助教授の稲葉先生はお茶の水女子大学、功力先生の助教授の稲垣先生は岡山大学、河口先生の助教授の穂刈先生は都立大学へとそれぞれ移りました。守屋先生は岡山大学に移り、それから東京大学の教養学部へ。村田先生は東大の教養学部のことを「一高」と言いました。東大の教養学部は一高とは別の学校なのですが、一高の後身であることはまちがいありませんし、村田先生の意識の中ではあくまでも第一高等学校のままだったのでしょう。

松本から小松へ

村田先生の話をもう少し続けると、村田先生が昭和十八年に北大の予科に入学した当時、岡先生のうわさがあれこれと語られていて、そのうちのいくつかは新入生の村田先生の耳にも届きました。岡先生は昭和十六年の秋、たぶん十月に入って間もないころに札幌に移動して、はじめは「山形屋」という旅館に投宿しました。数学教室の稲葉助教授が迎えに出向いたところ、昼間だったにもかかわらず、押し入れに上半身を突っ込んで、足二本を突き出した恰好で寝ていたそうです。こんなところは三高京大の学生のときのままで、学生時代に秋月先生が岡先生の下宿を訪ねると、岡先生はたいてい頭を押し入れに突っ込んだ状態で寝ていたそうです。昭和十六年の札幌の岡先生は満年齢でちょうど四十歳になっていましたが、生活ぶりは変らなかったということでしょうか。札幌ではまるで一日が二十五時間あるみたいな暮らしぶりで、毎日、学校に出る時間が一時間ずつずれていったそうです。

札幌駅前に「西村」という喫茶店がありました。岡先生は入り口のテーブルにデンと腰掛けて、入ってくる人を見るような恰好のまま、目をあらぬ方向に向けてぶつぶつつぶやいていて、テーブルには三つだか、四つだか、コーヒーカップが並んでいたとか。この話は吉田洋一先生のお子さんの夏彦先生からうかがった話に似ています。夏彦先生はお母様の勝江さんから聞いたということですが、あるいは村田先生にもまた洋一先生か夏彦先生を経由して同じ話が伝えられたのかもしれません。

三日、松本を離れ、篠ノ井線で長野まで。長野から信越本線で直江津まで。直江津から北陸本線に乗り換えて小松に向い、ずいぶん遅くなってから到着しました。乗り換えも案外複雑で、通り道も目的地もはじめての土地ばかりでしたし、小松に到着したときはなんだかずいぶん遠くまで来てしまったなあという思いに襲われて、感慨がありました。目的は中谷兄弟の故郷を見聞することで、中谷家の墓地と中谷宇吉郎先生を記念する「雪の科学館」を訪ねることが、とりあえず念頭にありました。

片山津温泉郷の雪の科学館

翌日、小松駅前でタクシーに乗り、中谷兄弟にゆかりの土地を訪ねました。本当は路線バスを使いたかったのですが、はじめての土地で勝手がわかりませんので、安直な方法に頼ることになりました。

まずはじめに向ったのは中谷家の菩提寺の月津《つきづ》の興宗寺《こうしゅうじ》。中谷兄弟の痕跡をとどめるものは何もなく、お寺の人と簡単な言葉を交わしただけに終りました。宇吉郎先生が夏休みに勉強した部屋が残っていると、広島の法安さんにうかがったことがありますので、見たかったのです。次に中谷兄弟の生家の跡地を見たいと思い、片山津温泉郷に向かったところ、そこには加賀信用組合の建物が建ち、片隅に生誕の地であることを示す碑がありました。

雪は
天から送られた
手紙である

中谷宇吉郎先生
生誕の地

石碑の言葉をノートに写し、それから柴山潟のほとりの「中谷宇吉郎　雪の科学館」に行きました。中谷先生の人と学問を伝える大量の資料が集積され、整然と配置されていて見応えがありましたが、その中に一枚の小さな連句稿がありました。

行く春を旅には
　うすきかり衣
　　宇
花散る里は
　あは雪のふる
　　静
面影を谷間の風に
　拂はせて
　　潔

「宇」は中谷先生、「静」は中谷先生の奥さんの静子さん、「潔」は岡先生です。発句は中谷先生の生前の句で、没後一周忌の会のおり、静子さんと岡先生が付句をして、連句の断片ができあがったのでした。七回忌の会では桃林堂謹製の「雪華」というお菓子を使い、静子さんが言葉を添えました。

宇吉郎七回忌

今日のためにと作られしこの名菓

人の心の美しく又あたたかきをしのばれて

亡き魂も雪華となり、舞ひ来て共に

賞味するやと思はるる

静子

昭和四十三年四月十一日

ひとしきり館内を散策し、何冊か本を買って、雪の科学館を離れました。

中島町共同墓地にて

中谷宇吉郎 1953年2月

雪の科学館の見学に続いて、加賀市中島町の共同墓地に向いました。ここには中谷家のお墓と宇吉郎先生のお墓があると聞いていましたので、一度は訪れたいとかねがね望んでいたのでした。

共同墓地に到着すると、宇吉郎先生のお墓はすぐに見つかりました。台座が六角形なのは雪の結晶を模したのですが、そういえば雪の科学館もまた六角形でした。台座の上に墓石が乗っていて、「中谷宇吉郎の墓」という文字が刻まれています。裏面を見ると、

昭和三十七年（一九六二年）四月十一日没　行年六二才

という文字が読み取れました。お墓の脇に墓碑銘がありました。著者は宇吉郎先生の友人の茅誠司先生です。

中谷宇吉郎君墓碑銘

雪は天から送られた手紙である　と言ってこの暗号の手紙を解讀して上空の氣象を知らうとしたのは　中谷宇吉郎君が北海道帝国大学理学部に赴任した昭和五年冬のことでした　彼は最初北海道の山々で嚴しい寒さを戰ひながら天然の雪の寫眞を撮りました　次は低温実験室を作って　この中で恩師寺田寅彦先生譲りの独自の手腕を駆使して　天然雪の全部を作ることに成功し

遂にこの手紙を解讀してしまひました

其後彼はアラスカのある湖水の上に浮ぶ大きな氷の結晶をみつけ　これを北海道に持ち返って　外力による氷の変形の研究を取組み沢山の貴重な結果を得ましたが　これを整理する直前に病を得て不帰の客となりました

このやうな前人未到の科学的業蹟を残したほかに美しい数々の随筆と　楽しい墨絵を書いた中谷宇吉郎君は　その生まれたこの地でいま静かに眠っております

昭和四十年四月十一日　茅誠司誌す

中谷家の墓地

宇吉郎先生のお墓とは別に、中谷家のお墓があると法安さんにうかがっていましたので、探したのですが、何分にも非常に多くの墓石が立ち並んでいるため、なかなか見つかりませんでした。途中、携帯電話で広島の法安さんにお電話したところ、運よく電話に出ていただけましたので、確かにここにあることを確認して、お墓の特徴などをあらためて教えていただきました。タクシーの運転手さんも探索に加わってもらい、しばらくすると、ありました、という運転手さんの声が響きました。聞いてはいたものの、それは実に著しい特徴のあるお墓でした。台座には「宇」と「中」の二つの漢字があり、墓石の正面にはただ一字、「墓」とのみ刻まれていました。「中」は「中谷」の「中」、「宇」は中谷家の男の子に使う習慣があったという字で、「宇吉郎」「治宇二郎」の「宇」です。

このお墓をデザインしたのは中谷兄弟の伯父の中谷巳次郎です。巳次郎さんは中谷家の資産を蕩尽して大分の別府温泉に流れ着き、油屋熊八の協力を得て由布院に亀の井別荘を開きました。その亀の井別荘で病没した治宇二郎さんもここに埋葬されています。

中谷家再訪

中島町の共同墓地で中谷宇吉郎先生と中谷家の二つのお墓にお参りした後、思い立って金沢市の石川近代文学館に向いました。近代文学館は四高記念館と同じ建物の中に同居しているのですが、その建物というのは、宇吉郎先生が卒業した第四高等学校の前身の第四高等中学校の本館です。平成二十年四月、文学館と四高記念館が合体して「石川四高記念文化交流館」になりました。

四月五日、小松を発って東京に向いました。小松駅から北陸本線で直江津まで。直江津から越後湯沢まで。それから上越新幹線で上京し、原宿に中谷芙二子さんをお訪ねしました。前年十月以来、これで二度目になる訪問でした。芙二子さんとは三月はじめに亀の井別荘で再会し、そのとき再訪問の希望を伝えたところ、快く諒解していただいて、この日の訪問になった次第です。

宇吉郎先生は安倍能成先生と親しく、その安倍先生のお子さんに数学者の安倍亮《まこと》さんがいました。亮さんに妹がいて、宇吉郎先生のお弟子の花島先生と結婚したのですが、そのときの仲人は宇吉郎先生だったのだそうです。中島町共同墓地の中谷家のお墓をデザインしたのは巳次郎さんと教えていただいたのもこのときのことでした。札幌の中谷家は道路を挟んで北星女学園に面していました。もっと正確には、北星女学園の通用門と中谷家の玄関が向い合っていたのだとか。この種の話をいろいろうかがって、どれもおもしろかったのですが、このとき見せていただいた大量の手紙の山にはただただ仰天するほかはありませんでした。

書簡群の印象

半世紀あまりに及ぶ長い歳月にわたって中谷家に保管されていた書簡群の印象はめざましく、二十年の後の現在の時点から振り返っても、岡先生の生涯を知るうえで、フィールドワークの時期を通じて最大の発見であったことはまちがいありません。ざっと見たところ、昭和七年から昭和十八年あたりまでの期間にわたっていましたが、わけても昭和十一年と昭和十三年の書簡は重要で、岡先生が広島文理科大学を離れて帰郷を余儀なくされるにいたる諸事情が事細かに判明するとともに、調査の手がかりとなるいくつもの事柄がここかしこに現れていました。簡単に解明できるものではなく、手紙が書かれたのと同じくらいの長い時間が要請されるだろうと直観されました。

ちなみに、岡先生の学問を知るうえで決定的に重要な資料は岡先生の研究ノートですが、これは少し後に奈良で閲覧することができました。

原宿の中谷家訪問を最後に、先月末以来のフィールドワークは一段落した恰好になりました。次にフィールドワークに出るまでの二箇月の間、あちこちに電話をかけ続けました。当時のノートを参照すると、四月十四日には東京の今井富士雄先生にお電話しました。今井先生は中谷治宇二郎さんの考古学上のお弟子で、もうずいぶん御高齢でした。電話口で自己紹介などするとすぐに打ち解けて、治宇二郎さんから聞いたという岡先生のエピソードを話してくれました。岡先生は京大を卒業してすぐに京大の講師になったのですが、学生の扱い方がよくないというので園正造先生にしかられたことがあったそうです。岡先生は、これでもう見捨てられたと思いました。ところが意外なことに三高の教員にしてもらったので、驚いたというふうな話でした。治宇二郎さんからの又聞きでこのような話になったのであろうと思いますが、実際には岡先生は京大を辞めさせられて三高に移ったわけではなく、兼任することになったのでした。

四月二十一日には防衛庁の戦史部に電話して、図書館資料閲覧室の人と話をしました。岡先生のお父さんは日露戦役に従軍したことがあり、そのおり勲六等単光旭日章という勲章をもらったと、岡先生がエッセイに書いていました。この単光旭日章について詳しいことを知りたかったのです。

慶賀野の井ノ上さんに蛍狩りの話を聞く

この時期にはずいぶんあちこちに電話をかけました。中谷家で見せていただいた書簡の中に、昭和十一年六月に岡先生が広島で起したという事件を伝える記述がありましたので、もしかしたら当時の新聞に出たかもしれないと思い、四月二十二日のことですが、広島の県立図書館に電話して尋ねてみました。この予測は的中し、中国新聞の該当記事のコピーを郵送してもらえるよう、お願いしました。北海道の道立図書館にも電話をかけて、北海タイムスに掲載された記事のコピーを依頼しました。

四月二十九日、岡先生と直接の関係はないのですが、おうかがいしたいことがあって、大津の近江神宮に電話をかけました。教えていただいた話を略記しておきます。

昭和二十一年八月十四日、昭和天皇が吉田茂ほか首相経験者など十四名を宮中のお茶会に招かれたことがありました。この席で、昭和天皇は、日本の復興は私の手にある、天智天皇の力を借りなければできない、みなもそのように思ってつとめるように、という趣旨のことを語られました。同年十一月九日の夕方、元の侍従次長の稲田周一が近江神宮を訪れました。昭和天皇の御名代として派遣されたのですが、前触れのない突然の訪問でしたので、平田宮司はすでに帰宅していました。境内の宿舎にいた藤田権宮司が出勤し、平田宮司も急遽呼び戻されて、夜、戦後の復興祈願祭が執り行われたということでした。知る人ぞ知るというか、あまり知られていない事実と思います。

五月五日、橋本市の旧紀見村地区の慶賀野にお住まいの井ノ上俊夫さんにお電話しました。井ノ上さんは岡先生の紀見村時代を知る人で、前に紀見村を散策したとき、どなたかにお名前を教えられ、お訪ねしたことがあります。そのときはお留守でしたので、電話を試みてみたのですが、今度はお話をうかがうことができました。

昭和十五年ころにさかのぼりますが、井ノ上さんは小学生のころ、岡先生に誘われて、岡先生のお子さんもみないっしょに蛍狩りを楽しんだという経験の持ち主です。今日も行こうといって、岡先生が毎晩、誘いに来たそうです。菜種の実を出した残りの殻を竹の先にくくり、箒のような恰好にして蛍を取りに行ったという話をしてくれました。取った蛍は、もったいないと思ったもののみんな逃がしてやったとのことで、岡先生のエッセイの記述と一致します。田植えの前のことで、まもなく牛が入って田植えが始まりました。

あるとき岡先生が井ノ上さんに白雲を指し示し、どうだ、おまえ、あの雲を見たらどうだ、日本列島に見えないか、と話しかけたことがありました。ただそれだけのことですが、この「白い雲の話」は何かしら心にしみて、感慨がありました。

あるとき岡先生が溝を見て、はっぱが水にかかってふるえているのをじっと見ていたことがありました。これらは井ノ上さん自身の見聞ですが、井ノ上さんがお父さんから聞いたという話もありました。岡先生の粉河中学時代のことです。岡先生は入学当初は寄宿舎に入りましたが、鉄道が橋本まで通ってからは、本を白い風呂敷に包み、小脇に抱えて通学しました。井ノ上さんのお父さんは、帰りがけの岡先生に出会うと、潔さん、お帰り、と声をかけましたが、紀見峠まで歩いて帰宅する途中でさっとしゃがみこんで動かなくなり、地面に棒切れで何かを書き始めたりしたそうで、そんな岡先生の姿をしばしば見かけたということでした。

再び井ノ上さんの見聞にもどりますが、慶賀野に大福寺という無住のお寺があり、夏は涼しいので、岡先生はよく本堂の縁先で本や紙をもって勉強していました。朝のうちは西の方にいましたが、夕方になると東の方に移動していたそうです。岡先生はたいがい桐の下駄をはいていました。村の子どもたちが大福寺に遊びに行ったとき、岡先生を見つけると、先生おるでー、と言い合って、別の所に行って遊んだそうです。一心に思索に打ち込む岡先生の姿には気迫があり、子どもたちも子どもたちなりに畏敬の念を抱いたのでしょう。

新潟の北村家

井ノ上さんにお電話した五月五日には、新潟の考古堂書店にも電話をかけました。岡先生のいとこの北村四郎先生の著作『激動の中に生きて』が考古堂から出版されていましたので、購入したかったのです。北村先生は（旧制の）高知高等学校を出て新潟医科大学に学んだ医学者で、最後は（新制の）新潟大学の学長にもなりました。戦中は軍医として従軍し、インパール作戦に参加した体験をもっています。北村俊平さんの弟です。

前年平成八年の二月にはじめて紀見村地区に足を運んだとき、ちょうど橋本市の広報誌「はしもと」に岡先生と北村四郎さんがどこやらの庭先に並んで立ち、何かしら話をしている写真が掲載されていました（二十四頁）。岡先生はどてらにゴム靴という珍妙ないでたちでした。北村先生のことは以前、学習研究社から『岡潔集』（全五巻）が刊行されたとき、各巻についていた月報のひとつにおもしろいエッセイを寄せていましたので承知していたのですが、橋本市で写真を見て以来、北村先生のお名前が強く印象に残り、どのような人なのか、詳しく知りたいと思うようになりました。調査の第一歩が考古堂書店に電話をかけることで、このとき新潟の北村家の電話番号を教えてもらいました。

新潟の北村家にお電話したところ、奥様の信子さんに受けていただきましたので、まずはじめに自己紹介などして、それからお話をうかがいました。北村先生は新潟大学に赴任する前は福島医科大学にお勤めでした。昭和三十五年に岡先生が文化勲章を受けたとき、親授式に出席する岡先生御夫妻に北村純一郎さん御夫妻が付き添って、四人で上京しました。それから親授式の後、福島に行き、北村先生を訪ねました。北村家の官舎に泊まったのですが、狭かったため、子共たちは近所にあずけたと、信子さんが話してくれました。広報「はしもと」に掲載された写真はこのときのもので、場所は福島医科大学の官舎の庭先なのでした。

13 お伽花籠

初夏の札幌行

この年の五月にはほかにもあちこちに電話をかけました。実りがあることもあればなかったこともあり、的外れというか、大きな勘違いをして見当はずれのところに電話してしまったこともありました。五月二十六日、富田林にお住まいの北村さつきさんと電話で話をすることができました。さつきさんは北村純一郎を祖父にもつ人で、母親は純一郎さんのお子さんの三保子さん。三保子さんの弟が北村駿一です。北村駿一はずいぶん若いころ病気で亡くなったのですが、岡先生のエッセイにしばしば登場しますので、フィールドワークを始めた当初から注目していました。さつきさんと話をして、北村駿一の日記や作文、それにゆかりの人たちが寄せた追悼文を集めた本をお借りすることができました。それは『錦鳥善語』という本で、岡先生と北村俊平さんが序文を書いているうえに、岡先生のエッセイも収録されています。それと、北村純一郎さんの句集『わがもの』をいただきました。

六月はじめに札幌で科学基礎論学会があるというので出席することにして、まずはじめに広島まで行き、法安さんをお訪ねしました。法安さんが長年にわたって蒐集した中谷兄弟の往復書簡を見せてもらうというのが直接の目的で、できればコピーを作りたいと望んでいました。

法安さんはお父さんの治宇二郎さんを知らないのですが、お母さんの節子さんからいろいろな話を聞いていました。あるとき、節子さんが、これはお父さんからだと言って、ロシアのチョコレートを手渡してくれました。日本のものよりもちょっとにがいな、と思ったそうです。ときおりこのようなお話をうかがいながら、法安家のコピー機を使わせていただいて、すっかり暗くなるまで大量の文書をコピーしました。中谷兄弟が交わした書簡のあちこちで岡先生のお名前が目に入り、細やかな消息が伝わってきました。

科学基礎論学会は七日と八日の両日、北大で開催されました。

札幌散策

科学基礎論学会のこの時期の会長は、吉田洋一先生のお子さんの吉田夏彦先生でした。前に一度、お勤め先の立正大学にお訪ねしたことがありますが、そのおり誘われて科学基礎論学会に入会しました。それから久しぶりに札幌で再会し、昔の札幌にまつわるあれこれのお話をうかがいました。

お父上の洋一先生は俳号を魚太《うおた》というのですが、夏彦先生のお話によると、なんでも洋一先生は腎臓に病気があり、牛乳を毎日一升ずつ飲まなければならなくなったとのことで、快復してからも大量の水を飲む生活が続きました。それで、水は英語ではウォーターとなるというので、漢字を宛てて「魚太」と名乗ることにしたのだそうです。洋一先生にそのような病気があったとは初耳でしたし、これにはまったく驚くばかりでした。

戦前の札幌の簡単な地図を紙片に描いてもらい、岡先生が札幌に滞在中によく通ったという喫茶店「セコンド」「コージーコーナー」、和菓子の「ニシムラ菓子店」などの位置を教えていただきました。セコンドは昭和三十七、八年ころまで存在したということです。下宿屋「おぎの」の位置も判明しました。

かつて中谷家が存在したあたりを目当てにして札幌市内を散策しました。道路をはさんで中谷家の向い側にあったという北星女学校は、赤レンガの塀に囲まれて、校庭は緑のレーン。その中にクリーム色の美しい校舎が建っていたとのことです。北星女学校は「北星学園女子中学高等学校」と名を変えて、今も同じ場所にあります。山形屋旅館と今井百貨店の位置もわかりました。今井百貨店は丸井今井デパートになって今も存続していますが、民事再生法の適用を申請したというニュースを耳にしたことがあります。

戦中、岡先生がよく散策したという北大の附属植物園は札幌駅のすぐ近くにありました。駅の反対側に北大があり、構内を歩くと理学部の建物があり、近くに「人工雪誕生の地」の記念碑がありました。雪の結晶の形にデザインされた六角

名曲喫茶セコンドのラベル

形の白い御影石の石碑です。正面の下部に、英文で

BIRTHPLACE OF THE FIRST ARTIFICIAL SNOW
CRYSTAL
12 MARCH 1936
(最初の人工雪誕生の地　一九三六年三月十二日)

と記されていました。碑の裏面には長文の説明が刻まれていました。

人工雪誕生の地　この地は昭和十年十月　常時低温研究室が建てられた場所である　翌年三月　ここで理学部物理学科　中谷宇吉郎教授が　初めて雪の結晶を人工的に成長させることに成功した　人工雪の実験は同年十月天覧の栄に浴し　さらに数年たゆむことなく続けられ　ついに雪結晶生成機構が明らかにされた　この研究により同教授は昭和十六年五月　日本学士院賞を受けた

その後もこの三十平方米余の小さな低温室からは凍上　雷　着氷　円板氷結晶などに関する数々の先駆的研究が生み出された　これらの研究成果は本学低温科学研究所創立の気運を導きまたわが國雪氷学・雲物理学発展の基盤となったばかりでなく国際的にも高い評価を受けた　この研究室は昭和

十六年低温科学研究所分室となったが　後同研の拡張移転に際して理学部所管となり　昭和五十三年八月その使命を終えて撤去された
われわれはこのゆかりの地に碑を建て北海道大学が世界に誇る雪氷研究の原点を永久に記念する
昭和五十四年七月四日　　人工雪誕生の地記念碑建設期成会

題字の「人工雪誕生の地」を書いたのは、中谷先生のお弟子の関戸弥太郎先生です。

白山に岡田泰子さんを再訪する

平成九年初夏の札幌行の印象は非常に深く、後々まで記憶に残る旅になりました。飛行機ではなく、電車を乗り継いで札幌に向いました。東北新幹線で東京から盛岡まで。深夜、到着し、盛岡で一泊し、翌日の早朝、盛岡を発ったのですが、札幌に到着したのはお昼すぎの三時をすぎたころでした。駅前に植物園があり、入り口に「北海道大学附属植物園」と刻まれたプレートが目に入りました。よく見ると、「北海道」と「大学」の間に隙間があり、文字が二つ、削除された痕跡が認められました。これは「帝國」の二文字に違いないと思いました。

植物園を歩き、それから北大構内をひと回りしました。札幌市内もずいぶん歩き回りました。古書店では、往年の札幌の喫茶店の数々を紹介する小冊子を見つけました。北海道と札幌のことを知りたいと思い、北海道立文書館にも出かけていろいろな書物を閲覧したおりに、たまたま古い官報を手に取ると、戦前の各種の学校の入学者の氏名が掲載されたページが見つかりましたので、それなら岡先生が三高に入学したときのすべての同期生が判明するのではないかと思いあたりました。この予想は的中しました。三高や京大の岡先生の同期生を知りたいと、かねがね望んでいたのですが、官報に出ているとは、このときまでまったく気づかなかったのです。

六月九日、札幌を発ち、東京に向い、岡先生の妹の岡田泰子さんを訪ねました。泰子さんはこの年の四月十日、自宅を離れ、白山の特別養護老人ホーム「白山の郷」に移ったという消息を奈良で聞いていましたので、御様子をうかがいたいと思ったのです。

泰子さんはお元気で、かつて紀見村ですごしたころの思い出を話してくれました。柱本小学校には紀見峠から「馬転がし坂」を降りて通いました。北村赳夫さんと同級で、いっしょに通学しました。雷が鳴ると、おそろしくて坂を駆け上がり、北村家にかけこんで「かや」に入りました。そんなとき、赳夫さんは待っていてくれればいいのに、どんどん先に行ってしまいました。

岡先生も泰子さんも始終、北村家に行って、ご飯を食べたり、お風呂に入ったりしました。岡先生が柱本尋常小学校を卒業して紀見高等小学校に通ったとき、通学路は巡礼坂でした。泰子さんははじめ天見の相宅家から堺の女学校に通いましたが、祖父の文一郎さんが亡くなると、祖母のつるのさんが、さびしいからもどってくるようにと言ってきましたのでまた岡家にもどり、紀見峠から天見に降りて通学しました。お父さんの寛治さんと岡先生が送り迎えをしてくれました。

岡先生と泰子さんは結婚式が同じ日で、大正十四年の四月一日だったのですが、日取りが決まったのは別々だったところ、たまたま日が重なりました。そこで寛治さんは四月一日には岡先生の結婚式に出て、それから上京して泰子さんの嫁ぎ先の岡田家に挨拶に出向いたとのことでした。こんな話のあれこれをしばらくうかがいました。泰子さんにとってはもう何十年も昔のことになる思い出の数々です。

内田與八先生の消息をたどる

岡先生が粉河中学の生徒のころ、粉中には内田與八先生という英語の先生がいました。内田先生は寄宿舎の舎監でもあり、岡先生のエッセイにしばしば内田先生のお名前が現れますので、かねがね注目していたのですが、ここにきて思い立って山梨県の甲府にお住まいの内田仁さんにお電話しました。内田仁さんは與八先生の四男で、歯科医です。

六月十四日はお留守でした。十九日に再度お電話すると、今度はお話をうかがうことができました。與八先生は身延中学の初代の校長で、韮崎中学にお勤めの時期もあったということでした。お子さんが七人いて、男の子が四人、女の子が三人ですが、もう亡くなった兄弟姉妹もいる中で、所沢に末娘の橋本さよさんが健在と教えていただきました。

與八先生は徳島の阿波の出身で、男女四人ずつの兄弟が八人。明治十四年のお生まれで、九十一歳で亡くなりました。その後、内田家は無人になりました。教え子たちが寄贈した久遠荘という茶室が母屋に隣接していて、岡先生の色紙が飾られていますが、そこもまた空き家です。四男の仁さんは同じ敷地に別個に家を建て、歯医者を開業しました。與八先生の見るところ、先生には定年があるが、医者には定年がないというので、医師になるようにとお子さんたちにすすめたのだそうです。

これでまたフィールドワークの目標ができました。一度はぜひ甲府に出向きたいと思い、ともあれ所沢にお住まいの橋本さよさんに手紙を書くことにしました。

七月五日、大阪の大今里の中央光明教会に電話をかけました。岡先生が一時期、熱心に打ち込んでいたお念仏のことを知りたかったのですが、電話口に出た人が親切で、いろいろな話をしてくれました。岡先生が敬意を払っていた光明会の先達に清水恒三郎という人がいて、奈良の岡家には清水先生から岡先生に宛てたはがきや、岡先生が清水先生宛に書いた書簡の下書きが遺されています。清水先生は戦災にあってから各地を転々として、大阪の福島の地蔵寺に住んだこともありますが、後、昭和二十四年ころ大今里に移り、中央光明教会を起しました。昭和三十年二月、私が亡くなったら観音様になってこの地を守ります、と言い遺して七十九歳で亡くなりました。そこで、観音堂を建てて、今も祭っているということでした。

岡先生が清水先生を訪ねて大今里にやって来たこともあります。柳行李の弁当をもっていたそうです。大今里にも出かけてみたかったのですが、ついいつい後回しになりがちで、大今里行は今も実現していません。

京都学生光明会

この年の六月と七月にはずいぶんあちこちに電話をかけました。当時のノートを見返してみると、内田仁さんと中央光明教会のほかに、下記のような電話先が記録されています。

広島市の公文書館
奈良師友会、和歌山師友会、関西師友会
奈良市役所、奈良市教育委員会
橋本市の北村市長の兄の北村暾《きたむらとん》さん
大阪の茨木市の如来光明会、甲子園の田中光さん（光明会の木叉上人のお子さん）、和歌山の池田和夫さん（光明会）
日本郵船の九州支店、日本郵船横浜歴史博物館、神戸市立図書館、明石の兵庫県立図書館
広島の牛田の早稲田神社
伊豆伊東市の伊東市立図書館

京都産業大学（北大の功力先生の晩年のお勤め先）
奈良県立奈良図書館、同市立図書館
旧制高等学校記念館

それぞれ目当てがあっての調査のつもりだったのですが、次の調査につながるヒントが得られることもあれば、何も情報のないこともありました。和歌山にお住まいの池田和夫さんは早くから光明会の活動に打ち込んできた人で、池田さんには「梅ヶ畑の修道院」のことを教えていただきました。戦後まもないころ、梅ヶ畑の修道院ではしばしばお念仏のお別時が行われ、岡先生も何度も足を運んでいますので、どのようなところなのだろうと、前から関心があったのです。神戸の通照院の佐橋上人にお尋ねしたこともありました。佐橋上人にうかがった話と重なるところもありますが、池田さんの話では、梅ヶ畑の修道院を作ったのは恒村夏山という人で、お別時にはいつも二百人以上も参集したとのことです。恒村さんの没後、後継者の意向もあって取り壊されました。今は真宗のお寺が建っているそうです。梅ヶ畑はフィールドワークの対象となってしかるべき重要な土地ですが、今日にいたるまでとうとう出かけていく機会に恵まれませんでした。修道院は今はないとうかがったことも、原因のひとつではないかと思います。

恒村家では盛時には朝の三時から京都学生光明会の集まりがありました。聖護院の角の恒村医院は今もあり、内科の恒村麗子さんという医師が経営しているともうかがいました。熊野神社のすぐ近くです。京大の近くでもあり、その恒村医院でしたら京都に出かけたおりに何度も見かけたことがあります。

藤岡先生と木村先生

八月に入り、またフィールドワークに出かけました。最初の訪問先は大阪の西天満小学校でした。前年の二月、一番はじめのフィールドワークのおりに大阪の天満宮の近辺の壺屋町の近辺を散策し、かつて岡先生が通学した菅南尋常小学校を見つけようとしたことがありました。そのおり菅南小学校が見つかりましたので、ここに違いないと思ったのですが、背景に複雑な経緯があったことにまでは思いが及ばず、ぬか喜びに終りました。それでも菅南尋常小学校の面影を今日に伝える基本資料は現在の西天満小学校に保管されていることがわかりましたので、訪問の機会を探っていたという次第です。

フィールドワークも実際にはじめてみるととめどもなく規模が拡大するばかりで、簡単には収拾のつきそうにない様相を呈してきたのですが、この年の八月、心情が再び菅南尋常小学校へと傾きました。

あらかじめ電話で訪問の意向をお伝えし、午後、西天満小学校に到着すると、播本校長先生が待っていてくれて、校長室でしばらく懇談しました。具体的に知りたかったのは岡先生のエッセイに出てくる二人の先生のことでした。ひとりは藤岡先生という人、もうひとりは唱歌の女の先生というばかりでお名前はわかりません。播本先生にそのように伝えると、先生は少時席を離れ、戸棚から古びた書類を束ねたものを持ってきてくれました。拝見すると、岡先生が通学した当時の菅南尋常小学校に関する諸事項が記載されていて、その中に諸先生の経歴があり、たちまち消息が判明しました。

藤岡先生は大阪府出身で、明治二十一年五月三日のお生れで、明治四十三年十月十五日、天王寺師範学校を卒業して、同年十月十八日、菅南尋常小学校に赴任しています。数えて二十三歳のときのことです。岡先生のエッセイではフルネームはわからなかったのですが、はじめて藤岡英信先生とわかりました。

「唱歌の女の先生」については、なにしろお名前がわからないのですから、少々まごついたのですが、何人かの有力な候補者のうち、木村ひで先生に間違いないと判断されました。木村先生は大阪府出身で、明治二十年十一月のお生れ。明治四十二年十二月二十日付で菅南尋常小学校に赴任しています。師範学校出身ではなく、高等女学校出身と思います。このような諸事実は西天満小学校に出かければ難なくわかることばかりなのですが、そのような場所は世界中でここだけなのですから、どうしても足を運ばなければなりません。何事かを知ろうとするのであれば、フィールドワークはやはり不可欠な作業です。

八月九日、大阪市福島区の地蔵寺を訪問しました。光明会とゆかりのあるお寺で、岡先生も何度か訪れたことがありますので、ともあれ出かけてみたのですが、応対に出た人は岡先生を知っているようでもあり、知らないようでもあり、なぜかまったく話が通じないという珍妙な事態に陥ってしまい、何も得るところのないままおいとましました。

それから二週間ほど間があいて、八月も下旬に向い始めたころ、まず京都大学を訪問し、それから大阪の吹田の国際児童文学館に出向きました。京大では戦前の京都帝大の時代の面影を今に伝える文献群の閲覧をめざしました。実際に足を運んでみるとどうも思うにまかせず、理学部でミニ博物館と銘打たれた小規模な展示を見たことと、附属図書館で『京都帝国大学一覧』『第三高等学校一覧』などを見た程度のことに終りました。実は教養部の図書館の一室が三高資料室にあてられていて、三高とその時代に関連のある大量の文献が蓄積されているのですが、このときの訪問の際には気づきませんでした。

『お伽花籠』を求めて

大阪国際児童文学館訪問の目的は、少年時代の岡先生が愛読したという童話集『お伽花籠』を閲覧することでした。あまり見かけない本なのですが、さすがに児童文学館と名乗るだけのことはあり、事前の調査でここに所蔵されていることがわかりましたので、実物を見に出かけたのです。その実物の『お伽花籠』をいよいよ手に取ってページを繰ると、序文と「はしがき」は紫色の文字、緒言は薄い緑色の文字で書かれているというふうで、きれいな本でした。序文、はしがき、それに緒言と揃っているところは大仰な印象もありましたが、花籠に相応しい豪華な感じでもありました。目次の文字は黒で、赤い線で枠が引かれていました。本文は黒字です。

『お伽花籠』

少年の日の岡先生の心情を深遠な喜びでいっぱいにしたという、「魔法の森」という作品もはじめて見ることができました。岡先生のエッセイでは著者は武田櫻桃となっているのですが、これは岡先生に特有の勘違いであることもわかりました。実際の作者は窪田空々で、杉浦非水が挿絵を添えています。武田櫻桃の作品は「錦太郎《にしきたろう》」というもので、挿絵は浮世絵師の宮川春汀《みやかわしゅんてい》という人でした。コピーを入手したいと思い、所定の手続きをして児童文学館を離れました。

ホテル「グランヴィア」の「かぎろひ忌」に出席する

九月二十七日、京都ビルのホテル「グランヴィア」を会場にして「かぎろひ忌」の集いがありましたので、出席しました。例年の通りですと十月の「風日」の歌会を指して特に「かぎろひ忌」と呼んでいるのですが、この年はちょうど保田先生の十七回忌にあたっていましたので、ゆかりの人びとに幅広く声をかけ、大掛かりな集りが実現することになりました。何か都合があって、九月の歌会が「かぎろひ忌」にあてられることになったのでしょう。

久しぶりに栢木先生と補陀さんにお目にかかり、保田先生の奥様に御挨拶しました。同じテーブルでいっしょになった出席者の中に、和歌山から来たという梅田恵以子さんという人がいて、言葉を交わすと、昭和四十三年の秋に保田先生や岡先生たちといっしょに和歌浦に行ったということでした。龍神温泉の旅に同行したというのですが、この旅は二泊三日で、一日目の宿泊先は和歌浦の東邦荘という旅館でした。梅田さんは東邦荘で一泊しただけで、二日目の龍神温泉行には同行しなかったとのこと。ともあれそんなわけでしばらく東邦荘でのあれこれのお話を拝聴するという恰好になりました。

梅田恵以子さんの話によると、東邦荘の集まりに参加した人の中に高専の学生らしい若い人がいて、岡先生に向かって、「搾取ということについてどう思いますか」と尋ねるという場面がありました。すると岡先生は、早口で何事かを言い、それから、「おまえ、死ね」「死んでしまえ」と言って、学生を見据えたのだそうです。一同しーんと静まり返り、まるで殺人でも起りかねないかのようなものすごい雰囲気になったということでした。ちょうど新宿で騒乱事件があったばかりですので、岡先生の心情にも影響が及んでいたのではないかというのが梅田さんの推定ですが、それからどうなることか思っていると、岡先生は一転して「日《やま》本武尊《とたける》」の話を始めました。

補陀さんと話をする機会がありましたので、龍神温泉の旅の話をうかがいました。一日目は東邦荘の運転手が運転する車に同乗して、補陀さんが岡先生御夫妻を駅にお迎えに行きました。二日目は一同、車で龍神温泉に向いました。二手に分かれ、保田先生と胡蘭成たちは高野山経由、岡先生たちは田辺経由でした。宿泊先は上御殿《かみごてん》という旅館で、そこに龍神綾さんというお嬢さんがいて、今は女将さんになっていて健在とのこと。その龍神綾さんが、土地の若い人たちが先生方のお話を拝聴したいと希望している、ついては廊下で漏れ聞くのはさしつかえないでしょうか、と尋ねてきました。これは実現した模様です。

こんなふうにお話をうかがっていると、龍神温泉の旅の様子がだんだん具体的に思い浮かべられるようになってきました。

紀見峠の岡家と桜井の保田家のつながり

補陀さんの話によると、上御殿では岡先生と保田先生と胡蘭成が食事をしながら自由に語り合うのを、みなで拝聴するという恰好になったということでした。同行者は非常に多く、全部で二十人とも三十人ともいうのですが、後日、お手紙をいただいて全員のお名前を教えていただきました。若い人も多く、中には高校や学習塾の先生もいました。胡蘭成が日本の歴史を論じ、岡先生と胡蘭成の二人で平家を評価するという場面もありました。

二次会の席で、補陀さんも交えて保田節子さんと話をする機会がありました。節子さんは保田先生の次男の悠紀夫さんの奥さんで、父は玉井栄一郎さんです。このあたりの縁戚関係について詳しくうかがいました。御所市水泥《みどろ》の西尾家にきみえさん、としえさんという姉妹がいて、きみえさんは玉井家に嫁ぎ、としえさんは天見の相宅家に嫁ぎました。としえさんのご主人は相宅才蔵という人です。

相宅家のことなら泰子さんにうかがったことがあります。話が細かくなりますが、岡先生と泰子さんの祖父の文一郎は男ばかり四人兄弟で、順に文一郎、源一郎、貫一郎、正一郎といい、四男の正一郎が相宅家に養子に入りました。その子供が相宅才蔵なのですが、何かしら事情があったようで、才蔵さんは幼児、紀見峠の岡家に預けられ、岡先生の祖父母の文一郎とつるのさんの手で育てられたということでした。相宅才蔵は後、相宅家の当主になり、泰子さんは相宅家に寄宿して堺の女学校に通った一時期がありました。そんなわけで相宅家と岡家は親戚筋になります。

相宅才蔵の奥さんの姉が玉井家に嫁ぎ、そのお子さんが栄一郎さん。そのまたお子さんが節子さんで、節子さんが保田家に嫁ぎました。というわけで、少々遠い関係にはなるものの、紀見峠の岡家と桜井の保田家もまた親戚であることになります。そんなこともあって、保田先生はずいぶん早くから岡先生のお名前を承知していたということでした。

14 三枚の色紙

和歌山県師友協会 第5回総会（昭和37年）

四條畷の成人教学研修所に伊與田先生を訪ねる

「かぎろひ忌」の後も京都に逗留し、翌九月二十八日には岡先生と御縁のあった伊與田《いよた》覚《さとる》先生にお目にかかるため、四条畷に出かけました。伊與田先生は東洋思想家の安岡正篤の高弟で、四条畷の山の上で成人教学研修所を主催していますが、ここに何度も岡先生を招いて講義をお願いしたということでした。その間のあれこれを詳しく教えていただきたいと申し出て、この日の訪問になりました。伊與田先生の師匠の安岡正篤もまた岡先生と交友がありましたので、そのあたりのお話をうかがうことも目的のひとつでした。前もって電話をかけて、岡先生のことをうかがいたいのですがと申し出たところ、伊與田先生は、いやあ、岡先生、なつかしいなあ、と嘆声をあげたものでした。

岡徳楼
前列左から３人目が岡先生.
４人目は安岡正篤.

ＪＲ四条畷駅のすぐ近くに、小楠公こと楠正行を祭った四条畷神社があります。少時散策し、それからタクシーで成人教学研修所に向いました。車中、運転手さんに、あなたもどこかの会社のお偉いさんですか、と話しかけられて、意味をつかめなくて少々とまどいました。成人教学研修所というのは全国各地のいろいろな会社の社員研修の場所として使われているようで、それも幹部社員の養成所のような感じを受けました。そんな人たちがよくタクシーを利用して、成人教学研修所に向うというので、先ほどの質問になったのでした。伊與田先生は所長ですが、講師でもあり、論語をはじめ広く東洋思想を講じています。

伊與田先生の話をそのまま再現すると、岡先生とはじめて会ったのは昭和三十六年とのことでしたが、これは昭和三十七年ではないかと思います。昭和三十二年に関西師友協会よりも少し遅れて和歌山に師友会ができて、その三、四年後に岡先生を呼んで講演をしていただいたのだそうで、そのとき安岡正篤の講演もありました。それから新和歌浦の岡徳楼というホテルに場所を移して二次会があり、伊與田先生も同席しました。岡先生と安岡正篤は波長が合ったようで、大いに語り合い、共鳴し合ったということでした。岡先生は大酒して、三高ではなくて一高の寮歌を最後まで歌いました。安岡正篤は一高から東大に進んだ人ですので一高の寮歌になったのだろうと思いますが、三高から京大に進んだ岡先生も一高の寮歌をよく知っていたのでした。「ああ玉杯に花受けて」と歌ったのでしょう。

安岡正篤は、岡先生と小林秀雄の有名な対談に言及し、ぼくと岡さんが対談すればもっとましな対談ができたのに、と言ったことがあるそうです。

成人教学研修所の洗心会

関西師友協会や和歌山師友会など、一般に師友会というのは戦後、安岡正篤が中心になって各地に設立した会の総称ですが、伊與田先生はその師友会の専門道場として成人研修所を設立しました。伊與田先生と安岡正篤とは昭和十年ころにさかのぼる古いお付き合いがあり、そのころ安岡正篤は金鶏書院（大阪）や金鶏学院（東京）を主催していました。

昭和二十一年一月三日、伊與田先生は太平思想研究所を設立し、ここに京都学派の諸先生にお出でいただいて講義を行ってもらったそうです。京都学派というのは西田幾多郎の影響下にあった京都大学の哲学者や歴史学者や宗教学者たちの総称で、終戦後、学園内外の社会思想の急変を受けて相次いで大学を追われるということがありました。伊與田先生はそこに着目し、それならぜひひと講演をお願いしたということでした。

昭和二十四年、東京に師友協会ができました。県単位の師友会のことを特に「協会」と呼んで区別したのだそうですが、その後、各地に師友会、師友協会ができましたので、東京の師友協会をさらに区別して、東京師友協会と呼ぶことになりました。

昭和四十四年に成人教学研修所ができて、それから昭和四十五、四十六年の天皇誕生日に岡先生に講演をお願いしました。また、あるときの集まりでは各企業から選抜された人たちが半年間にわたって研修をするということがあり、そのときも岡先生が招聘されました。みな礼儀正しく、正座して、丁寧に礼をしました。まるで海綿が水を吸うように話を聴いてくれると言って、岡先生は非常に感動していたということです。帰り際、玄関で靴を履くとき、右と左が逆になっていました。それで伊與田先生が、先生、それ逆やないですか、と声をかけると、岡先生は、あっ、そうですな、西洋の履物は便利が悪いですな、と応じて、そのまま車で帰っていったそうです。

その当時は道が悪くてでこぼこでした。車がはねたりしますので岡先生の御機嫌が悪く、こんな道の悪いところにはもう来ないと言ったりしました。こんなふうなおもしろい話がいくつもありました。

昭和二十八年には大学生の勉強の場という考えで有源学院が創設され、大阪大学と京都大学の学生が中心になって、毎月第一日曜日に大阪で勉強会を開催しました。大塩平八郎の私塾を洗心洞といい、その洗心洞で戦前から講義を続けていた人がいました。それが戦争で中断していましたので、伊與田先生がその精神を受け継いで、昭和三十年五月一日のメーデーの日にメーデーの会場で洗心講座を開きました。これを洗心会の始まりとして、成人教学研修所では春秋二回、洗心会が開かれました。春の洗心会の日は天皇誕生日（昭和天皇）、秋の洗心会は十一月三日の文化の日。岡先生が招聘されたのは、その洗心会の日のことのようでした。

伊與田先生と胡蘭成

伊與田先生は早くから胡蘭成をよく知っていた模様です。胡蘭成は日本に亡命して、一時期、池田篤記の家に逗留していましたが、池田さんは東京外国語大学の中国科を出た人で、安岡正篤に傾倒していたのだそうです。それなら安岡正篤を通じて伊與田先生と胡蘭成の交友が始まったということになりそうです。昭和三十二年には関西師友協会に胡蘭成を招いて講演をしてもらうということもありました。

大阪の高島屋で胡蘭成の書の個展が開催されたとき、伊與田先生が出かけていくと、そこに岡先生御夫妻がいました。伊與田先生が挨拶して、今は四条畷にいると伝えたところ、岡先生は「青葉繁れる桜井の」と、桜井の駅の別れの歌を歌い始めました。伊與田先生も胡蘭成もこれに唱和し、買い物客たちもみな寄ってきて全員で大合唱になったということでした。

岡先生が胃潰瘍で大阪の労災病院に入院したときは、伊與田先生もお見舞いに出向きました。そのとき岡先生は、コーヒーが好きだというので、あちこちからコーヒーを送ってくる、飲んでいるうちに胃を悪くした、などと言ったそうです。

それから、岡先生が高畑の新居に転居して間もないころ、お訪ねしたそうです。文化勲章を受けて、年金がついているのがうれしいと言ったとか。新聞社から原稿を頼まれているのだが、壁にぶつかってしまい、まったく何も浮ばなくなって十日ほどになるというので、伊與田先生が易の話をしたところ、岡先生は突然、はっきりわかりました、これで書けます、と言いました。とても喜んで、帰途につく伊與田先生を新薬師寺のあたりまで見送ってくれました。これが最後のお別れになりました。

こんなお話のあれこれをうかがい、それから埼玉県に安岡正篤記念館があると教えてもらい、「安岡正篤先生年譜」を見せていただきました。ほぼ毎日のように記事が続く浩瀚な年譜で、このような年譜がありうるのだろうかと、驚きあきれるばかりでした。お願いして拝借して辞去し、またタクシーで山を降りました。

恒村医院訪問

岡先生の没後、伊與田先生が岡家をお訪ねしたとき、岡先生が書いた色紙が何枚か目に留まりました。その一枚に書かれていたのは、

さめたる人を神といい
ねむれる神を人という

という言葉でした。これには大いに感心したと伊與田先生は言われましたが、このとき実際にこの色紙を頂戴したのかどうか、はっきりした記憶がなく、ノートにも明記されていません。

成人教学研修所を訪問したのち、京都の熊野神社の交叉点の近くの恒村医院を訪ねました。今は恒村家のお嫁さんの麗子さんが医師になって、恒村医院を継承しています。

以下、恒村麗子さんにうかがった話です。恒村夏山先生にはゆきえさんという長女と、もうひとり、次女がいたのですが、次女は三歳のときはしかで亡くなりました（後日の調査によると、次女はすみえさんという名で、六歳のとき亡くなりました）。これがきっかけになって恒村先生は光明主義のお念仏をするようになったのですが、恒村先生本人より先に奥さんが弁栄上人に会い、入信しました。恒村医院では毎朝五時から二時間ほどお念仏をして、それから朝食です。お念仏に参加する人はあちこちから集ってきました。毎週、水曜日は学生光明会の集りがありました。梅ヶ畑の光明修道院では、五月の連休のころ、一週間のお別時がありました。早朝三時に起きて、終日お念仏を続けるのです。

岡先生が恒村医院にやってきたときのことですが、岡先生は、「どうして念仏をするのですか」と恒村先生に尋ねたそうです。わかったふうなことは言わずに、素朴な疑問を率直に持ち出す先生だったというのが、麗子さんの感想でした。

恒村先生は昭和三十五年一月十三日に亡くなりました。

梅ヶ畑の修道院は昭和四十六年までそのままになっていましたが、湿気が多く、庫裡がぼろぼろになりました。それで本堂は右京区の妙心寺に移築されて、大仏次郎の持仏堂になったとか。修道院の跡地はさら地になったのですが、京都市内のお寺からゆずってほしいとの申し出がありました。それで夏山先生の弟に相談したところ、お許しが出ましたのでゆずることになりました。今は浄土真宗の「ちょうこう寺」（この名前はまちがっているかもしれません）が建っています。

このようなお話をひとしきりうかがい、それから光明会関係の書物を何冊かいただいてお別れしました。このときいただいたのは、あるところにはあるが、あるところにいかなければ決して手に入らないという種類の稀少で貴重な冊子ばかりです。

甲府行

恒村医院を訪問した後、その日のうちに上京し、橋本正臣さんとさよさん御夫妻の案内を得て甲府に向いました。岡先生の粉河中学時代の内田與八先生のお宅をお訪ねしようというのです。橋本さよさんは内田先生のお子さんで、所沢にお住まいです。前日、電話で話をして、西部池袋線の小手指駅で待ち合わせることになりました。初対面でしたが、小手指駅を出ると車が留まっていて、すぐに橋本さんとわかりました。同乗して中央自動車道で甲府に向いました。途中、談合坂サービスエリアでひと休みして、それから甲府に入り、快川和尚の「心頭滅却すれば火もまた涼し」で知られる武田信玄の菩提寺、恵林寺を見学しました。甲府というと武田信玄ばかりで、何かというと信玄を持ち出すのだと、橋本さんの註釈がありました。

内田家は残されていましたが、住む人はなく、鍵をあけて中に入ると、ついこの間までどなたかが住んでいたかのような状態で、そのまま塵やほこりにまみれていました。橋本さんが持参したスリッパをはいて奥に向うと、「英語記憶箱」と書かれた紙片を貼った木の小箱がありました。英語教師の内田先生は、英語関係のあるあれこれのことをメモして、メモした紙片を箱に入れて保管したのだそうです。教え子の中学生たちの作文の束もありました。さらに奥に進むと「久遠荘」という茶室がありました。これは身延中学の教え子たちが寄贈したのですが、そのおりに中心になったのは自民党の政治家の金丸信です。金丸信は内田先生を尊敬していたようで、内田先生が亡くなったときの葬儀委員長でもありました。

久遠荘にもほこりが積っていましたが、岡先生のエッセイ集が置いてありました。『春宵十話』『昭和への遺書』『曙』『神々の花園』などですが、岡先生が謹呈したようでした。岡先生が粉中時代の思い出を書いたエッセイが掲載されている新聞の切り抜きがあり、内田先生が登場する箇所に赤線が引かれていました。戸棚の中にいろいろなものが収納されていましたので、橋本さんに協力していただいて探索すると、数枚の大型の写真が出てきました。内田先生の粉中時代の写真で、毎年の卒業写真のようでした。当時の中学生たちにまじって内田先生の姿もあり、岡先生も見つかりました。

内田先生は明治十四年八月二十日、徳島県三好郡辻町西井川というところに生れた人で、徳島県師範学校を経て東京高等師範学校に進みました。当時の東京高師の校長は柔道の嘉納治五郎です。英語科を卒業し、中学の教師になり、最初に赴任したのは福島県安積《あさか》中学で、ここで久米正雄を教えました。安積中学の次の赴任先が粉河中学です。

内田先生の日記より

内田先生は和歌山の粉河中学の後、鳥取の倉吉中学に移り、それから甲府に移動しました。甲府では甲府中学の教頭になり、次いで身延中学で校長を十年、さらに韮崎中学で校長を十年勤めました。赴任するとプールを必ず作り、生徒に手伝わせて校庭の回りに桜を植えたということです。

四国の郷里を離れて上京したのが十九歳のときのことで、中学の教師になってから甲府に落ち着くまで、福島、和歌山、鳥取と移動を重ねました。昭和四十七年八月末、九十一歳で亡くなりました。武田神社の近くにお墓があり、橋本さん御夫妻といっしょにお参りして、それから甲府を離れました。

久遠荘には岡先生の色紙がありました。

めぐり来て
梅懐しき
匂ひかな
岡潔

句がひとつ書かれたうちわもありました。句の作者はみちさんです。

相逢はで
つひの別れか
月見そふ
みち

内田先生の日記帳もありました。岡先生が内田先生を訪ねたころの日付を目安にして閲覧すると、昭和三十五年十一月八日の記事が目に留まりました。

三十五年（火）十一月八日
岡潔兄来
晴
本日以外（ママ）にも文化賞岡潔岩・・一良来宅。驚いた。
一日中話して午后五時帰京した。

これは岡先生が文化勲章を受けた時期の記事です。「岩・・一良」のところは、字がひとつ読み取れなかったのですが、人の名前のようですし、おそらく東京近辺に在住の粉河中学の同窓生ではないかと思います。十一月五日には東京で同窓会主催の祝賀会が開かれましたから、その席で内田先生の消息を聴いたのでしょう。

　昭和三十八年四月二十三日（火）の記事を見ると、「箕田貫一に筍の礼状」と記され、次いで歌が一首、書き留められています。

　　麒麟児を教へ育てし紀の川の
　　　丘の上なる学舎恋しき

　この歌に詠まれている「麒麟児」は箕田貫一ひとりというわけではなく、内田先生の念頭には岡先生や、ほかに何人もの粉中の教え子たちが浮んでいたことと思います。

　箕田貫一は粉中時代の内田先生の教え子で、岡先生の少し先輩になります。粉中時代の教え子が甲府に移った恩師のもとに筍を送ってきたので礼状を書いたというのが日記の記事の内容ですが、金丸信たちは久遠荘をプレゼントし、岡先生もまたわざわざ甲府まで足を運んでいることですし、「先生は辞めても先生」で、内田先生はいつまでも生徒に親しまれるよい先生でした。

上御殿に残る三枚の色紙を見る

内田先生のお宅を訪ねる甲府行を最後に、このときのフィールドワークは一段落しました。収穫は多かったのですが、内田家を訪ねてもっとも強く心を打たれたのは、実は空家になったままの内田家の家屋のたたずまいそのものでした。内田先生は四国から東京に出て中学校の教師になり、各地を転々とした後に甲府に居を構え、甲府で亡くなりました。そのお宅がそのまま残されていて、平成九年の秋十月のある日、ぼくの眼前に現れました。もうだれも住んでいない家ですが、足を踏み入れればここかしこに生活の歴史が色濃くにじんでいます。内田先生が使っていた「英語記憶箱」もあれば、甲府の中学生たちの作文の束もありましたし、粉河中学時代の卒業写真さえ、見つかりました。そんな中に内田先生本人だけが不在です。何というか、「歴史」というものの真実の姿をありありと感じたものでした。言葉になりにくい感慨ですが、岡先生の評伝もまたこのときの感慨を基礎にして書いていけばいいのだと思ったことでした。

十月のある日、龍神温泉の旅館「上御殿」に電話をかけました。昭和四十三年の岡先生たちの龍神温泉行の調査の続きのつもりだったのですが、おりよく龍神綾さんが電話に出て言葉を交わすことができました。平成九年の時点からさかのぼると二十九年の昔の出来事であるにもかかわらず、綾さんは、よく覚えています、と言って、栗ご飯と松茸ご飯を炊いてお出ししたことなど、当時のことを話してくれました。綾さんは久保田万太郎が主催する俳句の雑誌「春燈」の愛読者だったとのことで、その「春燈」誌におりしも與謝蕪村の詩「北壽老仙をいたむ」の鑑賞が載っていました。それを岡先生にお見せしたところ、岡先生は手にとって部屋の真ん中に立ち、朗々と朗読を始めたということでした。

数日後、綾さんから大きな郵便物が送られてきました。あけてみると、その與謝蕪村の詩の鑑賞が載っている「春燈」誌の実物と、それに、岡先生、保田先生、胡蘭成の三人が龍神温泉で書いた三枚の色紙が入っていました。これにはまったく感激しました。

それからしばらく上御殿に出かける機会をうかがっていたのですが、今だに果たせません。伊豆の伊東温泉のような重要な場所にも、やはり出かけられませんでした。フィールドワークも万全とは言えず、温泉地などはもっとも苦手な部類に属します。

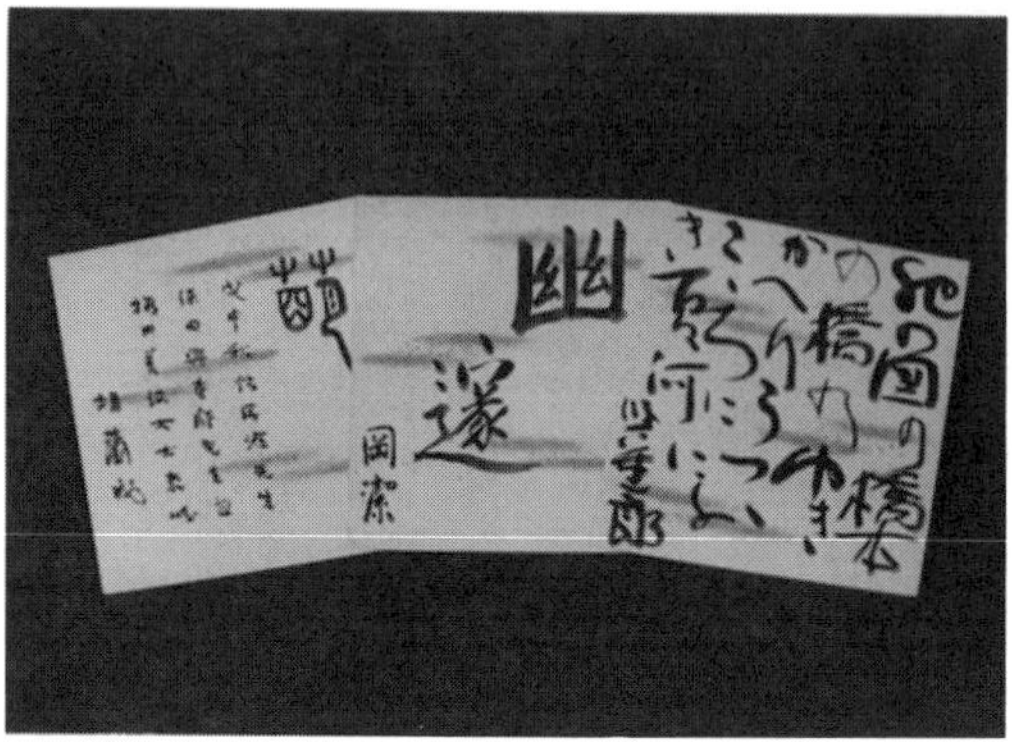

龍神温泉にて

色紙　左から胡蘭成、岡潔、保田與重郎

龍神温泉にて

15 国民文化研究会

亜細亜大学に夜久先生を訪ねる

十月末、国民文化研究会すなわち国文研の事務局長の山口秀範さんに連れられて、亜細亜大学に夜久正雄先生を訪問しました。国文研は小田村寅二郎先生を会長とする思想団体で、毎夏、全国の大学生を集めて合宿教室を開催していますが、岡先生は二度、小田村先生の招聘を受けて合宿教室で講義を行ったことがあります。昭和四十年の夏は大分県別府市の城島高原で第十回目の合宿教室があり、岡先生は「日本的情緒について」という題目を立てて講義をしました。次に、昭和四十四年の夏には、熊本県の阿蘇内牧温泉で第十四回目の合宿教室が行なわれ、岡先生は今度は「欧米は間違っている」という題目で講義を試みました。岡先生の足跡調査を重ねている中でこのようなことがわかりましたので、もっと詳しい諸事情を知りたいと思い、銀座の国文研の事務所に出かけました。その時期はこの年、すなわち平成九年の春の大旅行の末に東京にたどりついたときのことでした。毎年の合宿教室の記録や、国文研で発行している書籍を購入したいと思い、事務局の山口さんとしばらく話をして、親しくなりました。

それから国文研に所属する人たちとの交流が始まり、その延長線上で、山口さんの仲介を得て、夜久先生を訪問してお話をうかがうという成り行きになりました。夜久先生は古事記研究で知られる国文学者ですが、小田村先生の古い友人で、もとより国文研の会員です。

夜久先生は岡先生とはじめて会ったときのことを話してくれました。亜細亜大学に鯨岡喬先生という柔道九段の体育の先生がいて、夜久先生と親しくおつきあいをしていました。鯨岡先生のお子さんが岡先生の長女のすがねさんと結婚しましたので、鯨岡先生は岡先生の親戚になるのですが、その鯨岡先生があるとき、岡先生を紹介するからいっしょに来ないか、と夜久先生を誘いました。岡先生が上京して千駄木の岡田先生のところに逗留しているから、というのでした。夜久先生はこのお誘いに乗り、岡先生との出会いが実現しました。それがいつのことだったのか、夜久先生は、わからない、と言い、ある日、あるとき、というばかりでしたが、諸事を勘案して推定すると、おそらく昭和三十九年の春四月、中谷宇吉郎先生の三回忌の法要があったときのことであろうと思います。

岡田家で岡先生に会った夜久先生は、国語国字問題について所見を述べました。戦後の国語改革の結果、学校では漢字は新字体を教わることになりました。従来の略字がそのまま新字体として採用された例も多く、そうすると学校では略字を書かなければならないことになり、家庭で母親が正字を教えることができなくなってしまいました。仮名遣についても同様で、母親が歴史的仮名遣を教えると、学校ではまちがいとされてしまいますので、教えることができません。これが、戦後の親子の断絶の始まりだというのが夜久先生の所見でした。

対話篇「人間の建設」のきっかけ

今日では母親が子どもに間違ったことを教えなければならなくなった、と夜久先生が嘆息すると、岡先生は、「なおさなければならない」と言下に言い放ちました。これを受けて夜久先生は、「しかし、そうするとまた同じことになってしまう。それはどうかなと思うことがあるので、このごろは新仮名遣を使うこともある」と応じました。また同じことになってしまう、というところは意味がつかみにくいのですが、不本意ではあっても現状は現状として認知しなければならないというほどの、いくぶん妥協気味の姿勢を示したということでしょうか。家庭では正しい仮名遣と正しい字体を教え、学校ではまちがった仮名遣とまちがった字体を教えるというのでは、あまりにも現実と乖離してしまうというのでしょう。岡先生はそんな配慮はしない人ですから、それはいかん、正しいことは正しい、と大喝しました。これで夜久先生の気持ちがかたまり、新仮名遣に抵抗していく決意を新たにした、と話してくれました。

続いて夜久先生は小林秀雄の話をしました。小林秀雄は「春宵十話」を読んでいて、朝日新聞に感想を寄せていました。それは「季」というタイトルのエッセイです。夜久先生が岡先生にそのことを話したところ、岡先生は、「それではすぐに小林さんに会おう。君、電話をかけてくれ」と言いました。電話をかけて、これからすぐに小林さんのところに行こうではないかというのですが、これには夜久先生も仰天し、小林さんとそんなに親しいというわけでもないし、そんなことを今すぐに頼めるわけがないと常識的に応じたところ、岡先生は非常に不満そうな表情を隠しませんでした。

周囲の人たちが、というのは岡田先生や泰子さんや鯨岡先生たちということになりますが、初対面の夜久先生にそんなことを頼むのは非常識だと、みんなして岡先生をなだめたりたしなめたりするという騒ぎになりました。それで夜久先生が、小林さんに手紙を書いて岡先生の意向を伝えますと発言し、ようやくこの場がおさまりました。

後日、夜久先生はこのときの約束を実行し、小林秀雄に手紙を書いたところ、小林秀雄から返信のはがきがあり、岡さんには自分も会いたいと思っている、いずれその機会があるでしょう、というほどのことが記されていました。これが、岡先生と小林秀雄の名高い対話篇「人間の建設」のきっかけです。

一枚のはがきの行方

岡先生と小林秀雄との対談のきっかけを作ったのが夜久先生だったとは実に思いがけないことで、八年におよぶフィールドワークの中でも屈指の発見と言わなければなりません。おそらく小林秀雄が新潮社にもちかけて実現したのだろうと、夜久先生は推測するのですが、それでまちがいないとぼくも思います。小林秀雄にとってもはじめての対談でした。夜久先生は、小林秀雄からいただいたはがきは紛失したと言われたのですが、後日、国文研の学生寮「正大寮」の書棚で見つかりました。その書棚というのが、実は夜久先生が寄贈した本を並べた棚で、そのうちの一冊にはさまれていたのでした。

岡先生と小林秀雄の対談は昭和四十年八月十六日に京都で行われました。ちょうど大文字焼き（大文字の送り火）の日のことで、対談の場所に設定された料亭から山焼きの様子がよく見えました。対談のはじまりはこの山焼きで、岡先生は、山を焼くとは何だ、と小林秀雄にくってかかったなどといううわさが流れていますが、小林秀雄が頭をさげて同意して、この件はおさまりました。小林秀雄が、私は辰野隆《ゆたか》の弟子です、と言うと、岡先生は、それならよろしい、と応じ、それから対談が進み始めました。岡先生の妹の泰子さんのご主人の岡田先生も東大の仏文科の出身で、やはり辰野先生のお弟子です。

小林秀雄は国文研の合宿教室に何度も出かけて講義を行いましたので、岡先生との対談の後にも夜久先生と出会う機会が何度もありました。岡先生が亡くなった年の夏も小林秀雄が講義を担当したのですが、夜久先生に向かって岡先生のことばかり話し、君は岡さんの何なのだ、などと尋ねたりしたそうです。親戚と思っていたみたいでした。あの人は天才だ、と言い、岡先生のことが好きで好きでたまらない様子でした。やはり合宿教室の場でのことですが、小林秀雄が岡先生の「春宵十話」をほめたところ、木内信胤《きうちのぶたね》が、あれは人が書いたものだ、そう言っている人がいる、と口をはさみました。毎日新聞の松村記者による口述筆記であることを指して、そんなことを言ったのでしょう。すると小林秀雄は大いに怒り、木内なんか、見るのも嫌だ、だれが書いたのか知らないが、元がたいせつだ、と言って大いに木内さんにからんだということです。

合宿教室での講義「日本的情緒について」

岡先生が国文研の合宿教室に招聘されてはじめて講義をしたのは昭和四十年の八月の末のことで、ちょうど小林秀雄との対話が行われた直後のことでした。その年の二月、夜久先生と小田村先生は連れ立って奈良に岡先生を訪ね、出講をお願いしました。二人で庭先に顔を出したところ、そこに岡先生がいました。縁側から上がりました。みちさんが出してくれたお茶が、ものすごくおいしかった、と夜久先生は語気を強めたものでした。お料理もいただいたのですが、これもまたすばらしく、小田村先生は克明に料理をメモしたということです。夜久先生が聖徳太子の「神情」という言葉を紹介したのも、このときのことでした。また、国文研の機関誌は「国民同胞」というのですが、小田村先生が紹介したところ、岡先生は、国民同胞とは思い切ったことを言ったなあ、といたく感心した様子を示しました。

岡先生はこの夏の合宿教室での講義を引き受けて、「日本的情緒について」という題目で講義を行いました。夜久先生の言うところによると、夜久先生たちにとっては、この講演題目はそれ自体がすでにたいへんなショックだったということです。二月の訪問のとき、岡家の庭に盆栽の梅とフランス風のシクラメンがありましたが、岡先生は両者を比べて、西洋の花と日本の花は違う、梅の方が日本的情緒にかなう、と言いました。西洋にはよいものがほとんどない、という話もありました。

合宿教室では講義の後、班に別れて話し合うのですが、講師の岡先生が班を回り、若い者の顔がだめになった、という話をしたところ、ある学生がぬっと顔を出し、それじゃあ、私の顔はどうですか、私の顔が悪いというんですか、と岡先生に向かって憤然として言いました。すると岡先生は決然と、悪い、と断言し、そんな顔ではだめだ、と言い放ちました。その後、しばらくの間、正大寮では、「ぼくの顔はどうですか」と言い合うのが流行したそうです。このときの学生は医師になって、今は四国の宇和島にいるということでした。

学生が、日本的情緒を学ぶにはどうすればよいのですか、と質問すると、岡先生は、私は「学ぶ」などとは言っていない、と応じました。岡先生は最初に出講した合宿教室で、このようなエピソードをたくさん残しました。印象はよほど強烈だったようで、今も記憶に留めている人がたくさんいます。後日、いろいろな人から当時の思い出をうかがったものでした。

国文研の事務所で小田村先生のお話をうかがう

亜細亜大学に夜久先生をお訪ねした日の翌日、銀座の国文研の事務所を訪問しました。事務局長の山口さんが待っていて、会長の小田村先生を紹介していただきました。小田村先生は吉田松陰につながる家系の人で、曾祖父は小田村伊之助といい、松下村塾の塾生ではありませんが、松陰と親しい交友があった人物です。明治維新後は楫取素彦《かとりもとひこ》と改めて、群馬県令、宮中顧問官などの顕職につきました。小田村先生の曾祖母、すなわち小田村伊之助の奥さんは壽《ひさ》さんといい、松蔭の妹です。

小田村先生は小田村家の系譜と、国文研の前身と見られる戦前の日本主義の学生運動の流れについて話してくれました。小田村家の系譜については省略して、戦前の学生運動についてうかがったことを回想すると、一高昭信会、東大精神科学研究所、東大文化科学研究会、日本学生協会、日本学研究所、精神科学研究所などの名前が次々と念頭に浮かびます。小田村先生はつねにこの一連の運動の中心にいたのですが、昭和十八年の年初の二月、東京憲兵隊により精神科学研究所のメンバーが一斉に検挙されるという出来事があり、終焉しました。戦後、同士が再び集って結成したのが国文研です。

小田村先生は、東京帝国大学法学部の学生だったとき、法学部で行われている講義の内容を批判するエッセイを「生長の家」が発行している月刊総合雑誌「いのち」に発表し、そのために法学部当局の逆鱗に触れて退学処分を受けたという経歴の持ち主です。「小田村事件」として知られる有名な事件ですが、知る人ぞ知るというか、戦前の日本主義の学生運動については戦後はほとんど語られませんので、必ずしも広く知られているとは言えません。ぼくも知らなかったところ、当事者の小田村先生から直接教えていただくというめぐり合わせになりました。

小田村先生が退学処分になったときの法学部長は田中耕太郎という人で、この人は岡先生と同じ昭和三十五年度の文化勲章の受賞者です。宮廷での親授式のおり、天皇陛下の前で岡先生に叱りつけられるというエピソードを遺しました。

日本主義の学生運動の全容については研究もとぼしく、今も十分に解明されていないと思いますが、中心にいた小田村先生たちは岡先生の発言に大いに共鳴し、二度にわたって合宿教室に招聘しました。かつての小田村先生たちの学生運動は、岡先生のいう日本的情緒に通じるものがあったのでしょう。もしそうなら、日本的情緒には歴史的な経緯が内在しているのではないかとも考えられるところです。岡先生が合宿教室で行った二つの講義について検討することも新たな課題ですし、国文研との出会いを通じて、思想上の一問題が大きな宿題として課されることになりました。

夜久先生と小田村先生に相次いでお目にかかることができて、岡先生と国文研との関係について理解できるようになったことは、この年の十月のフィールドワークの大きな収穫でした。

16 龍神温泉の旅を求めて

高野山の恵光院

平成八年（一九九六年）二月からこのかたのフィールドワークの旅の日々の回想は、二年目の終りがけの平成九年（一九九七年）十月末日まで進みました。翌十一月の前半は旅行に出る機会がないままにすぎ、十七日になって高野山の恵光院に電話をかけました。恵光院は古くから岡家とゆかりのあるお寺です。本当は電話ではなく、実際に訪ねていくほうがよいのですが、フィールドワークにも限界があり、しらみつぶしにすべての場所に足を伸ばすというわけにもいかなかったのです。

電話口に出ていただいたのは恵光院の奥様でしょうか、とても親切な方が応対してくれて、少々長い電話になりました。なんでも若いころ岡先生に会ったことがあるとのことでした。岡先生はときおりインクびんを手に恵光院にやってきて、しばらく部屋を貸してくれといって十日ほど逗留して論文を書いたりしていたそうです。昭和三十年代の、岡先生がまだ有名になる前ということですから、文化勲章を受けた昭和三十五年よりも少し前の話でしょうか。もう少し時期を詰めると、奥様のお父上が亡くなられたのが昭和三十二年で、それよりも前とのこと。終戦後はずっと恵光院にお住まいだったそうですので、昭和二十年代から昭和三十二年あたりにかけてのエピソードなのでしょう。岡先生の奥様のみちさんがお金をもって、滞在中の岡先生を訪ねてきたこともありました。みちさんは、「(岡先生は) 日本ではまだ無名だが、フランスでは有名だ。気持ちのやさしい人です」と、涙を浮かべて話していたそうです。

恵光院は岡家と特別の関係があったお寺で、岡家の人が高野山にのぼったときにお参りするお寺だったとか。どの家もそういうお寺をもっていたのだそうです。岡先生は仏教に造詣が深く、恵光院の小僧が岡先生に宗教の話をもちかけると、たちまち言い返されたりしました。

フランス語の論文にピンクのりぼんをかけて、お父上にわたしたこともあったそうですが、これは恵光院を離れるときのことでしょうか。その論文は今もあるのでしょうかと尋ねると、どこかにいってしまってわからない、ということでした。

胡蘭成のお墓参り

十一月二十四日、東京郊外の福生市内にある「福生山清岩院」を訪ねました。ここには岡先生の晩年の友、胡蘭成のお墓がありますので、かねがね訪ねたいと思っていました。はじめての土地でしたが、JR青梅線の福生駅から適当に歩いたところ、首尾よく清岩院に着きました。臨済宗のお寺です。墓地が広く、しばら

くさまよった後に胡蘭成のお墓が見つかりました。墓石の正面に、

幽蘭

という二文字が刻まれていました。胡蘭成の字です。「幽蘭」は花の名前ですが、孔子が作曲したと伝えられる琴の曲に「幽蘭」があります。墓石の左側方の右下に「胡蘭成」の名前と印が刻まれていました。右側方には、

胡蘭成一九八一年七月二十五日死亡
戒名胡蘭成居士

という文字があり、裏側を見ると、

昭和五十八年十一月十三日
施主胡翁之廣

と施主の名前が読み取れました。胡蘭成の奥さんは翁之廣という人で、上海から日本に移ってきたのですが、自分の名前に「胡蘭成」の姓の「胡」の一字を加えて「胡翁之廣」としたのでしょう。普通に行われている習慣なのかどうか、よくわかりません。

墓石とは別に「胡蘭成銘」があり、胡蘭成の略歴が記されていました。

一九零六年
中國浙江省嵊県に生マレル
一九二七年
國民革命軍北伐ノ中燕京大学中退戰時汪兆銘政府法制局長官漢口大楚報社長
一九五零年
日本ニ政治亡命福生市ニ住ミ幾多ノ知己ヲ得ル
一九七四年
中華民國中國文化学院大学永世教授義塾三社ヲ興易教講説ソノ著ハ論理生氣發想ノ［一文字不明］変化無量デ神道ト礼樂ノ真理ヲ究メ東洋文明ノ根源ヲ明解スル　信義篤ク終世節ヲ屈セズ己ノ道ヲ貫イタ

一九八一年七月二十五日死
去享年七十五
一九八三年九月十三日
コレヲ誌ス

バロン薩摩の消息

十二月二十一日、徳島の大櫛以手紙《おおくしいてし》さんと話をしました。大櫛さんは医師で、「バロン薩摩」こと薩摩治郎八の主治医だった人です。薩摩治郎八は、昭和四年にパリの国際大学都市に日本館が建設されたとき、資金の全額を提供した人物です。日本館ができたのが昭和四年の五月、岡先生がパリに到着したのは五月末です。一ヶ月ほど前に中谷宇吉郎先生がロンドンからパリに移り、日本館開館の話を聞き、さっそく入館しました。たしか一番初めの入館者だったと思いますが、そこへ岡先生がやってきて出会いが実現したという次第です。

薩摩治郎八

薩摩治郎八の生年は岡先生と同じ明治三十四年で、誕生日は四月十三日ですから、四月十九日生まれの岡先生とほぼ同じです。人生の航路はまったく異なっていますが、たまたま昭和初年のパリで交錯することになりました。もっとも日本館のパトロンと一入館生というだけの関係ですから、おつきあいがあったというわけではありません。岡先生の学問と人生を考えるうえで不可欠の人物というのでもないのですが、岡先生が入居した日本館とはどのようなものだったのか、多少のことを知りたいと思いました。

薩摩治郎八は第二次世界大戦の戦中戦後をパリですごし、戦後しばらくしてから帰国して、真鍋利子さんと知り合って結婚（再婚）しました。利子さんの故郷は徳島市で、ある年、というのは昭和三十四年のことですが、徳島市を訪問中に病に倒れて療養生活に入り、そのまま徳島で亡くなりました。お墓も徳島にあります。

薩摩治郎八には『せ・し・ぼん—わが半世の夢』という自伝があります。はじめ山文社というところから出版され、後年、復刻版が出て、ぼくはそれを入手して読みました。その復刻版の版元が「バロン・サツマの会」で、会長が大櫛さんでしたので、大櫛さんに連絡をとってみようと思い立った次第です。以下、大櫛さんにうかがった話です。

自伝「せ・し・ぼん—わが半世の夢」は山文社から出たのが一番はじめと思っていたのですが、大櫛さんの話ではもともと大櫛さんが自費で出版したのだそうで、それを山文社の社長に貸したのだそうです。山文社の今の社長の父親と知り合いだったというようなお話でした。

薩摩治郎八の遺品が三千点ほどもあり（三百点だったかもしれません。ノートには二つの数字が書かれています。はっきり確認しなかったためでしょう）、利子さんが保管しています。なんでもバロン・サツマの会と利子さんの折り合いが悪いとかで、こんなことがあった、あんなことがあったという話をいろいろうかがいました。現在進行中の生々しい話のあれこれでした。薩摩治郎八の書き遺したものの中に岡先生のお名前でも出ていたらおもしろいのですが、それには遺品の数々を見なければならないのでしょうし、あまりにも気の遠い話です。

最後に利子さんの連絡先を教えていただきました。

龍神温泉の旅の手がかり

十二月二十四日、和歌山の梅田恵以子さんと電話で話をしました。梅田さんは和歌山市在住の人です。保田與重郎先生と多少の御縁があるようで、九月二十七日に京都のホテルで開かれた「かぎろひ忌」の席ではじめてお会いしました。昭和四十三年の秋、岡先生と保田先生と胡蘭成たちが大勢で新和歌浦から龍神温泉に出かけたことがありました。初日は和歌浦、二日目は龍神温泉。梅田さんは龍神温泉には同行しなかったのですが、初日の新和歌浦行には参加したということで、おもしろいエピソードを話してくれました。それでその話の続きをもう少し詳しくうかがいたいと思い立ったのでした。

梅田さんの話の中に、岡先生たちといっしょに龍神温泉に出向いた人のお名前が何人か登場し、それぞれの人について多少のうわさ話がありましたが、何分にも梅田さん御本人は参加していないのですから、立ち入ったことは不明瞭です。梅田さんもそんなふうに思ったのか、話の途中で和歌山市の尾崎市長のお名前を挙げました。尾崎市長は若いころから保田先生の著作を愛読していた人で、政治に志があり、昭和四十三年当時は和歌山市の市会議員でした。龍神温泉にも同行しました。その尾崎さんが今は和歌山の市長になっているから、訪ねてみたらどうかというのが梅田さんの提案でした。

訪ねるといってもどうしたらいいのでしょうか、とお尋ねすると、私がいっしょに行くから大丈夫とのこと。古くからの知り合いだからというのです。そんなにかんたんな話なのだろうかと半信半疑でもあったのですが、龍神温泉に同行した人に会えるというのは魅力のある提案でしたので、よろしくお願いすることにして、日時が決まるのを俟つ構えになりました。

同じ十二月二十四日のことですが、梅田さんとの話が終った後、東京在住の山根清さんからお電話がありました。山根さんは国民文化研究会の会員で、十月末、東京で事務局長の山口さんに紹介されてお会いしました。防衛庁にお勤めというので、それなら何か伝手《つて》があるかもしれないと思い、岡先生の父、寛治さんの消息を知る方法はないだろうかと相談しました。寛治さんは日露戦争に従軍した経験があり、一年志願兵出身の陸軍歩兵少尉でしたので、防衛庁の戦史室あたりに記録が残っているのではないかと思ったのです。

岡先生のエッセイからわかることは、寛治さんは将校で、陸軍少尉だったということと、朝鮮半島の鴨緑江あたりまで行ったということくらいだったのですが、山根さんは陸軍省が編纂した「明治三十八年七月一日調陸軍予備役後備役将校同相当官服役停年名簿」という資料を見つけたというのでした。寛治さんの名前がそこに記載されていて、第四師団所管の後備歩兵第三十七連隊に所属していたことがわかりました。後備歩兵第三十七連隊の編成と解散の日付もわかりました。基本資料の探索はやはり重要で、フィールドワークの手がかりでもあります。後日、名簿のコピーを送っていただきました。

山根さんは長州の萩の出身で、九州大学を卒業した人ですが、先年、病気で亡くなりました。人柄がおだやかで、親切な人でした。

大阪の中之島図書館にて

十二月末、大阪に出て中之島の図書館に出向きました。岡先生は少年時代に「日本少年」という雑誌を定期的に購入していて、毎月の発売日が待ち通しかったという思い出をエッセイに書いていました。岡先生の少年時代というと明治の末年のことになりますが、「日本少年」というのはどんな雑誌だったのだろうという興味をそそられて、実物を見たいとかねがね念願していました。「日本少年」に限らず、少年少女を対象とする明治期の雑誌の世界を概観したいと思いました。

そこで、ともかく一度と思って中之島図書館に足を運んだのですが、もうひとつ、明治四十四年秋の新聞記事の探索という目的もありました。大阪市内の小学生を集めて郊外写生会が開かれたことがあり、大阪の菅南尋常小学校の五年生で級長だった岡先生は代表に選ばれて、担任の藤岡先生の引率を受けて参加しました。この出来事を報じる新聞記事がないだろうかと思い、古い新聞を閲覧したかったのです。

中之島図書館は少年雑誌の実物は所蔵していませんでした。その代り、明治期の大阪朝日新聞のマイクロフィルムがありましたので、明治四十四年の九月一日からはじめて一頁ずつ丹念に見ていきました。途中で「博文館の四大雑誌」というものの広告に出会いました。それは「少年世界」「少女世界」「幼年世界」「幼年画報」の四つです。ほかに、博文館は「女学世界」という雑誌も出していることがわかりました。また、実業の日本社の広告もあり、「日本少年」「少女の友」「幼年の友」という三つの雑誌が出ていて、ここで「日本少年」に出会いました。十月二十七日の広告には、

日本少年
十一月一日発行
定価十銭

とあり、「日本少年」の存在感が急に高まりました。東京時事新報社発行の「少年」という雑誌の広告もありました。

目的の郊外写生の記事は十一月六日の新聞の「欄外記事」の中にありました。よく見つかったものだと今

も思いますが、岡先生の回想の世界の出来事が実在感を備えてきたように感じられて、うれしかったのです。「少年の郊外写生」という見出しがついていて、「お伽倶楽部」の主催ということがわかりました。「お伽倶楽部」というのは、おとぎ話の口演の普及を目的として、巖谷小波の門下生の久留島武彦が創設したクラブです。欄外記事「少年の郊外写生」の全文は次の通りです。

少年の郊外写生

子供をして多く自然の景物に接せしめ、清新なる趣味を養はしむるため、当地のお伽倶楽部は少年郊外写生畫会を設け、第一回写生旅行を京阪間の名勝たる香里、枚方、八幡、伏見、淀等と定め、五日午前八時、京阪電車に乗りて右のうちそれぞれ目的の場所へ各班に分れ、班長指導して出発す。会員は市内各小学校尋常五六年、高等小学校の男生徒（学校で選定せしもの）に限る。会費一切要せず、電車賃も要せず、弁当持参の事、写生用具携帯の事。さてその作品は全部班長に提出し、審査の上或る期間を定め、香里遊園地にて「少年写生畫展覧会」を開催するとぞ。

磯島さんの話

年が明けて平成十年になり、一月七日、四国高松の磯島クリニックの磯島正院長と電話で話をしました。終戦の直後、磯島さんは岡先生といっしょにお念仏をした経験のある人で、おもしろい体験談をうかがうことができました。

磯島さんは戦後まもない時期に京都大学を卒業した人で、お医者さんですが、青春に悩みがあり、光明会のお念仏に打ち込んでいました。京都の西のはずれの梅ヶ畑にあった光明会のお念仏の道場で、磯島さんもよく岡先生といっしょになって並んで木魚をたたいたそうです。足がしびれて横向きにすると、岡先生に足をたたかれて、ちゃんとしろ、と言われたりしました。

岡先生が磯島さんに、科学的に考えるようにしなければあかん、と話したことがありました。君なあ、「おえど」が近づいてくるのに小さくなるんだ。こんなこと、君、わかるか、と言われたこともありました。「おえど」というのは何のことかわかりません（お穢土」かもしれません）。磯島さんは何度も同じ話を聞かされて、それもずいぶんきつく言われましたので、そのつど考えさせられたというのですが、三、四年がすぎてから、ああ、わかった、と思って、はたと手を打ったそうです。この話はただこれだけのことで、もうひとつ意味合いがつかめませんでした。

もうひとつの話ですが、岡先生が磯島さんに向って、磯島君、こういうことがわかるか、と問い掛けたことがありました。Ａ点からしゅーっと飛んでＢ点に行く。Ｂ点からまたしゅーっと飛んでＡ点にもどる。私はこれを眺めることができるのだ、こういうことがわかるか、と岡先生は言って、Ａ点からＢ点へ、そしてまたＢ点からＡ点へと目を動かしました。この話も不可解で、どうもつかみどころがありません。

光明会の大先輩に田中木叉上人という人がいて、全国あちこちを巡回して法話を行っていたのですが、あるとき、というのは昭和二十三年の秋のことですが、大和郡山にやってくることになりました。大和郡山に大きなお寺があり、木叉上人がそこに逗留するというので、磯島さんは岡先生と二人で出かけていきました。三人でお寺の庭を眺めながら話をしました。木叉上人は椅子に座っていて、その前にテーブルがあり、右手に磯島さん、さらにその右手の席に岡先生が座りました。磯島さんは戦中は命がけの天皇主義者だったとのことで、そのためにお念仏の道に入りにくいのだと、木叉上人に話しました。他方、天皇主義のほうはというと、戦後すぐの天皇の人間宣言に直面してたいへんな衝撃を受けました。それで、どのように考えてよいか、わからなくなりましたとお尋ねしたところ、木叉上人は、世の中は有為転変で、移り変わりがある。歴史は繰り返しますよ。今に世の中はいろいろ変るからね。君、そんなに悲嘆にくれることはないよ、と優しい言葉をかけてなぐさめてくれました。

ところが岡先生は磯島さんの話がよほど気に入らなかったようで、この男は国粋主義者だ、国粋主義はいかん、と激しく罵倒して、われわれが帰依するのは仏教ではないか、ときっぱりと言い切りました。これを聞いた磯島さんは怒りのために身体中がふるえ、怒髪天をつくかのような感じで、身の置き所がないありさまになりました。これが磯島さんの話です。平成十年の時点からさかのぼると、昭和二十三年はきっかり五十年前の出来事になります。

17 風日歌会

尾崎市長に龍神温泉行の話を聴く

平成十年一月、和歌山市に向い、梅田恵以子さんと待ち合わせていっしょに市役所に出かけました。尾崎市長が待っていて、市長室でお話をうかがいました。昭和四十三年十月末、岡先生たち御一行に加わって龍神温泉に出かけた人の話ですので、大いに興味をかき立てられました。

岡先生たちが新和歌浦に一泊したのは昭和四十三年十月二十二日。翌二十三日、二手に分かれて車で龍神温泉に向いました。尾崎さんには小山さんという専属の運転手がいて、日産グロリアの前身のなんとかいう高級車をもっていたのだそうで、尾崎さんが移動するときはいつも小山さんの運転する車を使いました。ただし、公用車ではなく、小山さんは自分ですすんで運転手をかってでたということです。

当時のノートを見ると尾崎さんにうかがった話のメモが書き留められていますが、龍神温泉までの道筋に沿って順序よく話が進んだというわけではなく、あれやこれやの話が入り乱れています。そこでそのまま写していくと、岡先生は田辺経由で龍神温泉に向い、途中で、まだつかないのかなどとうるさいことをしきりに口にしたようです。すると小山さんが、車に乗ったら運転手にまかせてほしいと、かなり強い口調で言い渡したのだとか。同行者は運転手の小山さんのほか、岡先生とみちさんと尾崎さん、それに高橋英子さんでした。

高橋英子さんのご主人は高橋克己博士という人で、ビタミンAの抽出に成功したことで知られていますが、若くして亡くなりました。和歌山市の郊外に生まれ、和歌山中学の出身です。それで市内の公園に顕彰碑を立てる話が持ち上がり、市会議員をしていた尾崎さんが大いに尽力して実現したという出来事がありました。尾崎さんが中心になって顕彰碑建設運動のグループができて、補陀さんもそのグループのメンバーでした。尾崎さんが中学生のときの先生に田村先生というひとがいて、絵描きで、保田先生の愛読者でした。尾崎さんも影響を受けて保田先生の作品に親しむようになりました。

このあたりの話はやや錯綜とした感じになるのですが、保田先生と和歌山県の当時の副知事の中沢さんという人が畝傍中学の同級生。保田先生は佐藤春夫のお弟子筋。高橋英子さんは与謝野晶子に師事して歌を詠むようになり、保田先生とも面識ができました。また、田村先生もそうなのですが、和歌山には保田先生の愛読者が何人もいて、みな尾崎さんと親しく、瀬崎さんという人のお宅を根城にして「新論」という同人誌を出していました。それやこれやで保田先生が呼びかけ人になって高橋博士の顕彰碑建立の運動が始まったのですが、公園に建てるということになりますと許可をとる必要もありますし、その方面に通じているのは市会議員の尾崎さんということですので、尾崎さんが中心になって動くという成り行きになりました。

梅田さんのご主人は和歌山の政界ではずいぶん高い地位にいた人のようで、梅田さん本人は歌を詠んだりエッセイを書いたりする人ですし、何かしら保田先生とも御縁があり、それで「かぎろひ忌」にも出席したというようなことでした。

このような話をしばらくうかがって、それからいきなり龍神温泉を後にしてからの話になったのですが、岡先生とみちさんは帰りもまた小山さんの車で奈良まで送り届けてもらいました。家に着くと、岡先生は、まあ、あがれ、と尾崎さんと小山さんを請じ入れて、カレーラースをごちそうしてくれました。小山さんは色紙をいただきましたが、そこには岡先生の一句が書かれていました。

春なれや石の上にも春の風　石風

「石風」というのは岡先生の自作の俳号で、奈良市寺山霊苑の岡家の墓地に墓石の側面にこの句が刻まれています。

天下英雄会

尾崎市長と保田先生の関係は少しわかりましたが、岡先生との関係はどうかというと、直接の関係はなかったようでした。それでも岡先生の名前はよく承知していましたし、和歌山市の吹上小学校に岡先生が講演に訪れたおりには尾崎さんも聴講に出かけたそうです。なんでもそのとき、岡先生は、「きわめれば数学も美学だ」というふうな話をしたのだとか。

昭和四十三年の龍神温泉行のことは胡蘭成のエッセイを読んで知りました。昭和四十四年に学習研究社から刊行された『岡潔集』（全五巻）には各巻に月報がついていて、岡先生にゆかりの人たちがエッセイを寄せていました。その中に胡蘭成のエッセイもあり、そこに龍神温泉のことが書かれていました。保田先生と胡蘭成は晩年の岡先生と親しいおつきあいのあった人ですが、三人が一堂に会したのは非常に珍しく、昭和四十三年秋の新和歌浦から龍神温泉への旅が最初で最後だったのではないかと思います。二人ずつの組み合わせはわりとひんぱんに実現しました。

胡蘭成のエッセイに書かれているあれこれのこともみなおもしろく、以前から非常に興味があって、ぜひ全貌を知りたいと願うようになりました。それでフィールドワークをはじめてから絶えず機会を探っていたのですが、栢木先生に補陀さんのお名前を教えていただいて、調査が進み始めたのでした。

胡蘭成のエッセイによると、龍神温泉で胡蘭成が「天下英雄会」というものを提案し、結成を呼びかけてみなで署名をしたということです。それでその話を尾崎さんにもちかけたところ、「私も署名しました」とのお返事でした。これにはびっくりしましたが、これで「天下英雄会」がにわかに実在感を帯びました。こんなことがあるのがフィールドワークの醍醐味です。

龍神温泉では夕食の宴席で三先生が語り合い、その様子をみなで拝聴するという恰好になり、地元の青年たちも集ってきました。もっぱら岡先生が滔々と話し続け、保田先生がときおりコメントをはさみました。岡先生と胡蘭成の間で議論になることもあり、そんなときは保田先生がとりもつような形になりました。

平日で勤務中のことでもありますし、そんなに長居をすることもできませんので、適当な時間を見計らっておいとましました。

二年ぶりの橋本市再訪

和歌山市役所訪問を終えて和歌山駅から和歌山線に乗り、梅田さんといっしょに、というよりもむしろ梅田さんの後をついて橋本市に向いました。道すがら、梅田さん御自身のこともあれこれとうかがったのですが、ほかにもうひとつ、知りたいことがありました。それは津名道代さんのことです。津名さんは奈良女子大学の出身で、文学部に在籍していたにもかかわらず在学中になぜか岡先生との接点があったようで、学習研究社の『岡潔集』の月報に『青春の慈父岡先生』というエッセイを書いていました。これが実に秀逸で、学研版『岡潔集』全五巻に寄せられた多くの月報の中で一番感銘を受けました。それで、前々からぜひ津名さんにお会いしたいと念願していたのですが、手がかりは生家が和歌山市の郊外にあるらしいということのみで、これは津名さんのエッセイの本文を見て知りました。

梅田さんにお尋ねしたところ、同じ文学仲間というか、物書き同士というか、古くから知っているけれども、最近はお沙汰がないということでした。それでも津名家は和歌山市内にあると教えてもらいました。電話番号も知っていて、その場ですぐに電話をかけていただいたのですが、お留守でした。あとでわかったことによると、津名さんは京都の山科に執筆室を確保していて、和歌山の生家にはときおりもどるだけという生活をしていたのでした。

橋本市の市役所に着くと北村市長が待っていました。二年前の二月はじめにはじめてお会いして以来のことになります。秘書室の北川さんとも再会し、御挨拶しました。北村市長の家は紀見峠にあり、岡先生のいとこの北村俊平さんの次男です。北村家は岡先生の母親の実家ですし、岡家と縁の深い由緒のある家ですので、それだけに市長さんは紀見峠の今昔によく通じていて、昔話をしてくれました。

正保四年の次の年が慶安元年で、そのころ紀見峠に伝馬所ができたとのこと。宝暦の大火で紀見峠の集落が全焼したことがあったとのこと。北村家は峠のふもとの慶賀野に「前屋敷」をもっていて、その側に紀見村役場があったとのこと。このような話をたくさんうかがいました。岡先生の生家は高野街道の拡幅工事に敷地がかかってしまったため、土地を内務省に売却し、岡先生の家族は峠を降りて慶賀野地区に移って、はじめ村役場の横に住んでいました。そうしてみると、そのお住まいは慶賀野の北村家の「前屋敷」だったのかもしれないと思ったのですが、さて「前屋敷」というのは何でしょうか。

北村家はもともと津田を名乗っていたそうで、あちこちに分家がたくさんできて、今も紀見峠には津田さんが住んでいますが、なぜか元祖の津田家は北村になったのだそうです。かつて岡家が存在した場所は半分は新しくできた道路になっていて、何も痕跡を留めていませんが、旧高野街道をはさんだ向い側に津田さんの家があります。その家の一部は岡家の敷地から引っ張ったのだと、はじめて紀見峠にでかけたときに岡先生の甥の岡隆彦さんにうかがったことがありました。

補陀さんとの長話

橋本市役所で北村市長の語る紀見峠の今昔物語にしばらく耳を傾けた後、市長さんと北川さん、それに同席していた市役所のみなさんにおいとまして、梅田さんといっしょに橋本駅に向いました。市役所から歩いて数分です。梅田さんは駅前のタクシーにさっと乗り込んで、去っていきました。橋本から和歌山までタクシーで帰るのでは料金もたいへんな額になりそうですが、梅田さんはそんなことは意に介しません。この日は梅田さんの口利きで和歌山と橋本の市長お二人にお会いすることができました。どうしてそんなことができるのか、はっきりしたことは当時も今も不明です。御主人が和歌山県の政界で高い地位にあったような話もうかがいましたし、梅田さん御本人も地元に密着したエッセイを書く人で、新聞に連載したり、テレビに出演したりしているようでした。和歌山の有名人なのでしょう。

梅田さんと別れた後、橋本駅から南海高野線に乗り、途中、御幸辻、紀見峠などなつかしい駅を通って難波に向いました。この日は大阪で一泊。夜、補陀さんに電話をかけてこの日の出来事をお伝えしました。

年末、梅田さんの案内を受けて二人の市長さんを訪問することが決まったとき、補陀さんと電話で話し合ったことがありました。こんなことになったのですけど、ついていってさしつかえないでしょうか、などとおうかがいしたところ、梅田さんがそうすると言っているのだから、素直についていったらよいのでは、とアドバイスしてくれました。それで報告に及んだのですが、話があちこちに広がって、長時間の電話会談になりました。

尾崎さんと梅田さんにうかがった話でだんだん様子が飲み込めてきたのですが、和歌山市には文芸サークルというか、文学に心を寄せる人たちの集いが成立していて、保田先生の作品をよく読んでいたようでした。和歌山市内の西和中学に田村先生という人がいて、文芸部の顧問で、西和中学では尾崎さんの先生だったことは和歌山市役所で尾崎さんにうかがいました。ただし、尾崎さんは文芸部ではなくて弁論部に所属していたそうで、これは補陀さんにうかがいました。その田村先生が河西中学に転勤し、やはり文芸部の顧問になったのですが、補陀さんは河西中学の生徒で、文芸部員でした。田村先生は保田先生の愛読者でしたので、尾崎さんも補陀さんもみな保田先生の作品に親しむようになったのでしょう。

高橋博士の顕彰碑のこともまたまた話題になりました。高橋博士の奥さんの英子さんが保田先生に顕彰碑の建立の件を相談し、保田先生は補陀さんを通じて尾崎さんに依頼したのだそうで、いよいよ顕彰碑ができたときに刻まれた文字は保田先生の撰文でした。

龍神温泉にみなで出かけることになったのはどのような成り行きだったのですかとお尋ねしたところ、補陀さんの発案だったというお返事でした。もともと補陀さんが保田先生御夫妻を接待するというのが動機だったようで、昭和四十三年秋の龍神温泉行は実は二回目で、その前にも一度、補陀さんが保田先生御夫妻を案内して龍神温泉にでかけたことがあるそうです。一度目の宿泊先は上御殿。二度目もまた上御殿になりました。二度目のときは胡蘭成が同行することになり、岡先生も呼ぼうと保田先生が提案し、それからだんだん増えて大集団になりました。

風日の新年歌会に出席する

補陀さんの話はほかにもいろいろあり、どれも興味が深かったのですが、プライベートな話題も多かったことですし、ここでは割愛したいと思います。龍神温泉のことは胡蘭成のエッセイを読んで知りました。何しろほかに文献上の資料などは見あたりませんし、なんだか夢の物語のような感じだったのですが、はじめ補陀さん、次に尾崎さんにお会いしてお話をうかがっていくうちにだんだんと現実味を帯びてきました。龍神温泉の旅は岡先生の晩年の日々の中で強い印象の伴う出来事だったと思いますし、保田先生、胡蘭成との交流を語るうえでも欠かせません。実際にその場にいた人びとの話にはその人ならではの力がありました。

一月十八日は第三日曜で、大津の義仲寺で恒例の「風日」の新年歌会が行われましたので、出席し、同人のみなさまと久しぶりに再会して新年の御挨拶を交わしました。長電話をしたばかりの補陀さんと保田先生の奥様の典子さんにもお目にかかりました。保田典子さんもまた龍神温泉に同行した人びとのお一人でした。栢木先生にお会いしたかどうか、ノートにも記事がなく、記憶もはっきりしないのですが、この日は欠席されたように思います。

歌が掲示され、感想が語り合われて講評が終わると直会《なおらい》に移り、ここかしこで談笑が始まりますが、おりおりにまた補陀さんに話をもちかけて、龍神温泉の旅の話をうかがいました。あんまりたびたびのことですし、補陀さんも閉口したと見えて、新たな事実を次々とうかがうというふうにはなりませんでした。それに何よりも三十年も昔の出来事でもありますから（平成十年は一九九八年、龍神温泉の旅は昭和四十三年で、一九六八年。この間、きっかり三十年です）、事細かに何もかも覚えているというわけにもいかなかったのでしょう。それでも、新和歌浦から龍神温泉に向かったときの様子が少しわかりました。車二台とタクシー二台に分乗したのですが、一台の車には岡先生たちが乗り、運転手は小山さん。これは尾崎さんにうかがっていましたので承知していました。もう一台の車は大田垣さんという人が運転しました。自家用車とタクシーを合わせて計四台の車列です。

旅の初日は新和歌浦でしたから、岡先生御夫妻は奈良から和歌山市にやって来ました。どのような経路をとったのか、気に掛かり、尋ねたところ、補陀さんが和歌山市駅にお迎えに出たとのことでした。和歌山市には「和歌山駅」と「和歌山市駅」があり、よその人の目にはまぎらわしいのですが、和歌山市駅でお出迎えということでしたら、南海電鉄で大阪から和歌山に向ったことになります。奈良から近鉄で難波に出たのでしょう。

龍神温泉の宴席でのこと、みちさんが海老をむいて岡先生にさしあげたところ、なぜかはねのけたそうです。好物のえびなのにとみちさんが言うと、岡先生は、「時と場合による」と言い返したりしました。勢いのおもむくところ、ついはねのけてしまったものの、悪いことをしてしまったようで、なんだかばつが悪かったのでしょう。ちょっとおもしろいエピソードでした。

龍神温泉の旅が終わり、補陀さんたちは高野山経由で帰途につき、高野山の金剛三昧院で食事をしました。

高野山に向かう途中、棹を路に出して踏切みたいに通せん坊をしているおばあさんがいました。車をとめ、お金を払うと棹を上げて通してくれたのだとか。いかにものんきな感じのする話でした。

18 草田家再訪

再び和歌山へ

一月十八日の義仲寺の歌会の席で補陀さんにお話をうかがうことができてうれしかったのですが、そのおりに約束して、後日、今度は和歌山でまた補陀さんに会いました。再度の和歌山行の目的は補陀さんのお住まいのお寺を訪ねて、補陀さんが所有している龍神温泉の旅の日の写真を見せていただくことでした。一番はじめにお訪ねしたおりにも拝見して強く心をひかれ、次の機会にはぜひお願いしてコピーを作りたいと望んでいました。

補陀さんのお宅でアルバムを見ると、たいていの写真が台紙に張り付いていてはがせませんでした。それでアルバムごとお借りして、市内のどこかでコピーを作らせてもらうことになりました。

お借りしたアルバムを手にしてひとまず補陀さんのお宅を離れ、補陀さんの運転する車に乗せていただいて桐蔭高校に向いました。桐蔭高校は和中《わちゅう》こと和歌山中学の後身で、岡家の人びとは桐蔭高校の前身の和歌山中学を卒業した人が多いので、入学年次や卒業年次など、詳しい諸事実を知りたかったのです。

補陀さんに待っていただいて、職員室で名簿を見せてもらい、岡家の人びとが出ている頁に注意してノートに書き留めました。岡先生の父の岡寛治《おかひろはる》さんは男ばかり四人兄弟の三男です。長男の岡寛剛《おかひろたけ》さんは、明治十六年七月に和中を卒業しています。三回生で、同期卒業者はわずか四名。南方熊楠と同年の卒業ですが、熊楠は少し早く、同年三月の卒業の二回生です。熊楠の同期は五名。次男の谷寛範《たにひろのり》さんは明治二十二年七月、和中卒。同期卒業者は十一名です。寛範さんの次が寛治さんですが、寛治さんは和中の卒業生ではなく、東京に出て明治法律学校（明治大学の前身）に進みました。寛治さんの下にもうひとり、四男の齋藤寛平《さいとうかんぺい》という人がいましたが、寛平さんも和中ではなく、寛治さんと同じく上京して東京専門学校（早稲田大学の前身）や東京法学院（中央大学の前身）に学びました。このあたりを境にして、地方から東京に出るという、新たな気運が生まれたということでしょうか。もっとも、岡先生の兄の憲三さんは和中でした。叔父さんの北村純一郎さんも和中。岡先生本人も粉中で、東京に出ることはありませんでした。

近くで待っていていただいた補陀さんの車に乗って、和歌山駅に向いました。この日はかつらぎ町の草田源兵衛さんのお宅を訪問することになっていましたので、つい先日、梅田さんとごいっしょしたばかりの和歌山線に再び乗って、橋本方面に向いました。草田家の最寄りの駅は大谷駅です。

草田家では昨年同様、平野さんも待っていてくれました。ちょうど一年ぶりの再会でした。

草田さんと再会する

草田さんのお宅は和歌山県伊都郡かつらぎ町大谷にあります。岡先生の郷里は今は橋本市に編入されていますが、もとはかつらぎ町と同じ伊都郡内の紀見村という村でした。和歌山線大谷駅は無人駅です。草田家に着いて草田さんと平野さんのお二人と挨拶を交わし、それから応接間で草田さんのお話に耳を傾けました。この日は草田家のご先祖の話が詳しく語られました。かつて草田家は造り酒屋でした。先祖に草田徳兵衛と亦十郎という兄弟がいて、徳兵衛が兄、亦十郎が弟。弟の亦十郎は大谷の隣の妙寺に移って酒屋を始めました。郵便局も経営したということですが、これは特定郵便局のことでしょうか。亦十郎は草田さんの奥さんの祖父にあたる人でもあります。

草田家は土地の旧家で、勢力がありました。紀見村の岡家ととてもよく似ています。

明治二十一年九月、「治安裁判所事件」とも「伊都郡紛擾事件」とも言われる事件がありました。治安裁判所出張所を設置する場所をめぐって起った事件です。当時の伊都郡の中心地は妙寺地区で、郡役所も妙寺にありましたので、治安裁判所出張所もまた当然のように妙寺に誘致されるものと地元の人たちは思っていたところ、郡長は橋本村に設置したい意向のようだというわさが広がりました。それで群衆が大挙して郡役所に押し掛けて、郡長と談判するという騒ぎになったのですが、興奮のあまり暴徒化し、瓦礫を投げ込んだり竹槍を投げつけたりしました。これを押さえるために警官隊が出動し、抜刀して追い払うというふうで、たいへんな騒ぎになりました。警官隊は日本刀を抜いて威嚇したと伝えられています。

稲本保之輔君顕彰碑

この事件の群衆側の指導者が草田亦十郎で、郡役所で談判を受けた郡長というのが、岡先生の祖父の岡文一郎でした。草田さんと岡先生は草田家と岡家の孫の代にあたります。

結局、岡郡長の意向が通り、治安裁判所出張所は橋本村に設置されました。それから郡役所も橋本村に移ったのですが、これも岡郡長の意向でした。それから後は橋本地区が伊都郡の中心地になりましたから、橋本地区から見ると岡文一郎の功績は非常に大きく、これをたたえて旌徳碑が建てられました。今も橋本市内の丸山公園の花見台にあり、ぼくもフィールドワークを始めてまもないころ見物しました。

反面、妙寺の側から見るとたいへんな屈辱で、地元の人びとの指導者は草田亦十郎ともうひとり、稲本保之輔という人がいたのですが、騒擾事件の後、割腹して自決しました。三十八歳でした。自決の日は明治二十一年十一月十四日。一年後の明治二十二年十一月十四日、有志の手で顕彰碑が建立されました。

岡文一郎の旌徳碑と稲本保之輔の顕彰碑の意味合いを知る人は少ないかもしれませんが、二つの碑はただの石ではなく、見る者の心に確かに何事かが伝わってきます。何事かというのはつまり「歴史」のことで、伝わってくるのは歴史の出来事の実在感ということになるのでしょうか。石の碑というのはおそろしいものです。

稲本家の後日談

伊都郡紛擾事件にまつわるあれこれのエピソードは、当然のことながら草田家にも伝えられていて、草田さんはいろいろなことを聞いているようでした。興奮して荒れる群衆を鎮圧するのに警官隊が抜刀したという話は、この地方の歴史を書いた本にも記載されていますが、草田さんの口から、その刀というのは本物の日本刀だったと聞くと、何とも言えない迫力を感じました。

事件に責任を感じて自決した稲本保之輔は非常に感受性の強い人だったという話もありました。稲本家は大地主で、この地方の田畑の大半を所有していたそうで、稲本太一郎というお子さんがいて、県会議員などをつとめたということでした。このときはこれだけで終ったのですが、インターネットで検索してみましたら、稲本太一郎の消息を伝える新聞記事がみつかりました。稲本太一郎は大正時代にすでに農地改革を実行に移していたという主旨の記事でした。

大阪朝日新聞
大正十一年六月二十一日
《大果断な自作農奨励》
《小額の金を納入させて自家の田畑を割譲した稲本氏の新試み》

多年県会に列し嘗て副議長の椅子に在り又名誉村長に就職し現に郡参事会員である和歌山県伊都郡笠田町の富豪稲本太一郎氏は、社会現時の状勢に鑑み昨秋以来荒みつつある地主対小作人間の緩和を期し、自家所有の田畑宅地数十町歩の一部を割て自作農を奨励すべく最近自ら進んで農業篤志の小作人及び多少の貯金を有して耕地なき人達と会見し、左の意味を発表した。若し諸君にして田畑若くは宅地を購求しようとの希望あらば、一人に対し五畝歩乃至二段歩を限度とし時価を以て所有地の一部を売渡すべく、貯金があって定期預金となし居る人若くは将来養蚕業に努力し収繭代を以て漸次弁済しようと云う意見を有する人達の為めには定期預金の領収期、繭価を目的とする人々の為めには収繭期毎に入金する事となし、目下全価額の十分の二以上の支払を受け、残金の支払に対しては確実な保証人を立て、又は定期預金証書を担保に預り残金に対しては其期間中年六朱の利息を支払わるべく簡易な条件を附するに於ては、之れが契約の成立と同時に所有権移転の登記を実行すべしと打出したが、忽ち十数名の希望者が現れ、双方合意上適当な評価人を選んで価格を協定し、最近収入した繭代其他を入金に充当し、残金納付の契約已に成立したので、稲本氏は其新地主若くは代理人等と共に去る十九日所轄妙寺登記所に出でて権利移転の登記を済せた。

因みに今回売買を行ったは田畑宅地を合して一町三段歩余で、価格は一段歩六百円乃至一千円にして、数年前物価最高時に比し約七分値に該当し、十数名の新地主に多大の好感を与うると同時に小作争議に悩むきょう此ごろとしては最善の試みと云って可かろう（和歌山）（適宜句読点を挿入して引用しました。）

かつらぎ町のあたりは水がよく、昔から木綿織物が盛んでした。草田家は造り酒屋でしたが、造り酒屋は笠田地区だけで四軒、大谷に二、三軒、妙寺にも三軒ありました。

高野山にいた応其上人《おうごしょうにん》は豊臣秀吉が高野山の寺領の返還を迫ったとき、高野山と秀吉を仲介するのに力があった人物で、橋本で塩の市を開いたことでも知られています。橋本、五條、河内のあたりでは、相槌《あいづち》を打つとき、「われ、そうけ」というそうですが、妙寺地区では言いません。こんな言葉遣いの話もおもしろかったです。妙寺方面では「行かれへん」というところを、橋本方面では「行けやん」というのだそうです。

根来と高野の子守唄を聴く

草田さんの語る紀北すなわち紀州の北部地方の方言の話が続きます。かつらぎ町の隣に岩出という町があり、根来寺があることで知られ、「根来の子守唄」といって、有名な子守唄が伝えられています。草田さんの話では、なんでも高野山付近にも子守唄があるそうで、根来の子守唄と歌詞は同じだが調子が違うのだということでした。どこがどう違うのか、草田さんは同じ歌詞の子守唄を二通りの調子で歌って聞かせてくれました。当時のノートにそのときの歌詞と思われるメモが記されていますが、「ねんねんねごろの…」と始

まったように思います。それから、

うちのおとっさんこうやでだいく
ながれきましたかんなくず
（うちのおとっさん、高野で大工。流れ来ました、かんなくず）

というメモも書き留められています。草田さんのお父さんは高野山で薬屋をやっていて、ときどき大谷にもどってきて子守唄を歌ってくれたのだそうです。草田さんが四歳のとき、お母さんが亡くなりました。お父さんがやっていた高野山の薬屋は「薬屋源兵衛」という看板を出していました。お母さんと草田さんは大谷にいて、お父さんは高野山で単身で薬屋をやっていたのだそうですが、これは高野山が女人禁制だったためのようでした。高野山の女人禁制は大正年代あたりまで生きていて、女性は高野山に登るのはさしつかえないけれども、泊まるのは禁じられていたのだそうです。

草田さんのお父さんは薬屋源兵衛の四代目ですが、大正八年に廃業しました。薬屋の前は「天満屋徳兵衛」、略して「天徳《てんとく》」という作り酒屋で、これは八代続きました。薬屋を廃業の後は、薬でもうけたお金で山を買い、山林の育成事業を始めました。

高野山で薬屋をやっていたころは、表向きは薬屋に違いありませんが、裏にもうひとつ、金融業の顔があり、

「草田銀行」と呼ばれていたのだそうです。どうしてこんな話になったのかというと、岡家の話になったのがきっかけだったように思います。紀見峠の岡家は以前は岡家《おかや》という宿屋で、高野山にお参りする人たちを相手にしていましたので、現金収入があります。岡家は高野山の恵光院というお寺と縁が深かったのですが、恵光院というのはつまり宿屋の商売でもうけたお金をあずかって運用する銀行みたいな役割を果たしていたのではないかというのでした。これは興味深い話でした。

草田さんのお名前の「源兵衛」というのは、草田家の当主が代々継承して名乗ってきた由緒のある名前です。初代の源兵衛さんはもとは中川源兵衛といい、草田家の入り婿になりました。このあたりの事情はだんだん複雑になって、ノートのメモを読み返しても正確に再現することができませんので、詳しいことは省略しますが、初代の源兵衛さんは堺の薬屋に奉公して修行し、それから独立して高野山で開業しました。婿入り先の草田家が作り酒屋の天徳だったのでしょう。薬屋源兵衛が四代続き、草田さんのお父さんの代で廃業したということですから、草田さんは五代目の源兵衛さんになることになります。

長い一日の終わり

紀見峠の岡家はたいへんな資産家で、岡先生の祖父の文一郎が政界に出てだいぶ使ったものの、まだまだ余裕がありました。そこへ岡先生が広島文理科大学を辞めて帰郷して、無職のまま数学研究に没頭するという成り行きになりました。この時期の岡家の生活を支えたのは岡家の資産で、具体的には「山を売って」生活費を得たと言われています。この「山を売る」ということの意味がもうひとつ、つかめなかったのですが、草田さんにそんな話をしておうかがいをたてたところ、それは「賦当《ぶとう》」だ、とのお返事が返ってきました。

賦当とは何かというと、山の管理を生業《なりわい》とする人のことで、草田さんのお宅でも賦当と契約して山を売ることがあったのだそうです。山を売るというのは山の木を売るという意味で、賦当は全国各地を渡り歩いて山を持っている家と契約を交わします。草田家と契約した賦当は草田家の山林を管理して、間伐や皆伐をします。檜《ひのき》は枝が落ちませんから、人を雇って木にのぼって枝を切ってもらいます。「根刻印」といって、木の一本ごとに刻印を入れていく仕事もあります。現金が必要になったら賦当に伝え、適当な分量の木を売却してもらうのだそうです。それなら岡家と契約した賦当がいて、生活費が不足してきたらそのつど賦当に木を売ってもらっていたということでしょうか。

契約した賦当が信頼できる人物ならよいが、そうでなかったらたいへんな損害をこうむることになる、という話もうかがいました。　子守唄やら草田家の来歴やら、ずいぶんいろいろなお話をうかがいましたが、ひと休みすることになり、平野さんの運転する車で「野半の里」に向いました。ちょうど一年ぶりのことになります。ここでまた四方山話をして、それから大谷駅に送ってもらいました。和歌山線で和歌山に向い、駅ビルの中でコピーを取ることのできる店を探して、補陀さんにお借りしたアルバムのコピーを作り、それから補陀さんのお寺にもどってアルバムをお返ししました。この日はこれで終ったのですが、まったく長い一日でした。

草田さんは粉河中学の昭和三年度の卒業生ですから、平成十年の年初の時点で八十七歳ほどだったでしょうか。親切なよい人でした。その後も何度か電話で話をすることがあり、手紙のやりとりもありました。病気で入院して手術を受けたことも聞いていましたが、あるとき気になって、大谷のお宅を訪ねたことがあります。そのとき亡くなったことを知りました。その時点では平野さんは御存命でしたが、ほどなくして訃報が届きました。

草田さんと岡先生は粉中の同窓生ということが縁になってただ一度だけ、出会いました。岡先生には岡先生の人生があり、草田さんは草田さんの人生を生きました。人はみなその人の人生を生きているという当たり前のことを、草田さんとのわずかなお付き合いを通じて身にしみて思ったことでした。

坂本繁二郎と岡先生の弔電

新年一月も末に迫ったころ、二十五日のことですが、福岡県八女市にお住まいの杉山洋さんと電話で話をしました。杉山さんは坂本繁二郎と親しいおつきあい会いのあった人で、晩年の坂本繁二郎の様子をよく知っています。坂本繁二郎は洋画家で、西日本新聞の企画で岡先生と対談したことがあります。岡先生の晩年の交友録の中でもっとも重要な三人の人物のひとりです。ちなみにあとの二人は小林秀雄と保田與重郎です。

岡先生と坂本繁二郎との対談が行われたのは昭和四十一年（一九六六年）の秋十月のことで、場所は筑後柳川の料亭「御花」でした。杉山さんのお名前を知ったのはどうしてだったのか、どうもはっきりした記憶がないのですが、坂本繁二郎のことは非常に重視していましたので、岡先生との対談の模様を明らかにしたいと思い、アンテナを張っていました。こういう人がいると、どなたかに教えていただいたのではないかと思います。

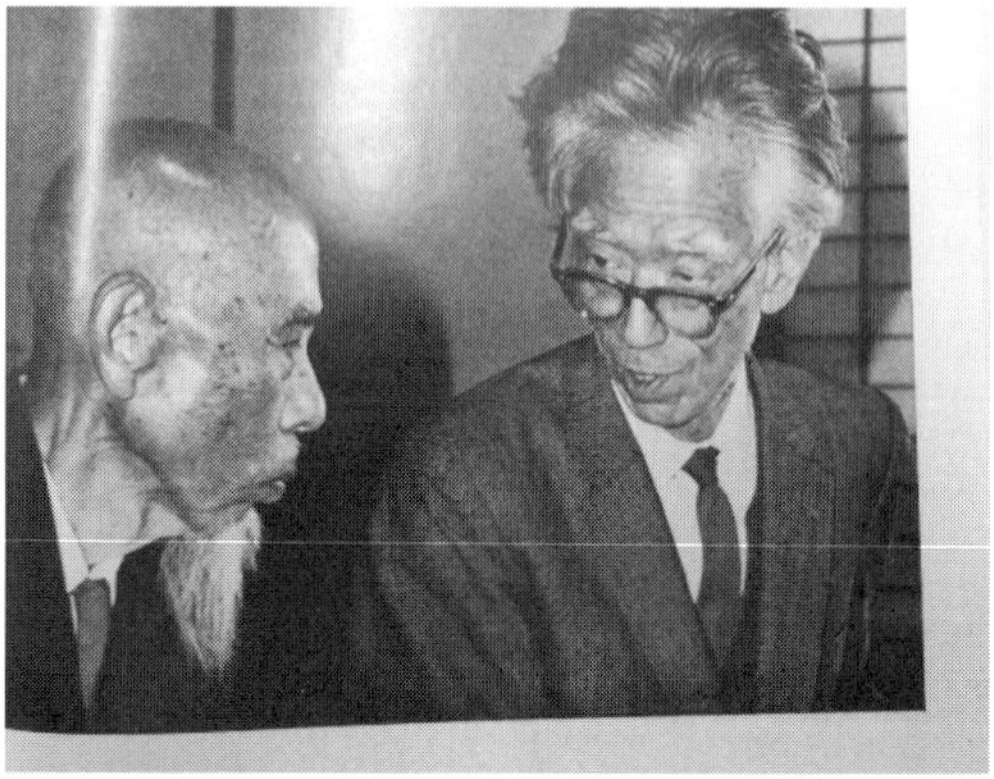
岡潔と坂本繁二郎

以下、杉山さんにうかがった話です。八女の市立図書館の二階に、水墨画や木炭によるデッサンなど、遺品を集めて坂本繁二郎資料館を作りました。坂本さんのお墓は八女市の無量寿院にあります。坂本さんには幽子さんというお子さんがいて、現在（というのは平成十年の年初のことですが）八十歳。幽子さんには暁彦さんという息子がいて、福岡市内で「サカモト」という画廊をやっていると教えていただきました。五年ほど前、坂本さんのアトリエの跡地を八女市に寄贈しましたが、そのときは杉山さんたち、お弟子筋の人たちが片付けに出向きました。手紙の束が数通ずつ、ひもでしばって箱に入れてありました。これらの手紙は後日、暁彦さんのもとに届けました。坂本さんは亡くなる前に庭で手紙類を燃やしていたそうですが、すべてを燃やしてしまうこともできなかったのでしょう。

八女に定住した坂本繁二郎と親しいお付き合いのあった杉森麟さんという人がいて、八女の小学校、中学校の校長先生だったのですが、早い時期から坂本さんと交流し、私設の秘書のような恰好になりました。合気道と剣道の達人でもあり、『坂本繁二郎画談』（第一書房）の編集者でもあります。岡先生と坂本繁二郎さんの対談の後、杉森さんが感想を求めると、坂本さんは、「お顔を拝見しただけで心が通じた」と言ったそうです。杉森さんはもう少し詳しいメモも作っていて、後日、送っていただきました。短いものではありますが、岡先生と坂本さんの対話の様子を伝える貴重な文献です。

杉森さんにうかがった話によると、木下吟鈴《きのしたぎんれい》という尺八の名人がいて、坂本さんと親交がありました。坂本さんが木下さんに向かって、あなたの尺八を聴くとしばらく仕事が手につかなくなるから、と言ったことがあるとか。木下さんのお住まいは八女だったと思いますが、久留米かもしれません。

坂本さんが亡くなったとき、はじめ坂本家の本葬、次に八女市の市民葬と、葬儀は二度にわたって行われ、本葬のときは杉森さんが葬儀委員長を勤めました。熊谷守一から「南無阿弥陀仏」と書かれた掛け軸が届きました。お使いの人が持参したそうです。木下さんが吹奏する尺八「虚空」のもとで焼香が行われました。弔電が六百数十通。その中に岡先生の弔電もあり、杉森さんが読み上げました。電報ですからカタカナ書きですが、

このすぐれた人の　今は亡きをかなしむ　　　岡潔

と書かれていたということです。坂本さんが亡くなったのは昭和四十四年(一九六九年)七月十四日。十八日、葬儀。その後、八女市葬が執り行われました。市民葬のときの葬儀委員長は八女市長でした。

19 友人「松原」とは

岡先生の友人「松原」の消息

八女の杉山さんから坂本繁二郎のことを教えていただいている時期のことになりますが、一月二十九日、岡先生の友人の「松原」という人のことを調べようと思い、四国の愛媛県の高等学校の所在地を調べました。「松原」というのは岡先生の学生時代の友人で、大正八年にいっしょに三高に入学し、京大に進んで数学を学びました。大学では留年して、岡先生が卒業した後もまだ学生で、岡先生のエッセイによると、なんでもノルウェーの数学者リーの大著『変換群論』を読破するのだといって、講義に出ずに毎日、図書館に通って読みふけっていたというのです。リーの著作はドイツ語で書かれていて、全三巻という大きな作品です。「友人の松原」を語る岡先生の言葉を、エッセイ「日本的情緒」から引きたいと思います。

…私の友人に松原というのがある。三高を一緒に出て京大の数学科にもともに学んだ。二年の初めに幾何の西内先生にヘルムホルツ＝リーの自由運動度の公理を教わって感動し（西内先生はそのとき「ナマコを初めて食ったやつも偉いが、リーも偉い」といわれた）リーの主著「変換群論」を読み上げるのだといって、ドイツ語で書かれた一冊六、七百ページ、全三冊のその本を小脇に抱え、かすりの着物に小倉のはかまをはいて、講義を休んで大学の図書館に通っていた。この図書室はみんなが勉強していて、その空気が好きだからといっていた。講義を聞きに通う私とは大学の中のきまった地点で出会うのだが「松原」というと「おお」と朗らかに答えるのが常だった。

この松原があと微分幾何の単位だけ取れば卒業というとき、その試験期日を間違えてしまい、来てみると、もう前日すんでいた。それを聞いて私は、そのときは講師をしていたのだが、出題者の同僚に、すぐに追試験をしてやってほしいとずいぶん頼んでみた。しかしそれには教授会の承認がいるなどという余計な規則を知っていて、いっかな聞いてくれない。そのときである。松原はこういい切ったものだ。

「自分はこの講義はみな聞いた。（ノートはみなうずめたという意味である）これで試験の準備もちゃんとすませた。自分のなすべきことはもう残っていない。学校の規則がどうなっていようと、自分の関しないことだ」

そしてそのままさっさと家へ帰ってしまった。このため当然、卒業証書はもらわずじまいだった。

理路整然とした行為とはこのことではないだろうか。もちろん私など遠く及ばない。私はその後いく度この畏友の姿を思い浮かべ、愚かな自分をそのつど、どうにか梶取ってきたことかわからない。

岡先生はこんなふうに松原さんを紹介しました。それでぼくも以前から関心を寄せ、松原さんの消息を知りたいとかねがね念願していたのですが、手がかりがないので弱りました。岡先生は別のエッセイのどこかで、松原は三重の猟師の息子、などと書いていましたので、それなら津の中学の出身かもしれないと思ったこともありました。やはり岡先生と三高の同期だった人に、作家の梶井基次郎や中谷孝雄がいますが、中谷孝雄は三重県第一中学（大正八年の時点での名称。翌九年、津中学校と改称しました）の出身ですし、松原さんも案外、中谷孝雄の同期生だったのかもなどと思ったことでした。

ところが、おいおい判明したところによりますと、これは完全な間違いで、松原さんは愛媛の松山中学の出身でした。岡先生に見当はずれの方向にミスリードされてしまったため、松原さんを知る人にたどりつくまでにたいへんな手間ひまがかかりました。

出身地の探索

学生時代の岡先生の消息を知ることはフィールドワークの大きな目標のひとつでした。岡先生の小学校時代はなかなか複雑で、入学したのは郷里の柱本尋常小学校でしたが、すぐに大阪の菅南尋常小学校に転校し、それからまた郷里にもどって柱本小学校を卒業しました。それから粉河中学を受験して失敗し、紀見尋常高等小学校の高等科に一年間、通った後、粉河中学に入学しました。粉中時代のことは草田さんに案内していただいて粉河高校を訪問するなどして、だいぶよくわかってきたのですが、さて問題は三高と京大でした。

三高のフルネームは第三高等学校で、略称が三高。これを第三高校と略してはならないと、昔日の一高を卒業した方に教えていただいたことがありました。正式な略称はあくまでも三高というのだというのですが、指摘を受けてみるとたしかにそうかもしれません。もっとも学校の外では普通に第三高校と呼んでいたという話を聞いたこともあります。

それで三高のことですが、フィールドワークを始めて二年目の平成九年六月にはじめて札幌に出かけたとき、北海道立文書館で古い官報の実物を見聞する機会がありました。そこには昔の官立学校の入学者と卒業生の表があちこちに掲載されていて、岡先生が三高に入学したときの大正八年の入学者の一覧表も出ていました。名前を参照すると松原さんのフルネームがわかりました。松原隆一というのですが、さらに注目すべきことに、ひとりひとりの入学者について出身県が書き添えられていて、松原さんは愛媛県の出身であることもわかりました。三重の猟師の息子だという岡先生の言葉はまちがっていたのですが、どうしてこんなめちゃくちゃに見当はずれのことを書き残したのか、首をひねるほかはありません。

まったく不可解な話ですが、岡先生の言葉にはこの種の大間違いが非常に多いのです。岡先生はたくさんのエッセイを書き、御自身のことを語るのに饒舌でしたので、年代順に並び替えていくとおのずと生涯の年譜ができあがってしまうかのように思われるのですが、完全なまちがいが散在しますので、この手法で評伝を書こうとすると整合性がとれなくなってしまいます。一例を挙げると、岡先生の生地は郷里の紀見峠ではなく、父の寛治さんが大阪で仕事をしていたため、大阪市東区の島町というところで生まれました。ところが、岡先生のエッセイにはしばしば「田島町」で生まれたという記述が出現し、しかもときには正しく「島町」となっていることもあるので混乱してしまいます。こんなことがあるのでフィールドワークが不可欠になることになります。田島町と島町のどちらなのかを確定しなければならないからですが、見方を変えると岡先生に課題を与えられているような感じでもあります。

岡先生は島町の生地からいったん紀見峠にもどり、それから柱本尋常小学校の二年生の二学期から再度大阪に出て、北区壺屋町に転居しました。小学校も菅南尋常小学校に転校しました。菅南の「菅」は菅原道真の「菅」で、大阪天満宮の南側にあります。さて壺屋町の転居先は聖天寺というお寺の隣だったと岡先生は回想しています。こんなところはまちがいようもなさそうに思うのですが、実際に存在したのは聖天寺ではなく仏照寺というお寺なのでした。現地に出向いてみると、今はもう仏照寺は存在しませんので、図書館で調査して確認しました。

岡先生が聖天寺と明記したのはどうしてなのか、知るよしもありませんが、それでもとにかくお寺の近くだったことはまちがいありませんでした。

こんなふうにして、岡先生の発言のひとつひとつをいちいち確かめていくという恰好で、フィールドワークが進んでいきました。松原さんのこともその事例のひとつだったのですが、さて今度は愛媛県のどの中学の出身なのか、そこを明らかにしなければなりませんでした。

生地の探索

昔の中学は今の高校です。愛媛県の高等学校といっても茫漠としていて消息がわかりませんので、少々困惑して方針が立たなかったのですが、二月四日、思いつくままに電話をかけてみました。事情を伝え、同窓会名簿に「松原隆一」という名前が記載されているかどうか教えてほしいとお願いしたところ、西條高校、宇和島高校と続けて失敗し、その次に松山東高校にうかがうと、卒業生の中に松原隆一という人がいると教えていただきました。卒業年度は大正八年ですから、岡先生の友人の松原さんの可能性は非常に高そうに思いました。松山東高校の前身は松山中学で、詩人の中勘助先生の友人の安倍能成の母校です。

同窓会名簿には住所も書かれているというので、それも教えていただきました。それは松山の郊外の「愛媛県温泉郡田野村」というところです。ところが、ここでもまた混乱が起りました。というのは、愛媛県温泉郡には「小野村」は存在しますが、「田野村」は存在しないからです。「温泉郡」と「田野村」のどちらかがまちがっているのですが、他方、愛媛県周桑郡には田野村が存在します。宇摩郡土居町野田という地名もありますし、そのうえ村や町の統廃合なども考慮しなければなりませんので、この探索はなかなかやっかいなことになりました。多少の曲折の末、結局、松原さんの生地は「周桑郡丹原町田野上方」であろうという考えに傾きました。

探索の続き

松原さんの生地の探索が続きます。松山東高校の同窓会名簿に記載されている「温泉郡田野村」のうち、「温泉郡」を何かのまちがいとみて捨てることにして、「田野村」のほうは正しいであろうと判断したのですが、「周桑郡田野村」は後年、丹原町に編入されました。平成十年の時点ではかつての田野村地区は「周桑郡丹原町」の一区域に組み込まれ、田野上方と北田野という二つの大字に分かれていました。その後、市町村の合併はさらに進み、平成十六年十一月一日付で西条市に編入されました。現在の住所表記では「西条市丹原町田野上方」となります。

当時のノートには「田野上方」には「たのかみかた」という読み方が記されていますが、今になって郵便番号一覧などを手がかりにしてあらためて調べてみると、「たのうわがた」という振り仮名が添えられています。ところが郵便番号一覧には西条市との合併前の読み方というのも併記されていて、そこには「たのうわかた」と記されています。「うわがた」と「うわかた」の違いですが、このささやかな相違点は、あるいは単なる誤記入にすぎないのでしょうか。

平成十年当時、もう一歩、踏み込んで調べたところ、といっても図書館で愛媛県の電話帳を参照しただけのことなのですが、田野上方には十軒の松原さんが住んでいました。それで思い切って電話をかけてみたところ、何軒目かで、松原隆一さんの甥になるという松原さんにぶつかりました。その人は私のおじさんだ、というのですが、これでようやく手がかりがつかめたと思い、うれしかったです。さて、その松原さんが「たのかみかた」と発音していたように思い出されますが、いわゆる正式な読み方とは別に、この地方だけで通用する特別の読み方なのかもしれません。地名の読み方ひとつに着目しても、事実を確定するのは容易なことではなく、うっかりするとすぐにまちがってしまいます。

田野上方の松原さんの話では、松原隆一さんは昭和三十年に五十五歳で亡くなったということでした。兄が二人。公職についていて、ダムの建設に関与して県に呼ばれたとも。甥というのは実は少々おおざっぱな言い方で、松原さんの母親と松原隆一さんの父親が兄妹ということですから、実際にはいとこ同士になります。同じ田野上方に松原隆一さんの兄の息子のお嫁さんがいるということで、電話番号を教えていただきました。この話をうかがったのは二月六日です。

松原家の人びと

二月八日、松原隆一さんのお兄さんのお子さん（ということは、甥ですが）のお嫁さんの家に電話をかけました。電話に出たのは松原文枝さんという人で、すでに話が通じていたと見えてたちまち四方山話になりました。松原隆一さんの「隆一」という名前は「たかかず」と読むのだそうですが、「りゅういち」とも読めます。男の子三人の末っ子で、長兄の英郷さんという名前も「えいきょう」「ひでさと」と二通りの仕方で読めます。正式には「ひでさと」と読みます。次兄は翁之助といい、「しげみのすけ」と読むのだそうで、ちょっと変ったお名前ですが、これもまた「おきなのすけ」とも読めます。二通りの読み方のどちらでも通用するように工夫して名前をつけたのだそうで、命名した父親は喜作さんという人です。

松原家の人々（後列右、松原隆一）

長兄の英郷さんに幸一という息子がいて、そのお嫁さんが文枝さんです。平成十年の時点では幸一さんはすでに亡く、文枝さんはお子さん（男の子）と二人で暮らしています。

うかがった話のあれこれをそのまま写していくと、松原家は三百年も続く旧家ですが、なぜか神戸に本籍があります。文枝さんが松原家に来たのは昭和二十九年で、そのとき隆一さんも松原家にいて、奥さんと二人で納屋に住んでいました。英郷さんは盛岡の高等農林学校を出て台湾に行き、パイナップルの缶詰を作る会社に勤務して、終戦後、郷里にもどってきました。隆一さんの長兄という年格好で盛岡の高等農林の出身ということなら、もしかしたら宮沢賢治と同期かもしれないと思ったことでした。

次兄の翁之助さんも台湾にいて、台湾総督府に勤務していましたが、終戦後やはり帰郷しました。兄弟三人の両親も健在でしたから、戦後の松原家には四世帯が同居していたことになります。

隆一さんははじめ田野村の助役になって村役場に勤務し、辞めて県庁に移ることになりましたので、松山市に引っ越しました。日曜のたびに田野村に帰ってきて、また松山にもどるときは文枝さんがバス停に見送りに行きました。おもしろいおじさんでした。そんなふうにして一年半ほどおつきあいが続きましたが、喉頭がんにかかり、手術をすることになり、手術台にあがって手術が始まらないうちに亡くなってしまいました。昭和三十二年のことということですから、先日、「いとこの松原さん」にうかがった話と少し食い違いますが、こちらが正しいのでしょう。生年は岡先生と同じ明治三十四年で、一月生れですから、亡くなったのは数えて五十七歳、満年齢では五十六歳になります。

岡先生のエッセイを読んで名前を知るだけの人だったのですが、こうして御本人を知る人の話をうかがうことができたのは思えば不思議なことですし、岡先生のエッセイの記述が急速に実在感を帯びてきました。

神戸の温故塾

松原隆一さんの話をはじめて文枝さんにうかがったのは二月八日のことですが、これを皮切りに、それからも何度かお電話して、だんだんと見聞を広めていきました。当時のノートから電話で話をした日付を拾うと、二月十七日、二月十九日、二月二十二日、二月二十八日と、ずいぶんひんぱんに目に留まります。文枝さんの話を集めると、隆一さんは大学を中退した後、神戸に住んでいたのだそうです。神戸には次兄の翁之助さんがいましたので、隆一さんは翁之助さんの家に同居して「温故塾」という学習塾を始めたということで、その前はジャガーミシンを販売する仕事をやっていました。大学を出た後、結婚し、いっしょにミシンを売っていたのですが、買った人がお金を払わないで逃げてしまうということが相次いだため、多額の借金を背負ってしまいました。奥さんの実家と松原家でこれを返済し、それから翁之助さんの家で学習塾を始めたという順序のようでした。

翁之助さんは台湾で仕事をしていたというのですから、家は神戸にあって、単身、台湾に赴任したのかもしれません。このあたりは聞き直したりせずにただうかがっただけですので、正確なことはわかりません。台湾では台湾総督府に勤めたとも、税関の仕事をしていたとも。これは別に矛盾しないのかもしれません。このあたりの話は「大阪のおばさん」から聞いたということで、「大阪のおばさん」というのはどなたなのかというと、翁之助さんの奥さんです。大阪の豊中市に御健在ということでしたので、三月一日、電話をかけてお話をうかがってみました。

「大阪のおばさん」もあたりまえですが松原さんです。なんでも翁之助さんは東京農大の出身で、はじめは神戸の税関に勤め、それから昭和十二年に台湾に行きました。隆一さんは神戸で温故塾を開き。理数系の科目を教えましたが、やがて戦争が始まって、神戸の空襲の前に田舎に引き上げて、田野村の助役になりました。田野村は水が少ないのだそうで、それで隆一さんが県にかけあってダムを造ったらどうかと提案したところ、これが受け入れられて、そのうえ、開発団の責任者に任命されました。こうしてできたのが今の面《おも》河《ご》ダムです。

翁之助さんは隆一さんより二つ上で、仲のよい兄弟でした。

また文枝さんの話にもどります。松原家の近くに遊園地があり、その手前にさとうきびの畑がありました。週末、隆一さんが松山市から帰郷して、また松山にもどるとき、文枝さんが自転車の荷台に荷物をくくりつけて送っていったのですが、ある日のこと、田んぼの曲がり角のところでさとうきび畑がかさかさ揺れました。すると隆一さんがおばけが出る話を始めたので、本気になって聞いて、すっかり恐くなりました。あとでおばあさんがこれを知り、「隆さんや、いいかげんにせいや」と隆一さんをたしなめました。それで隆一さんは、「おいさん、あれ冗談やったの」と謝ったのだそうです。なんだかおもしろい話でした。「おばあさん」というのは隆一さんの母親のことです。

人生の最後の言葉

隆一さんは喉頭がんのために亡くなったのですが、松山市の病院で手術を受けることに決めたとき、奥さんと二人で田野村の両親のもとを訪れました。最後のお別れのつもりだったようですから、本人も覚悟するところがあったのでしょう。隆一さんの奥さんはみさおさんという人で、田野村の婦人会長になったことがあるそうです。

両親に挨拶して松山にもどるとき、文枝さんは自転車の荷台に荷物をくくりつけてバスの停留所まで送っていきました。このときのバス停が最後のお別れの場所になりました。挨拶を交わして別れた後、隆一さんは文枝さんの背に向かって、「じいさんとばあさんを頼むぞ」と声をかけました。この声は届かず、文枝さんは気がつかなかったのですが、後日、みさおさんに教えてもらいました。

「じいさんとばあさん」というのは隆一さんの両親のことで、隆一さんが「頼むぞ」と文枝さんに後を託したのは昭和三十二年。この話をぼくがうかがったのが平成十年ですから、この間、四十一年の歳月が流れています。岡先生のエッセイを読んで「友人の松原」の名を認識したのは昭和四十一年のことですから、それからまた三十二年という歳月の流れを隔てて、隆一さんの最後の言葉を語り伝えられるという成り行きになりました。人を知る人に出会うことによってはじめて起りうる出来事であり、なんでもないことのようでありながら、いかにも不思議です。文献や資料を越えていることはまちがいなく、いわゆる科学的な検証になじむことでもありませんが、強い実在感を備えています。人生というものの本当の姿は実はそうしたもので、人から人へと何事かが伝えられていくところに神秘がひそみ、この世でのぼくらの営為を規制する働きを示します。松原隆一という人はこの世に本当に存在したことのある人で、それを実証するのは「じいさんとばあさんを頼むぞ」と甥のお嫁さんに語りかけたという、その一事のほかにありません。このようなことはフィールドワークを試みなければ決して知ることはできませんでした。

没後、田野村の松原家の菩提寺で葬儀が営まれ、五十人ほどの参列者がありました。お墓は西本願寺にあり、松原家には位牌があります。本籍地は神戸ですが、文枝さんにお願いして「除籍謄本」と「改正原戸籍」を入手することができました。

20 石井式漢字教育

貴志川町の中西先生

松原文枝さんの話をうかがうことができたおかげで、長年の幻だった岡先生の友人の松原隆一さんの消息が相当に具体的にわかりました。松原家に残る写真のコピーを二枚いただきました。一枚は松原家の集合写真で、十一人の人が写っています。隆一さん御夫妻と御両親。長兄夫妻と次兄夫妻。それに文枝さんと御主人。御主人は隆一さんの長兄の英郷さんのお子さんの幸一さんという人ですが、この名前も「こういち」「ゆきかず」と二通りに読めます。「こういち」と読むのが正解のようですが、松原家の命名の伝統はここにも受け継がれたことになります。もうひとり、小学生くらいに見える男の子が写っています。隆一さんとの関係はどうだったのか、うかがったように思うのですが、思い出せません。この写真は昭和三十年前後のものと思います。

もう一枚の写真は軍服を着て軍刀を手にした幸一さんを中心にして、隆一さん御夫妻と御両親が写っています。戦時中の写真で、幸一さんの出征のおりの記念写真と思います。古い歴史のある松原家ですが、平成十年の時点では文枝さんとお子さんひとりだけになりました。紀見峠の頂上にあったかつての岡家も今はありませんし、甲府の内田先生のお宅も空き家になったまま放置されています。こんなことを思うといつも、時の流れをありありと感じます。

三月十日、和歌山県貴志川町の中西先生と電話で話しました。貴志川町は現在は紀の川市の一区域になっていますが、平成十年当時は和歌山県那賀郡に所属していました。中西先生は小中学校の教師を長く勤めた方で、御本人の話では小学校十年余、中学校十年ということでした。電話で話したころはもう定年で退職していました。

中西先生のお名前を聞いたのは奈良の松原家でのことで、平成九年の暮れ、松原家を訪ねたおりにさおりさんにうかがいました。なんでも中西先生は岡先生の色紙をもっていて、さおりさんは見たことがあるそうですが、それはそれはみごとな色紙だったというのです。それで松原家に集まるみなにもぜひ見せたいから貸してほしいと丁重にお願いしたところ、なぜか拒絶されました。そんなことをうかがいましたので興味をそそられて、いったいどんな色紙なのか、できればこの目で見たいと思い、住所と電話番号を教えてもらったのでした。

中西先生の話

中西先生は平成十年三月の時点で満七十一歳。翌四月二十七日で七十二歳になるということでした。岡先生や草田さんと同じ粉河中学の出身（第三十九回生）で、粉中から和歌山県師範学校に進みました。そうしますと満十九歳で終戦を迎えたことになりますが、在学中、海軍予備学生として入隊し、特攻兵器「震洋」の搭乗員になりました。

特攻隊の隊員にはなりましたが、出撃の機会のないまま終戦を迎えました。戦後は教育界にもどり、和歌山大学附属小学校に勤務し、教育委員会に移り、それから和歌山市内の雑賀小学校の校長になりました。早くから岡先生の教育論に共鳴するところがありました。和大附属小には「ふところ手をしない子どもを育てる」という教育方針があったのですが、中西先生はこれを変更し、新たに岡先生の教育理念に基づいて教育方針を立てたいと願い、「情操と知性の教育」というテーマを立てて教育研究会を開くことになりました。講師として岡先生を招聘するため、中西先生が奈良に岡先生を訪ねて講演を依頼したところ、岡先生はこれを受けました。

講演終了後、和大の運転手つきの車で中西先生も同乗して岡先生を奈良まで送り届けたのですが、着いたころはもう暗くなっていましたので、みちさんが夕ご飯を出しました。岡先生の家には弁栄上人の「釈迦出山の図」がかけてありました。

夕食をいただく前に岡先生のお話をうかがい、色紙を三枚書いてもらいました。みな同文で、という色紙でした。一枚は『三国遺事考証』の著者の和大の村上四男先生に、もう一枚は附属小の同僚の先生にさしあげて、もう一枚を中西先生が手もとに置いています。これで色紙の由来が判明しました。

岡先生の没後、和歌山文化協会が主催して岡先生を顕彰する催しが開かれたことがあります。岡先生の三人のお子さんが招かれて、みなで岡先生の思い出を語り合ったりしたのですが、中西先生もこの催しに参加して、そのおりに参考資料のつもりで色紙を持参しました。それを見たさおりさんが強い関心を寄せ、ぜひ貸してほしいと、何度も手紙で申し入れてきました。断ってもまた手紙がくるというふうで、粘り強く頼み込んできましたが、文面に気に入らないところがあったようで、拒否したということでした。

いったいどのような色紙なのか、ぼくも見たいと思い、貴志川に足を運ぶ機会をうかがっているうちに中西先生は急に亡くなってしまいました。退職後は和歌山の民謡の研究に打ち込んでいたようで、『和歌山のわらべ歌』という著作があります。色紙は未見ですが、この本は送っていただきました。

石井式漢字教育

中西先生のお話をうかがった日の翌日、三月十一日のことですが、当時のノートを参照すると、この日の記事に石井勲先生のお名前が記されています。石井先生は「石井式」と呼ばれる独自の漢字教育の提唱者として知られている方で、晩年の岡先生とおつきあいする一時期があり、岡先生のエッセイ集にも登場しますので、お名前は早くから承知していました。御自宅の住所や電話番号など、具体的なあれこれのことを教えてくれたのは国民文化研究会（国文研）の小柳陽太郎先生でした。三月十一日のノートの記事にどうして石井先生が出ているのか、状況が記されていないのですが、たぶんこの日、小柳先生にお会いして石井先生のおうわさをうかがったのではないかと思います。

それで三月十一日のノートには、石井先生は師友会で話をしたことがあること、その席で岡先生に会い、岡先生をホテルに送っていったこと、漢字というのは心の玉をみがくことだと岡先生が言ったということなどがメモされています。小柳先生は石井先生と面識があり、このようなあれこれのエピソードをうかがったことがあったのでした。

石井先生の愛弟子に土屋秀宇先生という人がいて、千葉県の小学校や中学校で先生をしているとも教えていただきました。勤務先を教えていただきましたので、何度か連絡を試みてみたのですが、このときはうまくいきませんでした。

このようなことがありましたので、石井先生のお話をうかがってみたいと念願するようになったのですが、この望みは四月二十一日になってようやくかなえられました。この日の電話で、石井先生は実に率直に、まるで昨日のことのように岡先生の思い出を語ってくれました。話の骨子は小柳先生にうかがっていたとおりで、石井先生は師友会の講演会の席で岡先生に会ったということでした。

師友会というのは安岡正篤が設立した修養団体です。岡先生は和歌山県の師友会の総会で講演を行ったことがあり、そのおり安岡正篤と知り合いました。昭和三十七年の五月のことです。同年八月、東京の小金井の浴恩館で師友会主催の講演会が催されました。安岡正篤は早くから石井式漢字教育に注目していたようで、石井先生をこの講演会に招きました。当然のことながら講演のテーマは漢字教育で、聴衆の中に岡先生がいたのでした。

二時間ほどの講演が終わり、質疑応答の時間に移ったとき、真っ先に質問をしてきたのが岡先生でした。「あなたは当用漢字の制定についてどう思うか」と岡先生。石井先生は岡先生のお名前は承知していましたが、この質問者が岡先生とは知りませんでした。それでどういう意図をもってこのような質問をしてきたのかはかりかねたようで、なんとなく曖昧な言葉で応じました。用心したのでしょう。すると、「賛成なのか、反対なのか、はっきりせよ」と岡先生が追い打ちをかけてきました。そこで今度は「大反対です。許すことができません」と明快に応じたところ、岡先生は「そこが大事なところだ」と言って、満足そうにうなずきました。これが両先生の初対面のおりの情景です。

心の玉をみがく

昭和三十七年の夏八月の浴恩館での講演会では、石井先生のほかに安岡正篤と荒木萬壽夫の講演がありました。荒木萬壽夫は岡先生が文化勲章を受けたときの文部大臣だった人ですが、浴恩館で講演を行ったときもまだ現職の文部大臣でした。

講演が終わって石井先生が講師控室に行くと、岡先生と安岡正篤と荒木文部大臣が談笑していました。石井先生はこのときようやく、先ほど舌鋒鋭く質問をぶつけてきた人は岡先生だったのだと気づきました。安岡正篤が石井先生に向って、岡先生をホテルに送るようにと言いましたので、石井先生は喜んでこの役目を引き受けて、岡先生といっしょに車に乗りました。

両先生は車中でいろいろな話をしましたが、数学教育の水道方式のことも話題にのぼりました。水道方式はいかがですか、いいと思いますが、と石井先生が話題をもちかけたところ、あれは数学ではありませんと、岡先生のにべもない返事が返ってきました。それから岡先生は石井先生の漢字教育を話題にして、「あなたのやっていることは本当に大事だ」、「小学校では数学より漢字が大事だ」と力強く言って、そのうえでさらに

「漢字は心の玉をみがく道具です」

と言い添えました。この岡先生の言葉は石井先生の心に強い印象を刻み、石井式漢字教育を継承する人びとの間で長く語り継がれていくことになりました。

「御花」での対話の日付

晩年の岡先生は各界のさまざまな人たちとおつきあいがありましたが、とりわけ注目に値するのは、小林秀雄、保田與重郎、それに坂本繁二郎の三人です。かねがねそんなふうに考えていましたので、これらの三先生と岡先生との交友の模様を詳しく知りたいと念願していました。

岡先生と坂本さんは西日本新聞社の企画で福岡県柳川市の「御花」という料亭で対談したことがあります。そのときの対話の記録は西日本新聞に掲載されましたし、岡先生のエッセイ集『春の雲』(講談社現代新書)にも収録されたのですが、対話が行われたのは何日なのか、肝心の日付は長い間、不明でした。昭和四十一年十月まではわかっても、十月の何日なのかというところが明らかにならなかったのです。新聞やエッセイ集など、公表された文献に見あたらないのはもとより、岡先生の大量の遺稿をくまなく参照しても、日付の記入は見つかりませんでした。それでどうも落ち着きが悪かったのですが、だいぶ後になってから「十月二十四日」と判明しました。坂本さんが遺したメモ帳に記されていたとのことで、八女の杉山さんに教えていただきました。ただし、メモ帳そのものはいまだに見る機会がありません。

岐阜の護国神社の森宮司の話

岡先生が小林秀雄と対談したころは、栢木先生が岡家に出入りしていて、対談の感想などを岡先生に訪ねて記録を残しました。坂本さんとの対談のおりには坂本さんの側に杉森さんがいて、坂本さんの談話を記録しました。そのおかげで二つの対談の様子が多少とも具体的にわかるようになったのですが、栢木先生といい、杉森さんといい、実に貴重な役割を果たしてくれました。

それからまた数日がすぎて、三月二十八日には岐阜の護国神社の森宮司と電話で話しました。森さんは国学院の学生時代に小山さんの後輩だった人で、小山さんともども胡蘭成に傾倒するようになりました。どういう経路だったのか、たしか書道の方面でのおつきあいがあったのではないかと思いますが、胡蘭成は国学院と縁がありました。森さんは胡蘭成の信任の厚い人で、小山さんとも親しかったこともあり、小山さんのお話の中にしばしば森さんのお名前が現れました。それで一度はぜひ岐阜を訪れてお会いしたいと思い、とりあえず電話で御挨拶をと思い立った次第です。

三月二十八日の電話会談のおりにはもっぱら胡蘭成の消息が話題にのぼり、はじめて耳にするエピソードをあれこれと教えていただきました。胡蘭成には「天下英雄会」を結成するというアイデアがあり、岡先生や保田先生にもこれをもちかけて、現に龍神温泉では会員名簿を作成して、その場に居合わせた人たちが署名するということもありました。胡蘭成が「天下英雄会」という書を書き、それを板に彫ったものが三枚あり、そのうちの一枚は岡家にあります。保田先生も一枚もっていて、あとの一枚は胡蘭成が手もとにおいていることになっていたのですが、その三枚目の板書はなぜか護国神社にあるというのでびっくりしました。昭和四十九年、胡蘭成は永住を決意して台湾に移ることになり、そのおり形見として森さんがいただいたのだということでした。

晩年の胡蘭成

森さんは晩年の胡蘭成と非常に親しかったようで、いろいろなエピソードをご存知でした。ちょっとうかがっただけでは意味のよくわからない話も多かったのですが、一番関心があったのは「森さんが胡蘭成と知り合ったのはいつころからか」という点でした。昭和四十三年秋の龍神温泉行のころは胡蘭成は筑波山で生活していて、龍神温泉に出かけたときも梅田学筵の梅田さんといっしょでした。昭和四十七年二月には『自然学』という著作が刊行され、岡先生が序文を寄せているのですが、刊行元は梅田開拓筵でした。ところが、この著作の刊行の前年の暮れ、胡蘭成が校正稿をもって奈良に岡先生を訪ねたとき、同行したのは小山さんでした。

晩年の胡蘭成はいつのまにか梅田学筵を離れたのですが、その時期は『自然学』の刊行の直後のように思われました。梅田さんとの間に悶着があったようで、にわかには信じがたい奇妙なエピソードをいくつも教えていただきました。同じような話は小山さんからもうかがったことがあります。フィールドワークの初年の夏、筑波山に出向いて梅田学筵に一泊したおり、梅田さんのお話をうかがったことがありましたが、そういえば胡蘭成の話はあまり盛り上がらなかったような印象があります。

筑波山を去った後、胡蘭成は福生の自宅にもどりました。森さんの話によると、なんでも胡蘭成の奥さんは上海の秘密結社の娘だったのだそうで、途中の経緯がよくわからないのですが、刑務所に留置されていた時期があり、留置所の隣の部屋に胡蘭成がいたのだとか。胡蘭成がどうして留置されていたのか、戦前戦中のことなのか、あるいは戦後になってからのことなのか、この間の事情は不明瞭です。ともあれこんなことがきっかけになって、胡蘭成は上海の「牢屋」で奥さんと知り合いました。

胡蘭成 台湾にて

戦後、まず胡蘭成が日本に亡命し、それから奥さんも日本に亡命し、さらにお子さんの「みみ」さんも来日しました。

四月五日には大阪に出て、大阪市立図書館で古い週刊誌を閲覧しました。閲覧したのは毎日新聞社の週刊誌「サンデー毎日」の昭和三十九年のバックナンバーで、一月十二日号には岡先生のエッセイ「六十年後の日本」というエッセイが掲載されています。それから四月五日号から「春風夏雨」

という通し表題を立てて、連載が始まりました。四月五日号に掲載されたのが第一回で、年末の十二月二十日号の第三十八回に及び、その翌週の十二月二十七日号には「最終回」が掲載されました。回数を数えると「第三十九回」になるのですが、「第三十九回」ではなくて「最終回」と書かれているのがおもしろく思いました。

21 市民大学講座

市民大学講座

四月十六日には「市民大学講座」のことを少し調べました。市民大学という名の会は昔も今もあちこちにあり、だれもが自由に出席できる教養講座のような形をとるのが普通ですが、かつて岡先生は「市民大学講座」というものを提唱して熱心に講義を行ったことがあります。はじまりはいつころなのか、また、いかなる出来事をもって始まりとみなすのが適切なのかというところに問題がひそんでいます。事実関係を追っていくと、昭和四十三年の夏、「心情圏」という月刊誌の九月号に市民大学講座の「開講案内」が掲載されるとともに、学生が募集されました。そこには岡先生の「提唱の言葉」も出ていて、「顧問」という肩書きがつけられています。「心情圏」というのは原理研究会の機関誌です。

昭和四十三年というと戦後の日本の学生運動が最後の盛り上がりを見せた時期で、大学封鎖が行われたり、学生のデモ隊と機動隊が衝突したり、連日めちゃくちゃな出来事が続いていました。大学はもうだめかもしれないという危機感も大きく広まっていましたし、岡先生が市民大学講座を提唱したのも、当時の世相に対する岡先生なりの対応だったのであろうと思います。従来の大学はもう大学ではないと見て、心ある少数の人たちが強力な講師陣を形成し、真に学びたい人だけが参集して聴講するという主旨の組織を作ろうというのでした。

岡先生のアイデアはよしとして、ここで問題になるのはだれがどのようにして組織を作るのかということですが、名乗りをあげて本当に市民大学講座という名の組織を立ち上げたのは原理研究会でした。原理研究会というのは韓国で発生した統一教会という新興宗教を母体とする組織で、各地の大学に学生サークルのような形をとって作られて、学生運動に対抗する動きを示しました。昭和四十二年には「心情圏」という雑誌が創刊されました。創刊号が四月号で、そこにはすでに岡先生のエッセイ「真我の世界を開け」が掲載されています。肩書きは「原研顧問」。以後、ほぼ毎号に渡って岡先生の寄稿が続きます。

原理研究会による市民大学講座の発足に先立って、昭和四十三年五月十一日のことですが、岡先生は福井県鯖江市の市民大学で「日本民族のこころ」という題目を立てて講演を行っています。この講演の記録は学習研究社から刊行された『岡潔集』(全五巻、昭和四十四年)の第五巻に収録されましたが、その際、「鯖江市市民大学」における講演であることが明記されました。この市民大学は市民を対象とする教養講座につけられたごく普通の呼称なのであろうと思います。あるいは、岡先生自身がこのような呼称を鯖江市にもちかけたのかもしれません。いずれにしても、この時期の岡先生が市民大学講座の構想を抱いていたことを示す象徴的な出来事です。昭和四十三年秋に発足した市民大学講座は岡先生が自分で組織したのではありませんが、岡先生の構想に着目した原理研究会が積極的に組織を作ったということだったのであろうと思います。

神戸の市民大学

だんだん調べていくと、原理研究会が創設した市民大学講座は相当に大掛かりな組織でした。当時の各界の著名な人びとが講師となり、聴講者を募り、全国各地で定期的に講義が行われました。岡先生もひんぱんに講義を行い、その記録はそのつど「心情圏」誌に掲載されました。原理研究会は何かしら意図があって岡先生に近づいたのであろうと思いますが、岡先生は岡先生で世間に向かって語りたいことがありましたので、市民大学講座と「心情圏」誌は岡先生にとって恰好の発言の場所だったのでしょう。

こんなわけで「心情圏」という雑誌の成り行きに着目するようになりましたが、昭和四十五年の七月号を最後に突然終刊となりました。これで最後と予告があったわけではなく、次の号が刊行されなかったので、結果的に終刊号になったのですが、なんだか不可解な出来事です。原理研究会のほうにも事情があったのでしょう。昭和四十二年の四月号が創刊号ですから、この間、三年と三箇月です。市民大学講座のほうはなお継続し、確認できた範囲では岡先生の講義は昭和四十七年の秋まで行われています。

それから先は岡先生の講義の記録が見つかりませんので、市民大学はどうなったのだろうと気にかかっていたところ、神戸には今も、というのは平成十年当時のことですが、市民大学講座を名乗る組織が存在することが、何かのおりにわかりました。昭和五十二年十月二十一日には岡先生も神戸市民大学講座に出講し、当時執筆中だった「春雨の曲」の中の「人の世」の原稿に基づいて講義を行っています。

それで昭和四十三年に原理研究会が始めた市民大学と神戸の市民大学講座の関係を知りたく思い、電話をかけてみました。それが四月十六日のことでした。電話に出た人にお尋ねすると、その人は岡先生が神戸市民大学に出講したときに奈良まで迎えに出向いたという人で、そのときのことを話してくれました。なんでも岡先生は、「今日は日本武尊《やまとたけるのみこと》が家に来た」と言い、書生に向かって「数学は愛だ」と言ったのだそうです。

神戸の市民大学講座が創設されたのは昭和四十三年で、提唱者は岡先生ということですので、それなら原理研究会が始めた市民大学講座と同じです。そこで原理研究会との関係を尋ねたところ、当初の職員の中に原理の人たちがいたとのこと。三年間続いたけれどもつぶれてしまったという話でもありますし、そうしますと発足当時の神戸市民大学講座は原理研究会が始めた市民大学講座の一環であり、「市民大学講座神戸校」だったのであろうと思われました。

三年続いてつぶれた後、三年ほど休んでから再出発しましたが、そのころ神戸市もまた市民大学を創設しました。それで、一時は神戸に二つの市民大学が存在したというのですが、両者の間にはもとより何の関係もありません。神戸市が創設した市民大学はまもなくつぶれました。神戸市民大学講座を復活させたのは尾上正男という人です。

尾上さんは神戸大学の先生だった人で、神戸市民大学講座が復興したころは神戸学院大学の学長でした。

ソビエト外交史が専門の政治学者です。

市民大学講座のいろいろ

尾上さんが神戸市民大学を復興してからしばらくして、昭和五十八年（一九八四年）には兵庫県教育委員会より財団法人として認可されています。当初から気になっていたのは原理研究会との関係ですが、原理研究会が始めた市民大学講座と同じ昭和四十三年に創設されたことになっていることや、岡先生が提唱者とされていることなどの点を考え合わせると、もともと同じ組織だったと見てよいのではないかと思います。

市民大学講座という名の組織はあちこちにあり、すべてを承知しているわけではありませんが、福岡市民大学講座や群馬市民大学講座など、提唱者が岡先生であることを明らかにしているものもあります。つい最近、作家の玄侑宗久のブログを閲覧したところ、「ザ・シチズンズ・カレッジ」というNPO法人が主催する講演会で講演したという話が出ていて、昔は東京市民大学講座という名前だったらしいとか、創立には岡先生の意志がからんでいるらしいなどということが書かれていました。

神戸の市民大学講座もそうですが、これらの市民大学講座は、生涯学習の場というか、各界の著名人の講演を聴講して教養を高めるというほどのごく普通の勉強の場所であり、原理研究会の影はもう消えているように思います。当初は原理研究会が中心になって発足したのはまちがいないとして、数年のうちに原理研究会が手を引いた後、各地に残された市民大学講座はそれぞれの道を歩んできたということなのでしょう。立ち消えてしまったところもあり、そのまま続いて今日にいたったところもあり、いったんつぶれてから再建されたところもあるというような状況だったのであろうと思います。今のところ、これ以上のことはわかりません。

22 津名道代さんを訪ねて

津名道代さんの消息

かつて岡先生が提唱した市民大学講座のことを知りたいと思い、神戸市民大学講座の事務局に電話をかけたのが四月十六日。それから東京の石井勳先生に電話でインタビューを試みたのは四月二十一日のことでした。当時、メモ帳のつもりでつねに持ち歩いていた大学ノートは、四月十六日の時点で十三冊まで進み、二十一日から十四冊目に入りました。平成八年二月に始まったフィールドワークの日々もとっくに丸二年を越えて、すでに三年目に入っています。

五月に入って京都に移り、山科に津名道代さんをお訪ねしました。津名さんの所在地は和歌山の梅田さんも知らなかったのですが、補陀さんがご存じで、教えていただきました。和歌山市の郊外の実家はそのままにして山科にアパートを借り、普段はそこで生活し、仕事をしているということでした。

山科の津名さんの話

ＪＲ山科駅の近くの京都銀行山科支店の前で待ち合わせ、津名さんにお会いしました。初対面の御挨拶を交わし、それから勉強部屋もしくは執筆部屋にしている近所のアパートに案内していただきました。岡先生にまつわるうわさ話のあれこれをうかがうという主旨ですので、すぐに話が通じました。

津名さんは奈良女子大学の出身で、一学年上に岡先生の長女のすがねさんがいたことが、直接のきっかけになって、在学中に岡先生と面識ができました。なんでも昭和二十八年の暮れ、光明会の杉田上人が奈良女子大の同窓会館「佐保会館」で講話を行うということがあったのだそうです。当時、光明会のお念仏に熱心に打ち込んでいた岡先生が呼んだのだろうと思います。津名さんは寄宿舎で生活していたのですが、同室に数学科の学生の桑田さんという人がいて、津名さんを杉田上人の講話に誘いました。光明会に心を寄せる人だったのでしょう。桑田さんはすがねさんと同期でした。講話の当日、すがねさんが寄宿舎に桑田さんを呼びにきて、津名さんはそのときはじめてすがねさんに会いました。杉田上人の講話も聴講し、質問などもしたのだそうです。

津名さんは学習研究社から『岡潔集』（全五巻）が出たとき月報にエッセイを寄せたのですが、その題目は実に「青春の慈父　岡先生」というのでした。岡先生のお宅をひんぱんに訪れた一時期があり、芦屋の光明会で行われたお念仏の集まりにも、岡先生に連れられて参加したことがあります。奈良女子大に在学中に親鸞の『教行信証』を読んだときのこと、冒頭の「総序」を読むとすとんと心に入り、それから全部読んだところ、すらすらと心に入って気持ちが広くなりましたが，その後、急激に落ち込んでしまうという体験があったそうです。法悦の世界というのは「絶対他力の無色彩の闇」。ちょうどそんな時期に杉田上人の講話を聴きました。光明会にもいろいろな流れがあるのですが、杉田上人にはあまり親しめませんでした。岡先生のほうではなぜか親鸞を好まなかったという感じを受けました。それで岡先生との間にときどき摩擦めいたことが起り、あるとき岡先生が、「いくら話してもおわかりになりませんなあ」と津名さんに言ったことがあるそうです。宗教的情操において通い合うところがありながら、同時に、どこかしら根本のところで相容れないものがあったのでしょう。

津名さんは保田先生のこともよく御存知でした。義仲寺には保田先生のお墓と早世した三男の直日さんのお墓があると教えていただきました。

高橋博士の顕彰碑と岡先生

津名さんは奈良女子大での岡先生の様子も話してくれましたが、なんでも大学側と岡先生の間では摩擦が絶えなかったということで、岡先生の長女のすがねさんには、それをやわらげる役割が期待されていたというのでした。天才と・・・は紙一重というくらいに見られていたようで、岡先生は岡先生で数学研究の中で生活するというスタイルを、大学に勤務してからもくずさなかったのでしょう。かつて広島文理科大学に勤務していたころもそんなふうで、学生に講義をボイコットされたことさえありました。

和歌山市の公園に「ビタミンA博士」こと高橋克己博士の五十回忌をめどに顕彰碑を建てる話が持ち上がったとき、和歌山の梅田さんから津名さんのもとに、手伝ってほしいと依頼がありました。具体的には、津名さんを通じて岡先生の支援がほしいということなのですが、こんなことがきっかけになって津名さんは久しぶりに岡先生に会うことになりました。大学に在学中に岡先生を足しげく訪問した時期があったものの、しばらく音信が途絶えていたのでした。

ともあれ梅田さんの依頼を受けることにして、津名さんは尾崎さんと二人で奈良に出向きました。電車に乗って、四方山話にふけりながら奈良に行き、岡先生に会いました。岡先生には前もって、顕彰碑の件でうかがうと、用向きを伝えておきました。しばらく話をしたものの、特に決まったことは何もないまま時間がたちました。岡先生が、どうするの、と言うので、尾崎さんはひとりで和歌山にもどり、津名さんは大学時代の友人で奈良在住の藤田さんのお宅に泊めてもらうことにしました。それで、こんばんは藤田さんのところに泊まると岡先生に伝え、藤田さんのお宅に移ったのですが、そうこうするうちに岡先生から藤田さんに連絡がありました。家に来るようにというのです。

藤田さんはお金をもってもどってきて、これを岡先生から、と言って津名さんにわたしました。顕彰碑建立のお祝いのお金ということでした。岡先生には発起人に名を連ねてもらうことになり、これで津名さんの役割は無事に果たされた恰好になりました。

23 羽村にて

羽村座談会

六月に入ってまもないころ、羽村の小山奈々子さんのお宅に向い、第一回目の「羽村座談会」に応じました。参加者はぼくと小山さん。それに津田さんと田口さんとゴローさん。全部で四人です。津田さんは岡先生と同じ和歌山の出身で、国学院の附属高校で数学を教えています。小山さんの同僚です。ゴローさんは大学が津田さんと同じ早大で、山岳部の後輩でもありました。十代のころからの岡先生の愛読者です。小山さんから津田さんを経由してゴローさんに話が通じ、岡先生と胡蘭成のことを大いに語り合おうという主旨のもと、座談会が実現したという次第です。田口さんも津田さんとゴローさんの友人で、早大山岳部の山の仲間です。ゴローさんは文学の人で、坂口安吾や檀一雄のように、「文士」という古い言葉がよく似合いました。

この日は立川駅で待ち合わせて青梅線で羽村に向いました。小山さんの案内を受けて、道すがら羽村の風物をあれこれと見物しました。雑木林が目につきましたが、それはいわゆる武蔵野のおもかげというものなのであろうと思われました。

羽村駅の近くに五ノ神社があり、その境内に「まいまいず井戸」というのがあります。「まいまい」というとカタツムリのことで、「まいまいず井戸」は井戸なのですが、通常の井戸のように深い穴を縦にまっすぐに掘るのではなく、何と言うか、すり鉢の底に向かってくるくると回りながら進んでいくような感じで、螺旋状の道がついています。すり鉢の底に到達すれば、そこで水を汲むことができたのでしょう。

同じく駅の近くですが、禅林寺というお寺があり、その墓地に『大菩薩峠』の作者の中里介山のお墓がありました。介山の出身地がこのあたりとは知りませんでした。少し先まで歩くと多摩川に出ますが、そこに「羽村堰」があります。羽村堰は玉川上水の出発点です。多摩川上水を建設したのは庄右衛門、清右衛門という兄弟で、この功により「玉川」の姓を許されて武士と同じ身分の扱いになりました。それで堰の近くに「玉川兄弟像」が建っています。

こんなふうにあちこちを見物しながら、ゆるゆると小山さんのお宅に着きました。小山さんがあらためて「ようこそいらっしゃいました」と丁寧に歓迎の挨拶をし、みなこれに応じ、それから四人で談話会が始まりました。どうして岡先生を愛読するようになったのか、こもごも語り、これに加えて小山さんは胡蘭成のことを詳しく話してくれました。連れ立って奈良に出向き、岡先生にお会いしたときの話にも興味の深いものがありました。

胡蘭成の台湾行

このときの羽村訪問のおりに小山さんにうかがった話を拾っておきたいと思います。昭和四十九年五月、胡蘭成は台湾の中国文化学院大学の永世教授に就任することになり、台湾に向いました。台湾に永住するつもりだったようですが、胡蘭成に対する反感が強く、滞在することができなくなりました。胡蘭成は大陸では汪兆銘の政権に所属した経歴の持ち主ですから、台湾の実権をにぎっている国民党から見ると、依然として漢奸のままでした。日本にもどったのは昭和五十一年九月です。

胡蘭成の台湾行にあたって、自民党の政治家の石井光次郎から資金が出たそうです。葬儀のときは小山さんたちが取り仕切ったのですが、福田赳夫から花輪が届けられました。赤城宗徳は本人が参列しました。このあたりの消息についてはこれ以上の情報はないのですが、胡蘭成が日本に亡命したときも単独でふらっとやってきたわけではなく、船の手配とか、日本での滞在先とか、日本の側に胡蘭成を受け入れる勢力があったのはまちがいありません。興味の深いテーマですが、追求していくと岡先生の学問と生涯からあまりにも遠く離れてしまいます。

国民文化研究会の小田村先生は胡蘭成と旧知でした。胡蘭成は国文研の合宿教室に講師として招聘されたことがあります。

小山さんが胡蘭成とはじめて会ったのは昭和四十五年十二月で、ちょうど三島由紀夫の割腹事件の直後でした。

五・一五事件の海軍側の関係者のひとりに林正義という人がいて、事件の後、世の中から隠れて塾を開いていました。その塾で胡蘭成と小田村先生が出会ったということで、これもおもしろい話ですが、奥行きが広すぎて果てがなさすぎるようでもあります。

このときの羽村行では、青梅市にお住まいの胡蘭成のお子さんの「みみ」さんにも会いました。

人生の網の目について

小山さんにはじめてお会いしたのは平成九年の新年早々のことで、水道橋の駅で待ち合わせて「かつ吉」に行き、ずいぶん長くお話をうかがいました。「かつ吉」の創業者の吉田さんのことはそのときもうかがったのですが、吉田さんは岡先生とは関係がありません。

これはフィールドワークの初年（平成八年）の夏、筑波山の梅田学筵に行って「風動」という定期刊行物を見せていただいて判明したことによると、ここにもうひとり宮田武義という人がいて、「山水楼」という名の知られた中華料理店を経営しているのですが、清水董三と胡蘭成の古くからの友人でした。その宮田武義と清水董三が胡蘭成を案内して筑波山に連れて行ったのが、胡蘭成と梅田学筵との交流の始まりで、その日は昭和三十七年（一九六二年）五月二十七日です。その後、胡蘭成は熊本で保田先生と出会い、保田先生を通じて岡先生との交友が始まりました。

おおよそこんなふうなことがわかっているのですが、それなら清水董三と宮田武義はどうして胡蘭成を梅田学筵に連れて行ったのか、梅田学筵との縁はどのようにして生まれたのか、このあたりの消息は今もよくわかりません。

岡先生のことを知りたいと思い、ある日の岡先生を知る人びとを訪ねてお話をうかがうというのがフィールドワークの基本方針だったのですが、ひとりを訪ねればその人にもまたその人を知る人がいるというふうで、果てしがありません。人の世の時空からひとりの人だけを切り取ろうとするのは無謀な試みで、もともと不可能なことです。有名でも無名でも、どの人にも人生があり、全体として複雑な網の目を構成し、相互に大小の影響を及ぼし合っています。岡先生の評伝を書くというのは、岡先生の人生そのものを描くというよりも、むしろ岡先生の人生と他のさまざまな人生との相互干渉作用の姿形を観照するというほうが、かえって正鵠を射ているのかもしれません。

葦牙《あしかび》会から春雨村塾へ

六月十七日、奈良県にお住まいの松沢さんと電話で話し合いました。松沢さんは春雨村塾の塾生で、フィールドワークをはじめてからしばらくして、奈良市高畑町の松原さんのお宅を訪ねたとき、はじめて会いました。岡先生の晩年をよく知る人で、市民大学や葦牙会、それに春雨村塾のことなど、岡先生が関わっていたさまざまな会に出席した体験をもっています。

岡先生のいう葦牙会というのは、胡蘭成が言い出した天下英雄会に刺激されて構想されたもののようで、天下英雄会という呼称を名乗るのは日本では相応しくないというほどの理由で葦牙会という名前が提案されました。それで、葦牙会という会は岡先生が提唱したことはまちがいないのですが、岡先生自身が自主的に動いて葦牙会を結成することはありませんでした。それにもかかわらず、ぼくが知る限り葦牙会を名乗る三つの会が存在します。ひとつは統一教会が組織した葦牙会で、結成の経緯は市民大学の場合と同じです。もうひとつは麻生さんという人が中心になって組織した葦牙会東京同志会で、筑波山の梅田開拓筵とも関係がありました。もうひとつは松沢さんの友人たちの集りです。

松沢さんは若いころ岡先生のエッセイを読んで影響を受け、おりを見ては岡先生の講演会を聴講に出かけました。すると行く先々で同じような人に出会い、だんだん親しくなって、行動をともにするようになりました。当初は市民大学によく出かけたようで、それから岡先生のお宅で行われる光明会のお念仏の会にも出席しました。そうこうするうちに自分たちで岡先生の話を聴く会を考えるようになり、場所と日時を設定して岡先生にお願いして足を運んでもらうようになったのですが、この集まりを仲間の間で葦牙会と称したのだそうです。

統一教会の葦牙会はあるとき唐突に消滅し、麻生さんの葦牙会は麻生さんが亡くなったとき解散したのですが、松沢さんたちの葦牙会は途絶えることなく続きました。ところがあるとき岡先生が「最終の葦牙を講述します」と宣言して話し始め、それから「この次からは春雨村塾です」と再度宣言して話を終えるという出来事がありました。これで葦牙会は終焉し、新たに春雨村塾が発足することになりました。

なかなかわかりにくいいきさつですが、松沢さんの話をうかがううちにだんだんと当時の様子が飲み込めてきました。それなら春雨村塾は葦牙会の延長線上に出現したのかというと、これもまた松沢さんにうかがったことなのですが、必ずしもそうではないようでもありました。というのは、葦牙会の解散以前にも春雨村塾はすでに存在していたかもしれないから、というのでした。

どうも状勢がつかみにくいのですが、岡家には三上さんと竹内さんという二人の書生が同居していて、岡先生はこの二人の書生とさおりさんを相手に、おりに触れては話をしていて、それを指して春雨村塾と呼んでいたようでした。松沢さんたちの葦牙会が解散して、これからは春雨村塾になるというのは、つまり岡家の集まりと葦牙会が合流してひとつの会になるということを意味しているように思われました。岡先生としても「春雨の曲」の執筆に取り掛かっていたころでもありますし、葦牙会という名前に飽き足らないものを感じ、春雨村塾へと向かう心情に傾いたのでしょう。

石井先生の講演を聴講する

岡家の二人の書生のうち、三上さんは青森の人で、岡先生が京都産業大学で「日本民族」という題目で講義を行っていたとき、テープレコーダーをもって同行し、録音するという貴重な仕事を為し遂げました。岡先生の没後、『春雨の曲』の第七稿と第八稿を私家版の形で刊行し、それから郷里にもどりました。もうひとりの書生の竹内さんも岡先生の没後、奈良を離れました。その後の消息はよくわかりません。書生はこの二人のほかにもいた時期があるようでもありますが、詳しいことは不明ですし、立ち入って調べたことはありません。

松沢さんと話をした後、七月九日には長野県の教育委員会に電話をかけて、信濃教育会についてお尋ねしました。岡先生は長野県に出かけて講演を行ったことがありますので、その経緯と講演記録の所在を知りたかったのです。これは成果があり、三つの講演記録が信濃教育会の機関誌「信濃教育」に掲載されていることがわかりました。タイトルを挙げると次の通りです。

「日本民族」
「ちまたの声を正す教育」
「日本人と欧米人とはどこが違うかということについての私の研究」

七月二十三日、漢字教育の石井先生の講演会に出席しました。午前の部と午後の部にわたる長時間の講演でした。終了後、懇親会があり、その席で石井先生に親しくお話をうかがうことができました。これは非常に有益で、岡先生の晩年の交友録の一端が明らかになりました。

石井先生の講演メモから心に残る言葉を拾っておきたいと思います。

「一年生が一番よく漢字を覚える。」

「差がつけばつくほど、教育効果があがったと考える。」

「教師としての力量をみがくのは頭の悪い子どもである。」

「漢字を教えるのではなく、漢字で教える。」

「書けなくても読めればよい。読めなくてもわかればよい。」

漢字は読むのが大事で、書くのは、おおよその形がわかればよいのだから、はねたりはねなかったり、くっついたりくっつかなかったり、細かいことにいちいちこだわることはないというようなお話をうかがいました。これにはびっくり仰天で、ただただ驚くばかりでした。

石井先生の講義は二日間にわたって行われ、二日目、すなわち七月二十四日に「履修証書」をいただきました。初級課程を履修したことを証明する証書で、発行者は日本漢字教育振興協会の会長の石井先生です。

石井先生の講演会と書きましたが、「漢字教育指導者講習会」というのが正確な呼称です。幼稚園の先生たちなど、子どもたちに接する人たちに石井方式の漢字教育を実践してもらうことを願い、理解を深めてもらい、指導できる人を養成しようというのがこの講習会のねらいです。今回いただいたのは初級課程の履修証書ですが、初級があるなら中級や上級もありそうで、実際、ぼくは翌年もまた講習会に参加しました。そのときいただいたのはたしか上級の履修証書だったように思います。

24 合宿教室

合宿教室

平成十年八月、国民文化研究会（国文研）の合宿教室に参加しました。国文研の合宿教室は例年八月に開催されますが、この年は八月七日から十一日まで四泊五日の日程で、場所は阿蘇国立青年の家でした。国文研の合宿教室は毎回、外部講師を招聘して講義（「講演」ではなく、「講義」です）をしてもらうのですが、岡先生は二度、出講しています。最初は昭和四十年の夏で、講演の題目は「日本的情緒について」。二度目は四年後の昭和四十四年で、講演題目は「欧米は間違っている」というものでした。この二つの講演の題目を並べると、晩年の岡先生の思索の姿形がたちまち浮かび上がってくるような思いがします。

岡先生が国文研で講義を行ったことは前から承知していましたし、だからこそ国文研に関心をもつようになったのですが、小林秀雄や胡蘭成など、岡先生にゆかりの人たちも合宿教室で講義を行っていたことでもありますし、具体的な消息を知るにはやはりみずから現場に足を運ぶのがベストです。

四泊五日の合宿の初日から思いがけない出来事に遭遇しました。阿蘇国立青年の家に到着すると、参加者の部屋割りが決まっていました。割り当てられた部屋に行くと、舞岡八幡宮の関正臣先生といっしょでした。それで初対面の挨拶を交わして、それから岡先生のことを話題に持ち出したところ、関先生は昭和四十四年の合宿教室の思い出を話してくれました。

合宿の三日目の夜、慰霊祭が行われました。関先生が取り仕切りましたので、岡先生に式次第を説明し、参列をお願いしようとしたのですが、「降神《こうじん》」と「昇神《しょうじん》」の説明に移ったところで、岡先生はたいへんな見幕で怒りだし、「降神」「昇神」というのはまちがいだ、と叱りつけたというのでした。慰霊祭では祭壇を作り、宮司が「降神」の儀式を行います。慰霊の対象となる御霊に呼びかけて祭壇に来てもらい、それらの御《み》霊《たま》に向かって参列者が語りかけるという形をとり、最後に「昇神」の儀式を行って式次第が終ります。「昇神」の儀式というのはつまり、御霊におもどりになっていただく儀式です。

岡先生の逆鱗に触れたのはここのところでした。御霊にお出でいただくということですが、岡先生は「御霊はどこからくるのだ」と関先生を詰問しました。

詰問の続き

国文研の慰霊祭というのは国を守るために亡くなった人を祭る儀式で、降神、昇神の儀式にあたり、警蹕《けいひつ》といって、神職が独特の抑揚のある声を発します。降神は御霊をお迎えする儀式で、敬意をもってお迎えするようにと参列者に注意をうながすためにそうするのですが、御霊が祭場にやってくることを前提にしてそうしているわけですから、警蹕の声に乗って御霊が降臨するようにも思えるところです。

降神、昇神というのはまちがいだ、と岡先生は関先生を叱りつけました。君は神様がその辺にいると思っているのか、とたいへんな剣幕で、烈火の如く怒りました。呼んでくるといったって、どこから呼んでくるのだ。国のために死んだ人がそのあたりにうろうろしていると思っているのか。それじゃあ、亡霊だ。死んだ人はどこかにすぽっと入ってつながっている。亡くなった人が生きた人の体の中にすぽっと入れるようでなければ神ではない。どこかその辺にいて、おーい、こっちへ来てくれ、と言って呼ぶようなものではない。生まれ変ってどこかに生きているのだ。

岡先生はこんなふうにまくしたてて、おれは（慰霊祭に）出ない、とはっきり言いました。これには関先生も大いに困惑して、なすすべを知らない状態になりましたが、そこへ長内俊平先生がやって来て、参列してください、とお願いしたところ、岡先生は一転、うん、出る、と応じました。ともあれこれで招聘講師の岡先生の参列が実現し、慰霊祭はとどこおりなく終りました。これが関先生にうかがった話のあらましです。

後日、関先生がこの出来事を回想して思うには、警蹕ということは昔から普通にやってきたことで、どうしてそうするのかなどと考えたことはないが、そうかといって岡先生の言うことももっともに思う。その場では何も言えませんでしたので、岡先生から大きな課題を与えられたような気持ちのまま三十年がすぎてしまった。今もどのように答えたらよいのかわからない。ただ、生まれ変るといっても、ぱっと生まれ変る人もいるし、六百年もたってから生まれ変る人もいるような気もする。楠正成の魂などは、六百年もかかって生まれ変ったと思う。関先生はこんなふうに述懐しました。

それにしても長内先生はあのとき岡先生にどのようなことを語りかけたのでしょうか。長内先生にそんなことをお尋ねしたところ、何も特別なことを話したわけではない。ただ、とにかく出てくれませんか、とお願いしただけだ、ということでした。このあたりの消息には神韻縹渺とした情感がただよっています。この後、この年の岡先生の振舞は合宿教室の伝説のようになり、国文研の会員の間で長く語り継がれました。

最後の沖縄県知事島田叡さんのうわさを聴く

平成十年夏の合宿教室では関先生の話のほかにもうひとつ、佐賀の末次祐司先生から岡先生にまつわる興味深いお話をうかがうことができました。その話というのは島田叡さんのことで、末次先生は島田さんのことをよく知っているというのでした。

島田叡さんは終戦前の沖縄県の最後の県知事だった人ですが、第三高等学校で岡先生と同期でしたので、名前を承知していました。岡先生の三高入学は大正八年九月のことで、岡先生は理科甲類、島田さんは文科甲類でした。三高の後、島田さんは東京帝大の法学部に進み、卒業後、内務省に入り、一時期、佐賀県警に勤務したことがありました。佐賀時代は警察部長。それから大阪府に移って内政部長に就任し、昭和二十年一月、沖縄県知事に任命されました。前任者の知事は沖縄決戦を恐れて転出を画策し、香川県知事への移動に成功しました。島田さんはその後任になったのですが、だれもが恐れて拒んだ沖縄行を引き受けたのですから、はじめから戦死を覚悟していたのでしょう。

佐賀市内に龍泰寺というお寺があり、佐々木雄堂という人が住職だったのですが、その佐々木住職が主催して西濠書院という勉強会が開かれていました。島田さんは佐賀県警時代にこの勉強会に参加して、佐々木住職と出会い、大いに感化されたと言われています。西濠書院は戦後、佐賀師友会になりました。末次先生は島田さんに会ったことはありませんが、高校の教員で、佐賀師友会に参加していました。それで島田さんのこともおのずと承知するようになったのでしょう。

島田さんは沖縄戦の集結とともに殉職したのですが、最後を看取った人はいません。沖縄の守備を担当したのは陸軍の第三十二軍で、司令官は牛島満中将、参謀長は長勇《ちょういさむ》中将でした牛島中将と長参謀長が摩文仁岳の洞窟で自決したのが六月二十三日の未明のことで、この日をもって沖縄決戦は終結しました。島田知事以下、沖縄県の職員は第三十二軍とともに移動して摩文仁の丘に到達し、六月十五日、県庁職員を集め、県の活動を停止すると告げました。それから先の消息がやや不明瞭なのですが、六月二十二日ころ、警察部長の荒井退造とともに戦死したと言われています。部下と別れの挨拶を交わし、全員を立ち去らせてからひとりで壕内深く入っていき、荒井警察部長があとを追いました。最後の姿を見た者はいません。

戦後、摩文仁の丘の裾の右方、終焉の地となった壕の前方に

沖縄県知事島田叡　沖縄県警察部長荒井退蔵終焉之地

と

沖縄県知事島田叡　沖縄県職員慰霊塔

の二基の記念碑が建てられました。この二基の塔は「島守の塔」と呼ばれています。建立は昭和二十六年六月二十二日（島守の塔に刻まれている日付）。六月二十五日、除幕式と慰霊祭が行われました。島田知事と荒井警察部長とともに祀られている沖縄県職員は四百四十五名を数えます（その後、名簿の改修が進み、現在の合祀者数は島田知事、新井警察部長以下四百六十八名です）。

島田さんは三高時代は野球部員でした。それで三高野球部有志により、摩文仁の丘の上り口に鎮魂碑が建てられました（昭和四十六年建立）。

鎮魂碑の表面に刻まれている鎮魂歌

島守の塔にしづもるそのみ魂
紅萌ゆるうたをきゝませ

歌の作者は島田さんと同期の三高野球部投手山根斎。揮毫は三高の対一高戦第三回戦主将、木下道雄。碑の裏面には、元三高野球部長、中村直勝先生による「由来記」が刻まれています。

25 休職同意書

北の丸公園の国立公文書館へ

四泊五日の長丁場の合宿教室に参加した後、八月末、北の丸公園の国立公文書館に出かけました。目的は文部省発行の職員録を閲覧することで、岡先生が京大の学生時代の数学教室の諸先生の移り変わりとか、広島文理科大学に在職していた当時の同僚の諸先生の名前などを知りたいと思いました。岡先生の父の寛治さんは職業軍人ではありませんが、一年志願兵出身の将校で、日露戦争に従軍した経歴をもっていますので、あるいはその当時の記録が職員録に記載されているのではないかという期待もありました。これはこれで多少のおもしろい発見がなかったわけではありませんが、それらとは別に、まったく偶然に意外な文書がいくつか見つかりました。それは、岡先生が広島文理科大学を離れた時期の消息を伝える一系の文書でした。

国立公文書館が保管している資料は開架に並んでいるのではなく、閲覧したい資料を指定して職員にもってきてもらうことになっていて、そのために閲覧室には目録が置いてあります。はじめ職員録を指定して待っていたのですが、その間、目録の背表紙を見るともなく見ていたところ、「任免」と書かれた目録が目に留まりました。目録といっても一冊というわけではなく、薄い冊子が何十冊もあり、ぱらぱらと眺めていると時系列で配列されているようでした。それで岡先生が広島文理科大学を休職した昭和十三年の記事を閲覧すると、それを収録する「巻七十」に「岡潔」という文字がありました。これには少々興奮しました。目録の記事を書き抜いて閲覧を申し出ると、すべて見ることができました。文書のひとつの文面は次の通りです。

広島文理科大学助教授岡潔外一名官等陞叙竝依願免官ノ件
　右謹テ裁可ヲ仰ク
　　昭和十三年六月十七日
　　　内閣総理大臣公爵　近衛文磨

「陞叙《しょうじょ》」というのは「昇級」というほどの意味の言葉で、位階が上がって高い官位を与えられることです。

高等官四等から高等官三等へ

前回の文書の文面によりますと、岡先生の官等が上がることと、「外一名」の依願による免官を許可してもらうよう、内閣総理大臣の近衛文麿が（天皇陛下に）裁可を仰いだということになります。「外一名」とあるのはだれを指すのか、わかりません。岡先生はこの時点では免官になるのではなく、休職の手続きを進めていました。

岡先生は広島文理科大学の助教授で、国家公務員でしたから、官等をもっていました。その官等が上がることと依願免官が同時に行われるということですから、この二つの出来事は連動していることが諒解されます。これも公文書館にあった文書ですが、岡先生の「在職年数調」というのがあり、それによると岡先生は昭和十一年三月二日付で四等官に叙せられています。それから「二年三ヶ月余」の在職年数を経て、位階がひとつ上がって三等官に叙せられました。次の文書にそのことが記されています。

内閣
文第九六三号
広島文理科大学助教授岡潔
陞叙高等官三等
右謹テ奏ス

――昭和十三年六月十四日
文部大臣男爵　荒木貞夫

これによると、岡先生を高等官三等に昇級させるようにと、荒木文部大臣が六月十四日付で（天皇陛下に）奏上し、これを受けて、六月十七日付で近衛総理大臣が裁可を仰いだという順序になります。
この文書は「第九六三号」ですが、これに続く「第九六四号」の文書には岡先生の休職認可の件が記されています。

内閣
文第九六四号
広島文理科大学助教授岡潔右者文官分限令第十一條第一項第四号ニ依リ休職ヲ命ジ度ニ付御認可相成度此段稟議ス追テ本人ノ休職ニ付テハ文官分限令第十一條第三項但書ニ依ル本人ノ同意アリタルモノニ付申添フ
昭和十三年六月十四日
文部大臣男爵　荒木貞夫
内閣総理大臣公爵　近衛文麿殿

この文書の日付も六月十四日です。官等の陞叙の奏上と休職認可の承認の稟議が同じ日付で行れたことがわかります。また、「本人ノ同意アリタルモノニ付申添フ」とありますから、岡先生が休職に同意したという消息も伝わってきます。

岡先生は昭和十三年六月に広島文理科大学を休職して帰郷したのですが、帰郷の前の所在地は静岡市でした。静岡には妹の岡田泰子さんの家族がお住まいでした。

次に挙げるのは「休職理由」が簡単に書かれた文書です。

文部省
休職理由
疾病ニ罹リ教育上支障アルニ由ル

こんなふうな手続きを経て岡先生の休職が決まりました。文部大臣の荒木貞夫が岡先生の官等の陞叙を奏上したのは六月十四日。岡先生の休職を命じることを稟議する旨を、荒木文部大臣が近衛総理大臣に申告したのも、おなじ六月十四日でした。これを受けて、岡先生の休職が決まりました。発令は六月二十日。同じ日に官等の陞叙も発令されました。

荒木文部大臣の文書には、岡先生自身もまた休職に同意したと記されていますが、岡先生が書いた休職同意書もまた公文書館にありました。

休職同意書

岡先生の休職の手続きは六月に入ってから進み始めましたが、これに先立って、岡先生は自分で休職同意書を書きました。広島文理科大学の方針は休職に傾いたのですが、手続きを進める上で岡先生本人の同意を前提にするほうがよいという判断がなされた模様です。将来の復職の可能性に道を残したということでしょう。実際に本人に同意書を書いてもらうのは容易とはいえず、岡先生をめぐる人たちの心も揺れましたし、さまざまな曲折がありました。同意書の文面は次の通りです。

同意書
私儀病気静養ノ為メ文官分限委員会
ノ諮問ヲ経ス休職御発令ノ義同意候也
昭和十三年五月二十九日
広島文理科大学助教授
岡　潔

こんなわけで国立公文書館探訪は意外な発見に結びついたのですが、なかでも岡先生の直筆の同意書が保管されているとはまったく思いもよらないことで、八年間に及ぶフィールドワークを通じてもっとも心に沁みる出来事になりました。この日の衝撃があまりにも大きかったため、なんだか離れ難い心情に陥って、翌日再び公文書館に赴きました。

26 「研究室文書」を見て

津名さんの話

九月末、山科に津名さんを訪ねました。奈良女子大に在学中、佐保田に住んでいたことがあるそうで、そのころの書き物に「断々片々」というのがあり、ノートに書いていたようですが、最初の二冊を岡先生に見せたのだとか。反応というのは特になく、岡先生の没後、すがねさんが送り返してきたそうです。大学の卒業にあたり、岡先生のところに就職の相談に行ったこともあります。岡先生の奥さんのみちさんは岡先生のことを「うちのおじさん」と呼んでいたそうで、「うちのおじさんとよく相談して」という調子で話していたとか。岡先生は岡先生で、「すぐに働かんでも、研究生にでもなって、遊んで、…」などと言っていたそうですから、就職の相談相手にはならなかったのでしょう。

当時の奈良女子大の文学部長はアウグスティヌスなど、ヨーロッパ中世の哲学研究で知られる服部英次郎先生でしたが、その服部先生が津名さんに目をかけて、文学部の副手になって大学に残ったらどうかとすすめてくれました。この人事は卒業式の日の昼に決まって、あさってから来るようにと言われ、それで社会学科と哲学教室の副手になりました。附属図書館の司書も兼任しました。

津名さんの話の続き

津名さんの副手就任は卒業式の日の昼に決定し、翌々日から出勤することになったのですが、必ずしもすんなりと決まったようでもなく、ここにいたるまでにはやや錯綜とした経緯があった模様です。津名さんは文学部の史学科の出身なのですが、史学科の主任は岩城先生という人で、卒業論文を指導してくれたのも岩城先生でした。

あるとき、というのは卒業を控えてその後の進路をどうするか、考えていたころと思いますが、岩城先生が津名さんのお母さんに、「こんな話が出てるんですけど」と伝えました。津名さんがこれを聞いて岡先生に報告したところ、岡先生は服部先生を訪ねました。そのときどのような会話が交わされたのか、知るよしもありませんが、その後、副手就任の話はぱったりと聞こえてこなくなったのだそうです。

それで津名さんはこれを案じてお母さんに相談し、お母さんに岩城先生のところに行ってもらったのですが、もどってきたお母さんは、「案外、学外で就職したほうがいいかもわからんで」と言いました。これを要するに副手就任の件はなぜかしら危うくなったかのような印象がありますが、どうしてそんなことになったのかというと岡先生が服部先生を訪ねたからです。岡先生は実に強力に津名さんを推薦したのですが、その推薦の仕方がなんだかただごとではなかったようで、かえって逆効果になったのではないかというのが、当時の学内の空気のようでした。服部先生は、岡先生があれほど可愛がっているところをみると、採用してから何がどうなるかわからん、というふうな判断に傾いて躊躇したというようなことでした。岡先生の奇行は奈良女子大でも際立っていて、独特の光彩を放っていたのでしょう。

理科と文科の違いはあっても、服部先生は三高で岡先生の二年後輩になり、大学も同じ京大でした。

津名さんは耳が悪く、岡先生とも筆談もしくは唇の動きを見て会話をしました。わからなければ何度でも聞き直してください、と岡先生は言っていました。あるとき岡先生の奥さんのみちさんが後ろから津名さんに話しかけたところ、津名さんが振り向きました。それでみちさんが、津名さんの耳は全然聴こえないわけではないのよ、と言ったところ、これを聞いた岡先生は、「音として聞こえても言葉の弁別ができないのだ」と言ったそうです。津名さんはこれには驚いて、まったくその通りだ、岡先生はどうしてわかるのだろう、としきりに感心したそうです。

十月に入って奈良に向い、高畑町にお住まいのすがねさんを訪ねました。平成十年は岡先生の没後二十年にあたる節目の年だったのですが、この時期になってどうしたわけか、岡先生の遺稿が大量に発見されるという出来事がありました。発見されたというよりも、長らく放置されていた書き物の山に人の目が向かったというだけのことで、ぼくのように岡先生の生涯と学問に関心を寄せる者にとってはとびきりのニュースでした。それで山科で津名さんにお会いしたときもそんなことが話題にのぼり、ここはどうしても奈良に向い、一群の遺稿を閲覧させてもらうべきだということになりました。逡巡する心情もなかったわけでもないのですが、津名さんにも励まされ、何というか、背中を押されるような恰好になって奈良に向いました。

岡先生の大量の遺稿を見る

久しぶりにすがねさんにお目にかかり、多少の四方山話。それから、つい最近見つかったばかりという岡先生の遺稿を見せていただきました。岡先生は戦後まもないころ父祖の地の和歌山県紀見村を引き払い、奈良に移ってきたのですが、当初のお住まいは法蓮佐保田町でした。貸家を借りたのですが、もう少し詳しく言うと、家屋のみ購入して土地は買いませんでした。それで土地は大家さんに借りることになりましたので、その分のお金を支払っていたのだと思いますが、このような場合にも「借家」と呼んでさしつかえないのでしょうか。細かい話になるのですが、この点がいつもあいまいで、少々気にかかっています。

高畑町に家を建てて引っ越す際に、法蓮佐保田町の「借家」は大家さん（というのは敷地の持ち主の地主さんのことですが）に売却しました。引っ越しにあたり、岡先生が書き散らしていたあれこれの書き物を「軍用行李」にめちゃくちゃに詰め込んで高畑町に運んできました。「軍用行李」というのは何かというと、岡先生の父の寛治さんの持ち物で、寛治さんは一年志願兵の陸軍歩兵少尉として日露戦争に従軍したのですが、将校ですから身の回りの品々を入れるトランクと、それを運ぶ従卒がつきました。木製で、頑丈な作りです。

寛治さんといっしょに朝鮮半島の鴨緑江あたりまで行って帰ってきたトランクです。

引っ越した後、軍用行李はそのまま放置された恰好になっていましたが、岡先生が亡くなった後、中味をあけたということですから、そのおりにも、いわば「発見」があったわけです。岡先生の逝去という出来事が、何かしらトランクをあけるという行為をうながす心理上の要因になったのでしょう。

平成十年はちょうど岡先生の没後二十年にあたりますが、あるいはそんなこともきっかけになったのかどうか、またも「遺稿の発見」があったとかで、大きな紙袋にいっぱいに詰め込まれた文書の束を見せていただきました。ざっと見て目についた文書のメモをとりましたが、これだけでもすでにあまりにも大量ですので、とても一気に全容を見渡すというわけにはいかず、眺めるほどに何だかめまいを覚え、気が遠くなりそうな感慨に襲われました。

この「紙袋入り文書」のほかに「軍用行李」に詰め込まれていた文書があり、そのほかになお長年にわたって「研究室」に保管されてきた蔵書や文書があるということで、全部を合わせたらいったいどれほどの分量になるのか、想像もつきませんでした。

「研究室文書」を閲覧する

「研究室」というのは岡先生が高畑町に引っ越したとき、庭に建てた離れのことで、岡先生はお念仏のための道場にするつもりでした。岡先生の生前は実際に念仏道場として機能していましたが、没後は特に決まった用途はなかった模様です。数学の研究室も兼ねていたようで、「数学念仏道場」などと呼ばれることもありました。岡先生の数学研究の模様を伝えるノートや論文の草稿、それに蔵書など、岡先生の生涯と学問の足取りを伝えるもっとも基本的な文書はここにあります。そこでこの「研究室」に保管されている一群の文書を指して、「研究室文書」と呼ぶことにしたいと思います。

しばらくすがねさんと語り合い、研究室に入って「研究室文書」を閲覧させていただけることになりました。おいとまして、道向いの松原家こと春雨村塾に移り、さおりさんを訪ね、すがねさんとの会話のあれこれを伝え、それからさおりさんの案内を得て「研究室」に入りました。大量の大型封筒が書架に積み重ねられていて、ひとつひとつの封筒の表には中味を示唆する言葉が記入されていました。その様は実に壮観で、しばらくの間、立ち尽くして眺め続けたものでした。フィールドワークの究極の到達点はやはりこの研究室で、「研究室文書」の全容を解明しない限り、岡先生の評伝を書くというのもむなしい言葉です。

封筒をあけて、持参したノートにメモを取り、大きな袋に入れて近くのコンビニに行き、コピーを作りました。いっぺんにそんなに運べませんから、なんども繰り返したのですが、十回、二十回はおろか、五十回、百回と運んでもまだ足らないというほどの分量です。近くのコンビニといっても歩いて二十分はかかります。欣喜雀躍というか、深い感動に包まれて作業を始めたのですが、こんなふうではいつになったら完結するのやら、まったく途方に暮れました。

27 土浦再訪

土浦再訪

奈良で「研究室文書」を閲覧した折に羽村で座談会があることを話題にしたところ、これを受けて、さおりさんが大量の「柿の葉寿司」を羽村に届けてくれました。奈良滞在は二日間だけでしたので、コピーもごくわずかしかできなかったのですが、それでも大きな紙袋にいっぱいに詰め込んで羽村まで運んできました。第二回目の座談会も大盛況で、長々と続き、解散したころにはもうすっかり暗くなっていました。この日から数日、小山さんのお宅に泊めていただきました。

滞在中はもっぱら胡蘭成研究に打ち込みました。コピーを作らなければならない文書が山のようにあり、奈良でそうしたのと同様、羽村でもまたコンビニのコピー機のお世話になりました。小山さんの案内を得て茨城の土浦に行き、大塚益夫さんにお目にかかったのもこのころでした。土浦は筑波山の麓の町で、上野もしくは日暮里から常磐線で土浦駅に向います。平成八年、フィールドワークの日々の第一年目の夏、筑波山の梅田学筵を訪問するために土浦まで行きましたが、それ以来、二度目の土浦行でした。

大塚さんは常陽新聞社にお勤めだったのですが、梅田学筵との縁もあり、梅田学筵の機関誌「風動」の編集主幹でもありました。「風動」は岡先生と胡蘭成を中心とする月刊誌で、順を追って見ていくと、この時期の二人の消息が相当に詳しくわかります。機関誌発行の話が持ち上がったとき、「風動」という誌名を提案したのは胡蘭成で、創刊号に出ている「創刊のことば」を書いたのは大塚さんということでした。

岡先生は一度だけ梅田学筵を訪ねたことがあります。昭和四十五年十一月八日のことで、みちさんもいっしょでした。八日の午後、梅田学筵で講演を行い、終了後、車で宿泊先の土浦京成ホテルに向いました。土浦京成ホテルは筑波山の麓にあります。いつから滞在したのか、正確なことは不明ですが、諸事を勘案すると、十一月六日に投宿したのであろうと推定されます。

ある日、というのはおそらく十一月六日のことと思われるのですが、岡先生が京成ホテルに着いてまもなく、胡蘭成と梅田さんがホテルにやってきました。それから岡先生と胡蘭成が話を始め、夕刻から夜十時ころまで、ずいぶん熱心に話し込んでいたそうで、同席した大塚さんも、何を話しているのか、岡先生の話も胡蘭成の話もさっぱりわからなかったということでした。

土浦の大塚さんの話の続き

岡先生と胡蘭成が歓談した日の翌日というと、十一月七日のことと推定されますが、この日、京成ホテルの会議室に地元の有力者が三十人ほど集まり、岡先生を囲んで懇談会が開かれました。大塚さんが声をかけて集めたのです。胡蘭成も同席しました。その席で、集まった人のひとりが岡先生に何事かを質問する場面がありましたが、岡先生は返事らしい返事をせず、「こんなことがわからないで、あなたはよく年をとっておられる」などと揶揄するようなことを言いました。すると、質問した人とは別の人が、「そんなことを言ったら失礼でしょう」と岡先生をたしなめました。ずいぶん思い切った発言ですが、その人は普段から思ったことを遠慮なくはっきり言うので有名な人だったのだとか。

大塚さんは梅田学筵についてもいろいろなことを知っていて、その方面のあれこれのエピソードもおもしろかったです。

大塚さんに聴いた話をもう少し詳しく再現してみたいと思います。土浦では大塚さんのお宅にずいぶん長い時間にわたって滞在して、大塚さん本人のお仕事の話なども詳しくうかがったのですが、人脈がなかなか複雑で、全体像を把握することができませんでした。どのような経緯で胡蘭成と知り合ったのか、そのあたりを知りたく思いましたので、お尋ねしてみました。なんでも大塚さんの師匠筋に小山寛二という作家がいて、もと共産党で、後、転向。その小山さんの家が梁山泊のようになっていて、五・一五事件の古賀清志（海軍中尉）や頭山秀三（玄洋社の頭山満の三男）などがよく来ていたそうです。海軍機関学校の連中も多かったとも。小山さんの歌集が出たとき、出版を祝う会が催され、大塚さんも出席したところ、そこに胡蘭成がいました。胡蘭成は池田篤紀さんが連れてきたのですが、ともあれこうして大塚さんは胡蘭成と知り合ったというのが、土浦でうかがった話です。ただし、細部が不明瞭なのでもうひとつ確信がもてません。

小山寛二は熊本出身の作家で、保田先生ともおつきあいがあった模様ですが、作品を読んだこともありませんし、歌集も知りませんので、これ以上のことはわかりません。『人生劇場』で知られる尾崎士郎と親しかったということでした。

茨城県の自民党の政治家に赤城宗徳という人がいましたが、大塚さんは赤城代議士を知っていたようで、胡蘭成を赤城さんに紹介したそうです。赤城さんは書を好んだそうですので、胡蘭成の書を見て共鳴するところがあったのかもしれません。梅田学筵の梅田美保さんに赤城さんを紹介したのも大塚さんで、梅田開拓筵の土地は当初は借りていたのを、赤城さんの尽力により購入したのだとか。どこから借りていたのか、そこまではわかりません。

胡蘭成が長期にわたって梅田学筵に逗留するようになってからは、毎週日曜日に胡蘭成が主催する講座が開かれました。青年男女が集まって胡蘭成の話を聴講するという形の講座で、葦牙会東京同志会の麻生正記さんなど、熱心な聴講者が集まりました。胡蘭成には天下英雄会を作りたいという願いがあり、若い世代を教育したかったのだろうと思いますが、大塚さんの見るところ、胡蘭成が待ち望んだような若者は集まってこなかったようでした。胡蘭成がそんなふうに話していたのでしょう。

大塚さんが勤めていた常陽新聞社というのは岩波健一という人が昭和二十三年に創業した新聞社で、大塚さんは岩波さんにも胡蘭成を紹介しました。梅田学筵の機関誌「風動」の印刷を担当したのは常陽新聞社の出版局なのですが、その背景がこれでわかりました。

大塚さんの話をもう少し

大塚さんの話を続けます。山水楼の主人と胡蘭成を結びつけたのは書道だったこと。清水董三が書道の塾を開いたこと。これらは前に小山さんからうかがったことがありますが、小山さんも大塚さんに聞いたのでしょう。胡蘭成が日本に亡命したときのこと。途中で漁船に乗り換えて、静岡県の清水港に着きました。上陸するとき、たった一枚の下着を海に投じました。日本への挨拶ためとも、海の神様に捧げるためとも言われています。前者は大塚さんの話、後者は小山さんの話です。どちらが本当なのか、どちらも本当ではないのか、あるいはまたどちらも本当なのか、今となっては知る由もありませんが、ともあれ胡蘭成が来日当時の心情を大塚さんと小山さんに語ったのはまちがいありません。

島根県に山陰新報という新聞があり、あるとき、第三次世界大戦は起るか、というテーマを立てて胡蘭成にインタビューをしたことがあるとのこと。清水董三が通訳をしました。胡蘭成の答はどのようなものだったのか、聴いたように思いますが、もう記憶にありません。胡蘭成に対してこのようなインタビューが行われたというのは事実と思いますし、胡蘭成の来日を支援した人びとが日本にいて、彼らの作るネットワークの中で胡蘭成は生きていたと思うのですが、いろいろな人物の名前が挙がってくるものの、明確な背景はなかなか浮かび上がってきません。旭化成の中興の祖と言われる宮崎《みやざき》輝《かがやき》という人がいて、胡蘭成のパトロンだったという話もうかがいました。

和崎さんの話

小山さんに案内していただいて新橋に行き、アジア問題研究会を主催している和崎博夫さんにお会いしました。和崎さんは胡蘭成に会ったことがありますが、そのとき通訳をしてくれたのは清水董三でした。清水董三は和崎さんのお仲人だったのだそうです。

胡蘭成と縁のある人ということでしたら、清水さんのほかにもうひとり、池田篤紀という人がいます。胡蘭成と池田さんは生死をともにした関係だったのだそうで、胡蘭成が日本に亡命した後、「みみ」さんを日本に連れてきたのは池田さんでしたが、最後は仲違いしたのだとか。池田さんは東京外語大学の出身。戦後は静岡県の清水市に住んでいました。日本に亡命した胡蘭成ははじめ、しばらく東京の清水家に滞在した後、静岡の清水の池田さんのもとに移動し、後、東京都世田谷区松原町に移り、それからさらに福生に移ったと教えていただきました。

和崎さんの話を続けます。池田篤紀さんは終戦の直前、中国共産党の支配地区に入ったとか。何事かを自分の目で見ようとしたのかもしれませんが、そのためかどうか、外務省を懲戒免職になったそうです。

カネミ油症事件で有名になったカネミ倉庫の社長は加藤三《かとうさん》之輔《のすけ》という人で、その加藤さんは胡蘭成と親しかったそうです。加藤さんは大東塾の塾生でした。

旭化成の宮崎輝のことは和崎さんの話にも出てきました。

札幌で胡蘭成の講演会が開催されたことがあります。講演題目は、第三次世界大戦は起るか、というもので、通訳は池田篤紀さん。このとき宮崎輝と胡蘭成がたまたま同じホテルに泊まりました。宮崎輝が胡蘭成に向い、朝鮮戦争は長引くか、と質問したところ、胡蘭成は「長引く」と返答。それで旭化成は火薬の製造に踏み切ったのだとか。

自民党の政治家に石井光次郎という人がいて、和崎さんと親交があり、和崎さんが胡蘭成を石井光次郎に紹介しました。胡蘭成は二度、台湾にわたりましたが、一度目の台湾行のおり、石井光次郎が餞別を出しました。石井は台湾に行きたかったようで、はたして受け入れられるかどうか、胡蘭成に台湾の事情を視察してもらいたかったのだそうです。

胡蘭成は安岡正篤の師友会で講演したこともあります。安岡正篤の胡蘭成評というのがあり、なんでも「胡蘭成は奇警な人だ」と評したとか。胡蘭成を安岡正篤に紹介したのも和崎さん。和崎さんは苦学をした人で、金鶏会館で編集の仕事をしながら日大に通ったのだそうです。

このような話のあれこれを集めますと、胡蘭成を取り巻く一群の人たちについて、ある印象が生まれます。岡先生はそれらの人たちとは無関係でしたが、『春宵十話』がきっかけになって保田先生との交友が始まり、保田先生を経由して胡蘭成との交友もまた始まりました。昭和五十二年の暮というと、岡先生が亡くなるほんの二箇月前のことになりますが、岡先生は胡蘭成に宛てて長文の書簡を書いています。岡先生の最後の手紙です。胡蘭成は岡先生にとって非常に重要な人物だったことをよく示す出来事で、胡蘭成に寄せる関心が絶えないのも、そのようなことがあるためです。

羽村から岐阜へ

奈良から運んできた大量のコピーを羽村から宅急便で送り出し、それから小山さんといっしょに東京駅に出て、新幹線で名古屋まで。名古屋で東海道本線に乗り換えて岐阜駅まで。それから護国神社に向いましたが、到着したころにはもうすっかり遅くなっていました。夜の八時すぎ、たぶん九時ころになっていたように思います。護国神社では宮司の森磐根さんが待っていてくれて、たちまち宴席になりました。森さんもまた森さんしか知らない胡蘭成の話をたくさんもっていて、あれこれと話してくれました。護国神社で一泊し、翌日、金華山にのぼり、稲葉山城こと岐阜城を見物しました。

28 遺稿『春雨の曲』

柳井先生の話

十月十八日は第三日曜日で、京都太秦の身余堂では恒例の「かぎろひ忌」が行われますので、出席しました。歌会の後、帰りの道すがら柳井道弘先生からおもしろいお話をうかがいました。柳井先生は保田先生門下の詩人です。

おもしろい話のひとつは奥西さんが岡先生に叱りつけられた話です。岡先生は重い胃潰瘍をわずらって入院したことがありますが、そのおり保田先生と柳井先生、それに新学社の奥西さんの三人でお見舞いに出かけたことがあります。病室で奥西さんが「がんばってください」と岡先生に話しかけたところ、岡先生は、「ぼくがどうしてこんな病気になったか、わかるか」とたいへんな見幕で怒ったのだとか。この時期、保田先生は岡先生に新学社の総裁になってもらいたいという考えをもっていて、お見舞いの道々、そんな話題も出たのだそうですが、わけもわからずにいきなり叱りつけられた奥西さんが閉口して尻込みしたため、この話はいつしか立ち消えたということでした。

もうひとつのおもしろい話は、講演の依頼に来た大学の先生が怒られた話です。その先生というのは京都府立大学の先生で、柳井先生が何かの用事で奈良の岡先生のお宅におじゃましていたとき、京都府大の先生がやって来て岡先生に講演を依頼しました。すると、用件を聞いたとたんに岡先生が怒り出しました。それで京都府大の先生はすっかりかしこまってしまい、ただただ一方的に怒られ続け、講演依頼の用件も立ち消えたまま帰っていったのだそうです。

柳井先生には柳井保男という弟がいました。昭和二十年の時点で三高の二年生でしたが、結核にかかり、郷里の岡山で亡くなりました。それで柳井先生が三高に報告に出向いたところ、応対したのは秋月先生でした。柳井先生は秋月先生が岡先生の親しい友人であることを知っていて、この話をしてくれたのです。

未定稿「リーマンの定理」の衝撃

はじめて「研究室文書」を目にしたときのことですが、手稿の山々に圧倒されたことは既述のとおりとして、何にもまして深い感銘を受けたのは「リーマンの定理」と題された一系の研究ノートでした。研究記録を保管した大型の封筒が重ねられていて、それぞれの表に番号と日付、それに簡単なタイトルが記入されていました。番号を追うと全部で五十一個まで数えられました。ひとつひとつ見ていくと、第十九番目の封筒の表面に、

Riemann の定理
1964.8.20 以向

というタイトルが読み取れました。「リーマンの定理」という言葉ひとつを見るだけで、研究テーマはすぐにわかりました。岡先生は代数関数論、それも多変数の代数関数論の構想を抱いていたのでした。これにはまったく驚きました。一九六四年八月といえば、岡先生はこのときすでに満六十三歳です。

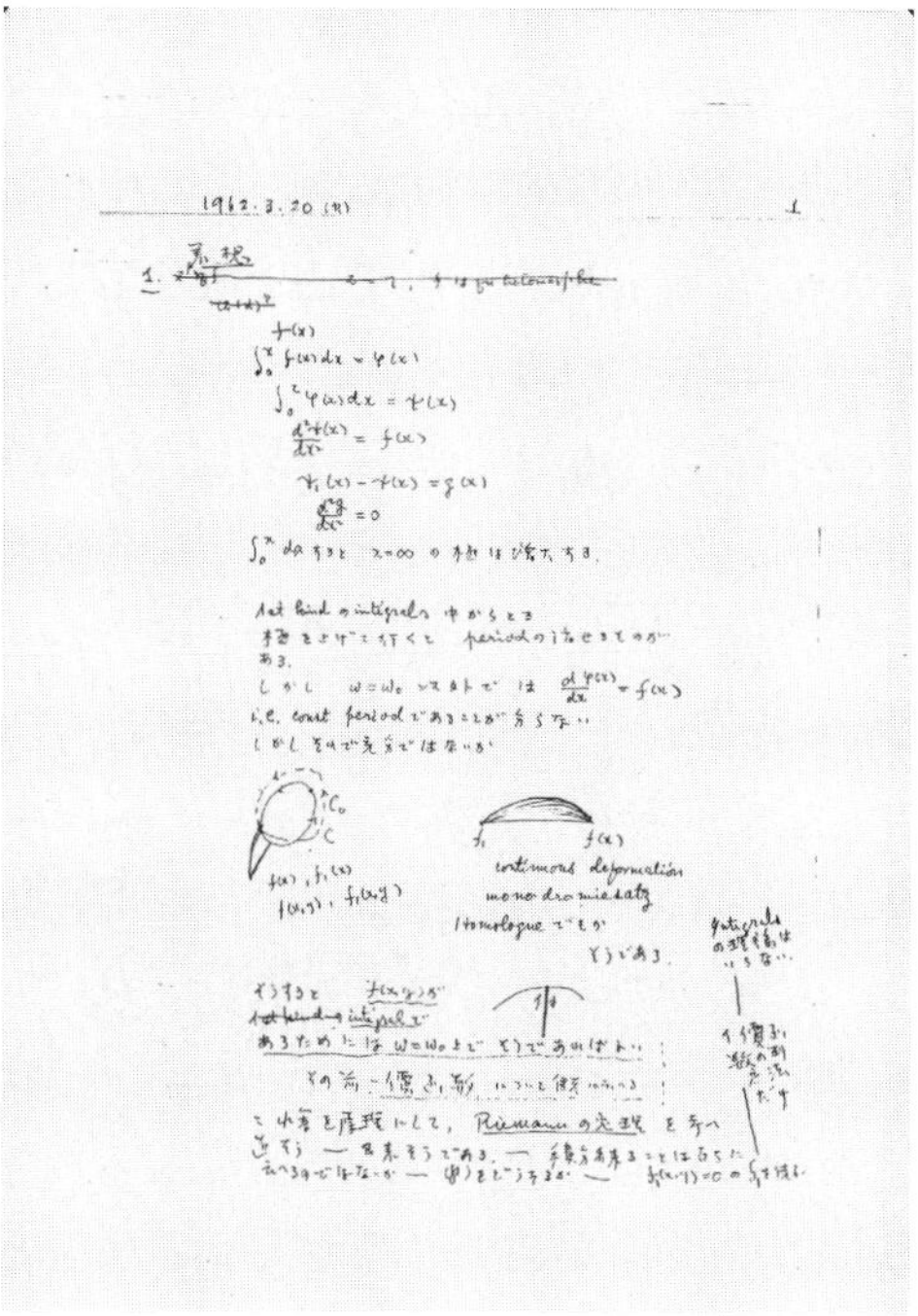

研究記録「リーマンの定理」の一頁。
「1962 年 3 月 20 日（火）」の記事。

第十九番目以降の封筒を見ていくと、表に「リーマンの定理」と記された封筒は連綿と続き、第三十番目に及びました。多変数の代数関数論は岡先生の多変数関数論研究のいわば「約束の土地」であり、岡先生はリーマンが構築した一変数の代数関数論に誘われて多変数の代数関数論を構想したのですが、そのようなことをまとまった形で表明したことはありません。それではっきりとした根拠があったわけではないものの、岡先生の論文集のここかしこに多変数代数関数論を志向する断片的な言葉が散りばめられていますので、きっとそうに違いないと、いつしか確信するようになりました。その確信が「リーマンの定理」の一語でたちまち裏付けられました。正確に言うと、これで裏付けられたと直観されました。八年余に及ぶフィールドワークを通じ、もっとも印象の深い出来事でした。

「春雨の曲」の執筆のはじまり

「研究室文書」とは別に、春雨村塾には岡先生の生涯を知るうえで実に貴重な一群の文書が保管されていました。なかでも驚嘆したのは「春雨の曲」の執筆の痕跡をとどめるさまざまな原稿でした。

岡先生が晩年、心血を注いで書き継いでいたのは「春雨の曲」という作品で、書き直しが相次いで第八稿に及んだところで岡先生は世を去りましたので、ついに完成にいたりませんでした。いったいどのような作品なのか、かねがね気にかかっていたのですが、フィールドワークの初年の平成八年の夏、筑波山の梅田学筵の図書室で第七稿を閲覧することができました。第七稿と第八稿は私家版の形で少部数だけ活字になって刊行され、そのうちの第七稿の一冊が筑波山にあったのでした。幻の作品「春雨の曲」をはじめて目にして、非常に感激したのですが、春雨村塾には第七稿と第八稿の二冊の刊行本はもとより、手書きの原稿まで遺されていました。

晩年の岡先生は昭和四十四年度から京都産業大学で「日本民族」という教養科目の講義を担当していましたが、三年目の昭和四十六年度から書生の三上さんがテープレコーダーをもって同行し、講義を録音しました。その録音記録を松沢さんが聞き取って原稿にしたものが春雨村塾に保管されていましたので、講義の模様が詳しくわかります。このようなところにも春雨村塾ならではの特色があります。

講義の録音が始まったのは昭和四十六年で、ちょうどこの年から「春雨の曲」の執筆が始まりましたので、京産大の講義でもしばしば「春雨の曲」が語られるようになりました。次に挙げるのは昭和四十六年九月二十八日の講義での岡先生の発言です。

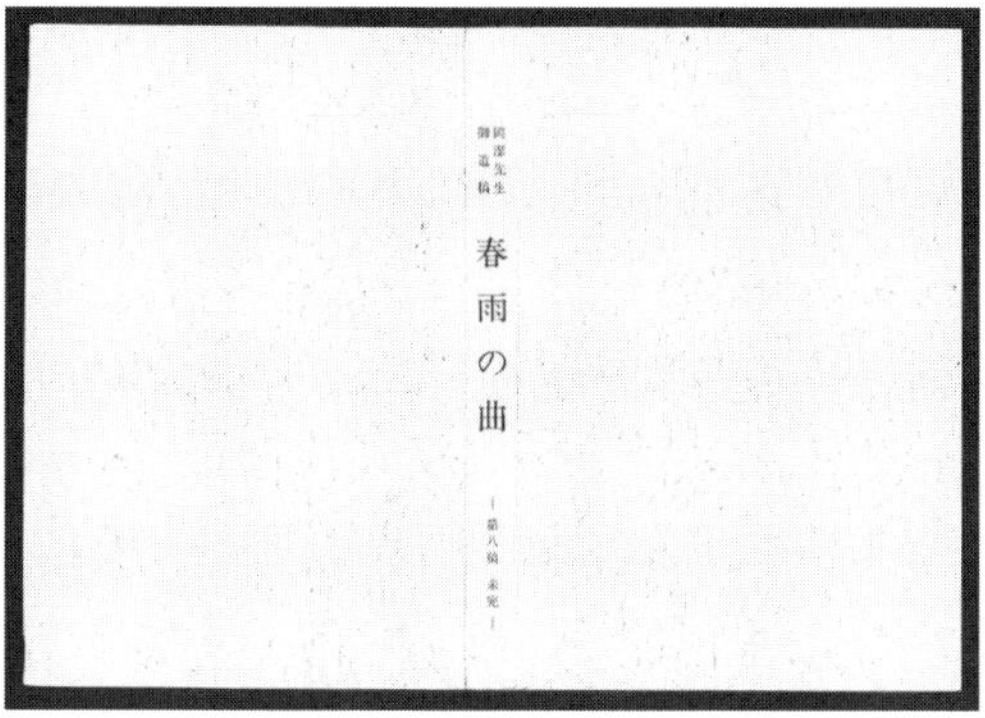

春雨の曲第８稿表紙

わたし七月に本を書いたのいいましたね。その前、本二冊ほど書いた（註。講談社現代新書の『曙』と『神々の花園』を指します）。それから二年間ほど何もしなかった。しなかったというのは、新しいことがわかってやせんのでしょうない。ところが六月の末ころからにわかに、何ていうか、わかってきたというよりも書きたくなった。それでだいたい七月いっぱいくらいかかって書いた。

ここに語られているのは「春雨の曲」の執筆のはじまりのころの消

息です。「異常な精神の高揚状態において書いた」という言葉も記録されています。

「春雨の曲」の出版に向けて

昭和四十六年九月二十八日の京産大講義での岡先生の発言をもう少し先まで読んでいくと、

そうして毎日新聞へ、もし出していいと思うなら出してよいと言ってやった。そうすると、やはりすぐじゃなかったですが、ちょっと時間あいてですが、出すことにするから、それからディテールを打ち合わせに近くうかがうと言ってきた。それからもう二十日には十分なるのに来ない。

という言葉に出会います。岡先生には「春雨の曲」を刊行する考えがあり、出版を担当する出版社として、毎日新聞社の出版局を念頭に置いていたことがわかります。岡先生の一番はじめのエッセイ集『春宵十話』を刊行したのは毎日新聞社でしたし、この時期の岡先生には、何かしら出発点にもどるというほどの心情があったのでしょう。岡先生の刊行された最後のエッセイ集は『曙』と『神々の花園』で、どちらも昭和四十四年に講談社の現代新書に入りました。岡先生としてはこれで終りにするつもりだったわけではなく、引き続き『流露』というエッセイ集を執筆し、講談社の現代新書編集部に送付したのですが、出版を断わられてしまいました。これは昭和四十五年の年初の出来事です。春雨村塾に手書きの原稿が保管されていて、見ることができました。「まえがき」の日付は「一月二十日」。四百字詰の原稿用紙で二百四十枚の作品です。『流露』が出版にいたらなかったことの背景には、岡先生のエッセイ集の売れ行きがそろそろにぶり始めたということがありました。いわば「ブームが去りつつあった」ということで、現代新書の編集部もそのように判断したのでした。

岡先生の著作執筆活動はこれで頓挫した恰好になりました。昭和三十八年の『春宵十話』から昭和四十四年の『曙』と『神々の花園』にいたるまで、この間、七年です。それから昭和四十六年になり、六月の末ころから「春雨の曲」の執筆に取り掛かり、一箇月ほど打ち込んで七月末あたりまでかかって書き上げたということになります。岡先生の言葉によりますと、毎日新聞社は出版の意向を見せたようですが、結局、出版にいたりませんでした。

国会図書館

平成十一年のお正月を郷里ですごしたのち郷里を発ち、途中、埼玉県北本市で下車し、小石沢さんを訪ねました。小石沢さんは春雨村塾の塾生で、北本駅前で石水塾という小さな学習塾を経営しています。新年の挨拶を交わし、しばらく話し合い、それから東京に向いました。

東京では永田町の国会図書館に出向きました。目的はかつて岡先生のエッセイを毎月のように掲載していた月刊誌「心情圏」のバックナンバーを閲覧することで、かねがね全部の号を見たかったのですが、この雑誌をもっている図書館はなかなか見つかりませんでした。それで、国会図書館ならさすがに保管しているだろうと期待して、足を運んだ次第です。この予想は的中し、閲覧に成功しました。ただし、この図書館は開架ではなく、カタログで誌名を指摘すると職員が書庫からもってくるという仕組ですので、じっと待たなければならない時間が非常に長かったです。そんなところにはさながら銀行みたいな感じがありました。

「心情圏」の昭和四十三年九月号には市民大学の開講案内が出ていました。

『市民大学講座』開講

開講案内

昨今、対話不足が言われています。

『心情圏』では誌上を通していろいろな先生方と皆様の対話を考えて来ました。今度、読者の方々の願いと岡潔先生のご提唱により共に対話する場として『市民大学講座』が開講されることになりました。

只今、学生募集中です。

どなたでも参加されます。

よろしくおねがいします。

「詳細についての問い合わせ、及び要覧請求（百円切手同封）は左記事務局の方にお願いします」という言葉が添えられて、大阪事務局が明記されていました。住所は、「大阪市南区長堀橋筋二丁目六番地船舶ビル内」です。船舶ビルというのは「船舶振興ビル」のことで、笹川良一が創設した日本船舶振興会が運営していました。

市民大学の提唱の言葉

「心情圏」の昭和四十三年九月号には、岡先生による市民大学の提唱の言葉が掲載されています。岡先生は「顧問」となっています。

提唱の言葉

日本は明治以来、西洋からの物質文明を大急ぎで取り入れたので、物質によって、すべてが説明できると思ってきました。それで、戦後二〇年、日本は畜生道の教育をしてきたようです。

それで小我という自己中心の本能が現われてきたのです。その小我を自分だという迷いをさまして、真の自分（真我）を自分だと悟らねばなりません。今の教育は知情意の教育がうまくいかず人らしい人をつくり得ていないのです。

現状を見ればわかるように世界の若者たちは真の教育を受けているとは思えません。今の大学もうまくいっているとはいえません。これは是非改めなければならないと思います。

市民大学は地域に浸透して人と人とを結びつける新しい意味での大学です。心ある人たちが集って、警鐘を鳴らしていくのが市民大学です。

この「提唱の言葉」が公表されたのは昭和四十三年九月のことですが、この年は学生運動がたいへんな盛り上がりを見せた年でもありました。岡先生は大学と日本の現状に危機を感じ、危機の根源を西欧の物質文明の中に見て、真我の青年を養成する真の大学を創設したいと念願したのでしょう。ただし、岡先生自身に理想の大学を組織する具体的な力があるわけではなく、そこに統一教会の組織力が介在し、岡先生を「心情圏」の看板にした恰好になりました。

梅田学筵の機関誌「風動」でも、岡先生は胡蘭成と並んで二枚看板になりましたが、このような事例はほかにもいくつか見受けられます。世の中というのはそうしたものですが、当の本人の岡先生はその手の事情には配慮せず、ただ御自分の発言の場ができることを喜んでいたように思います。世間に向かって発言したいことをたくさん抱えていて、発言することを指して「警鐘を鳴らす」と言っていました。警鐘を鳴らす場所が「風動」であろうと「心情圏」であろうと、京産大の講義室であろうと、次々と出版されるエッセイ集であろうと、岡先生にとってはどれも同じことなのでした。

ではありますが、岡先生が晩年に向うにつれて、発言の場は徐々にせばまってきました。「風動」も「心情圏」もある時期を境に岡先生から離れていきましたし、エッセイ集の刊行も昭和四十四年までで終焉し、最後の最後まで継続されたのは京産大の講義だけでした。そんな中で「春雨の曲」の執筆が始まったですが、この作品は、二冊の私家版は別にして、とうとう刊行にいたりませんでした。

拡大する市民大学

「心情圏」の昭和四十三年九月号の閲覧をもう少し続けると、市民大学が開講された場所の一覧表が目に留まります。東京校、大阪校、京都校、神戸校、福岡校のそれぞれの所在地の住所が明記されていますが、昭和四十五年二月号にはさらに仙台校、前橋校、広島校の住所が出ていますから、市民大学は順調に拡大を続けていたのでしょう。

昭和四十三年十一月号には「第二期学生募集要項」という記事が出ています。

募集人員　本科生二百名　　聴講生　若干名入学資格　一般成人・学生　修業年限一カ年　申込期

間十二月末日まで　講義時間　毎週土曜日午後六時―九時

岡先生の「提唱の言葉」が掲載されたのが九月号で、十一月号ではすでに第二期学生の募集が始まっているというのですから、驚きを禁じえません。戦後の学生運動が最後に盛り上がりを見せた時期だったのですが、正反対の何物かを求める心もまた若い世代には芽生えていたのでしょう。ただし、ほどなくして学生運動も終焉し、市民大学もまた消滅しました。

「心情圏」の昭和四十四年十二月号には岡先生の色紙の写しが掲載されていました。文言は次の通りです。

青年は今
男子女人をとわず
立ち上って日本
を再建すべき秋であります
岡潔

「秋」の一字は「とき」と読むのでしょう。平成十一年の年初、こんなふうにして国会図書館で「心情圏」のバックナンバーを閲覧して、それなりにおもしろい発見がありました。

29 回想の力を借りる

講談社の藤井さんの話

平成十一年四月、上京して音羽の講談社に向い、藤井和子さんにお目にかかりました。藤井さんは奈良女子大学を出て講談社に就職し、現代新書の編集部に配属された人です。岡先生のエッセイや日録にもよくお名前が出てきますので、ぜひ一度、お会いしたいと前々から望んでいたのでした。

講談社の社屋内の喫茶室でしばらくお話をうかがいました。入社してすぐ、現代新書の山本編集長の指示により奈良に岡先生を訪ね、新書の執筆をお願いしたとのこと。岡先生が口述し、テープに収録しました。一番はじめのエッセイ集「春宵十話」は毎日新聞社の松村記者を相手にして口述したのですが、岡先生が言うには、松村さんには墨絵のような話をしたが、藤井さんには色のついた絵のような話をしたということでした。そんなふうに藤井さんに話したのです。この「色のついた絵のような話」は『風蘭』という本になって刊行されました。昭和三十九年のことですから、平成十一年の時点から顧みて三十五年の昔の出来事です。

藤井さんの話を摘記すると、岡先生は保田先生のことをとてもほめていたとのこと。藤井さんが岡先生のお宅を訪問したのは一度きりというわけではなく、昭和三十八年には『風蘭』の刊行までに何回か訪ねています。その間に岡先生と保田先生の対談が行われていますので、岡先生は保田先生に対してよい印象をもっていたのでしょう。

松村さんは「春宵十話」の原稿を作るとき、メモを取らず、テープにも収録せず、空で覚えたとのことで、岡先生は非常に感心していたそうです。

藤井さんが岡先生に「フランス語はおじょうずなんですか」と尋ねたところ、岡先生は水を指して、「オー」と言えばいいんだ、と応じました。

田中木叉上人が編纂した山崎弁栄上人の著作に『辨榮聖者光明大系無辺光』というのがありますが、長らく絶版になっていたところ、昭和四十四年に講談社から復刻版が刊行されました。岡先生が藤井さんにこの本を紹介したのがきっかけになったとのことで、これは初耳でした。慶応大学が原本を所蔵していましたので、藤井さんがコピーを作成し、それを元にして復刻版ができたのだそうです。

このようなおもしろい話をいろいろうかがいました。

細山俊子さんの話（その一）

五月になって、大阪の天王寺で細山俊子さんにお目にかかりました。岡先生の奥様のみちさんは河内柏原の小山家の四姉妹の末っ子で、三人の姉がいたのですが、次姉を藤野あいさんといい、あいさんの長女が細山さんです。岡先生が広島文理科大学に勤務していたころ、細山さんは岡先生の家に同居していました。平成十一年の時点で、広島時代の岡先生を知る唯一の人と思います。

午前十時半から十二時ころまで細山さんのお話をうかがいました。細山さんは昭和七年に女学校を卒業しました。岡先生は広島に単身赴任。みちさんは大阪に留まってお産の準備。天王寺の聖バルナバ病院で長女のすがねさんが生まれました。十月ころになって、みちさん、すがねさんと二人で広島に移りました。年末、お手伝いさんが来たので、いったん橿原市八木の生家にもどり、翌昭和八年、再び広島に行きました。広島では洋裁学校に通いました。

岡先生といっしょに宮島に行ったこともあります。

紀見峠の岡先生の父、寛治さんが、野菜を手作りの木の箱に入れてたくさん送ってきました。

岡先生は講義が多すぎるとこぼし、日本はフランスに比べて遅れていると言いました。

広島市にアカデミーというクラシックを流す音楽喫茶があり、広島文理科大学の先生たちが通っていました。岡先生もよく出かけていました。

岡先生はフランスでコーヒー器具を買い、日本に持ち帰りました。コーヒー器具というのはつまり豆をひく道具のことです。

岡先生は着るものには頓着しませんでしたが、食べ物にはぜいたくでした。それで、お金がたまらないと（みちさんに）言われていました。

岡先生の甥の北村駿一は慶応大学をめざしていました。

岡先生は細山さんのことをやさしく気遣っていました。広島市に「銀の星」という写真館があり、ここで細山さんの写真をたくさん撮りました。

牛田地区に転居したころの話。牛田の家にはよく学生がやってきて、みなで麻雀をしました。岡先生は二階で勉強していました。掃除をしたいと思っても、あちこちに本が重なっていて、動かすと怒るので、できませんでした。

細山俊子さんの話（その二）

細山さんのお母さんのあいさんは小山家に生まれて藤野家に嫁いだのですが、ある時期から光明会のお念仏を唱えるようになりました。岡先生も光明主義のお念仏に熱心に打ち込んでいた一時期がありましたが、岡先生をこの方面に導いたのは藤野あいさんです。

藤野家は奈良の橿原の八木にありました。細山さんのお父さんは藤野権一郎という人で、何か事業をしていたようですが、あるとき大きな失敗をして無一物になるということがあったそうです。どのような事業をしていたのかとか、詳しい事情はうかがいませんでした。おそらくそんな苦境に陥った時期のことと思うのですが、八木の国分寺に権一郎さんが供養塔を作りました。国分寺は浄土宗で、そこのお坊さんが光明会のことを話してくれたのがきっかけとなって、京都の光明会に参加しました。昭和七年（昭和六年だったかもしれません）の年初のことで、一月二日から七日までの五日間、京都信重院のお別時に参加したのですが、このお別時の後、人が変わったように温和になりました。その様子を見てあいさんも光明会に加わり、御両親の感化を受けて細山さんもお念仏をするようになりました。

広島に移ってからのことになりますが、広島市白島に佐々木為興上人のお寺があり、光明会の集まりがもたれていましたので、細山さんもときどき出席しました。

広島文理科大学はその名の通り文科と理科の二部制になっていて、岡先生は理科の教員でしたが、文科の教員の中に山本空外上人がいました。空外上人は倫理学の教員でした。愛媛の松山高等学校の出身で、松高時代に弁栄上人に出会った経験があります。広島で原爆の惨劇を目の当たりにして衝撃を受け、戦後、出家し、やがて光明修養会の上首（代表者というほどの意味です）になりました。広島時代にはまだ出家の前ですから上人ではありませんが、お念仏と無縁だったわけではないようで、細山さんは空外上人を訪ねたこともあると話してくれました。

昭和十一年六月のある日の夜、岡先生が行方不明になるという出来事がありましたが、このときは教え子の学生たちも集って、牛田山に入って岡先生を探したそうです。

それから二年後の昭和十三年六月、岡先生は帰郷して紀見村の日々が始まることになりますが、そのころから岡先生もまたお念仏に関心を示し始めました。ただし長くは続かなかったようで、昭和十四年の夏に高野山でお別時があったとき、岡先生は母の八重さんを連れていきましたが、御本人は参加せずにもどってきてしまったのだそうです。岡先生が真剣にお念仏に打ち込みはじめるのは昭和二十年の末ころからです。大東亜戦争の敗戦の衝撃を受けたのでしょう。

三高資料室再訪

細山さんにお会いしたのは平成十一年の五月のことで、岡先生が広島に移ったのが昭和七年ですから、この間、ざっと六十七年になります。これだけの歳月をはさみながら、広島の岡先生の生活を知る人のお話をうかがう機会に恵まれたのはまったく夢のような出来事で、僥倖というほかはありません。

お昼前に天王寺で細山さんのお話をうかがった後、京都に出て再び三高資料室を訪ねました。前日に続いての訪問ですが、この日は大きな収穫がありました。なにしろ大量の文書が蓄積されていますので、全容を見るのは一日や二日ではとても無理で、こうして足を運ぶとそのつど新たな発見があります。この日は大正八年の「第三高等学校入学志願者名票」というのが見つかりました。大正八年は岡先生が三高に入学した年で、この年度の合格者、すなわち「入学生許可人員」は文科と理科を合わせて二百八十七名。見つかったのはこれらの合格者の受験票の束でした。一枚一枚見ていくと、岡先生の受験票があり、自筆の署名が記入されていました。第一志望は「甲」、第二志望は「乙」。十代の終りがけ、満十八歳の岡先生に出会ったような気がしてうれしかったです。秋月康夫先生の受験票もありました。第一志望は岡先生と同じく「甲」ですが、第二志望の記入欄は空白でした。「甲」にしか行かない、「甲」でなければ入学しないぞ、というほどの青年の気概の一端に、そこはかとなく触れたような気持ちになりました。

おもしろいのは受験票に入試の得点が記入されていたことでした。順位はついていませんが、眺めるほどにおのずと判明します。志願者総数は文科千三十名、理科八百二十二名。合計千八百五十二名。合格者二百八十七名の内訳は文科百四十八名、理科百三十九名。入試問題は文科理科共通で、七百点満点のうち、岡先生は五百五十六点。合格者全体の中で十四番、理科では四番という好成績でした。

雪の科学館を訪ねて

十月に入り、十六日の土曜日の朝、石川県の加賀市に出かけました。加賀市の片山津温泉郷は中谷宇吉郎、治宇二郎兄弟の故郷で、柴山潟のほとりに「中谷宇吉郎　雪の科学館」があります。フィールドワークを始めてから一度、訪問したことがありますが、今度はおりから開催中の「中谷兄弟展」を見ようというのでした。

京都を経て午後、加賀温泉駅着。タクシーで「雪の科学館」に向いました。十分程度で着きます。ＪＲの一番近い駅は加賀温泉駅の手前の「動橋駅《いぶりはし》」なのですが、そこには普通列車しか停まりません。

宇吉郎先生のお子さんの芙二子さんと治宇二郎さんのお子さんの法安さんの協力と、科学館独自の努力が相俟って、非常に豊富な資料が蒐集されていました。治宇二郎さんが一九三〇年にパリで執筆した仏文の論文の別刷があり、そこに

謹呈兄上

と記されていました。治宇二郎さんは洋行の前は東大理学部の人類学教室に所属していましたが、初期の東大理学部会誌が何冊も展示されていて、見ると、そこには中谷兄弟のエッセイが掲載されていました。中谷兄弟の青春の記録です。

一号中谷宇吉郎「九谷焼」
二号中谷治宇二郎「或る石器から」、中谷宇吉郎「赤倉」（これは詩稿です）
三号中谷治宇二郎「石器時代の話」
六号中谷宇吉郎「御殿の生活」

七号中谷治宇二郎「海鳴り」

中谷兄弟とは関係がありませんが、第一号には、数学史家の中村幸四郎先生のエッセイ「旧数学教室の事」も掲載されていました。

治宇二郎さんの一番はじめの論文は「注口土器の分類と其の地理的分布」というのですが、この論文の別刷もありました。表紙の文字を拾うと、次の通りです。

東京帝国大学理学部
人類学教室研究報告
第四篇
注口土器ノ分類ト其ノ地理的分布
中谷治宇二郎
昭和二年
東京帝国大学

「跫音《あしおと》」という文芸誌の第三号もありました。これは治宇二郎さんが参加していた同人誌で、治宇二郎さんは第三号に「三人」という作品を寄せています。「中谷杜美」というペンネームが使われていました。同じく治宇二郎さんの作品「蘭学事始異聞」というのもありました。「白い家（メイゾン・ブランシュ）」という作品もあり、ここで使われているペンネームは「丘常樹」です。これは「おかつねき」と読むのだと思いますが、「丘」は岡先生の「岡」に通じます。

片山津温泉の宣伝のためのパンフレットもあり、表紙に

片山津温泉
中谷杜美案
大正九年七月
丸中屋発行

と記されていました。丸中屋というのは中屋兄弟の母親が経営していた呉服屋です。

パリの国際大学都市の日本館が保管している「芳名帳」の実物が展示されていて、これにはびっくりしました。神田館長のお話によると、相当のお金をかけて日本館から借りたのだとか。借りるのに三十万円かかったというのですが、これは保険料とうかがったように覚えています。ここに宇吉郎先生がメモを書いています。

一九五八年九月二十六日
一九二九年五月倫敦から巴里へ来た時に初めてこのCit´eUniversitaireに日本学生会館が建ち、その時の第一回学生として六箇月を過した。当時の会館は工事中の荒野原の中の一軒家であった。最初の学生はたしか五人くらいでこの日本学生会館は極めて閑散なものであった。三十年後の今日の姿を見て感慨深いものがある。

中谷宇吉郎

宇吉郎先生が日本館に入ったのが昭和四年五月ですから、これは二十九年後の回想です。このフランス再訪のおり、シャモニーで購入したという紺色のベレー帽が展示されていました。シャモニーはスイスとイタリアの国境近くの町です。
昭和四年五月末、岡先生が巴里に着いて日本館に入り、宇吉郎先生と出会いました。それから七月になって治宇二郎さんがパリに来て、やはり日本館に入りました。そのときの宇吉郎先生の日記が、雪の科学館のガラスに書き写されていました。

昭和四年七月十七日（水）晴
一九二九年

パリ
岡君（午前）五時迄起きて居て、起こしてくれる。治宇二郎来。六時四十七分、ノルド駅着也。元気にして来たので安心する。

「ノルド駅」というのはつまり「北駅」のことで、七月十七日、宇吉郎先生は徹夜した岡先生に起こしてもらい、北駅で治宇二郎さんを出迎えたというのです。平成二十九年の今から八十八年の昔の消息をわずかに伝える懐かしい記録です。

パリの日本館

パリの国際大学都市の日本館は岡先生と中谷兄弟が出会った場所として、岡先生の学問と人生を考えるうえで聖なる場所のひとつとなりました。雪の科学館の中谷兄弟展には、その日本館の開館時の様子を伝える基本的な資料が展示されていました。大学都市の開設の気運が高まったのは第一次世界大戦の終結の直後からのようで、一九二一年にはフランス政府から二十八ヘクタールの土地が無償で譲渡されています。一九二五年七月、ドゥイッチ・ド・ラ・モルトの寄付金を得て、フランス館が建設されました。一九二八年、ジョン・ロックフェラーが二百万ドルを寄付。このお金は中央機関管制費用として使われました。それから世界の各国が自国の会館を作りました。初期の国名を挙げると次の通りです。

フランス／カナダ／ベルギー／アルゼンチン／アメリカ／イギリス／オランダ／スウェーデン／デンマーク／スペイン／チェコスロバキア／印度／支那／アルメニア／キューバ／コロンビア／ベネズエラ／ルーマニア／ブラジル／トルコ／日本

日本館の建設費用を出したのはバロン薩摩こと、薩摩治郎八という人物でした。それで、日本館は「薩摩会館」と呼ばれたりすることがありました。日本館の正式な呼称を当時の表記の通りにそのまま書くと、

仏国立巴里大学都市大日本学生館

となります。開館日は一九二九年（昭和四年）五月一日。これに先立って、昭和二年十月十三日に定礎式が行われました。宿泊料は朝食付で一箇月百フラン。十五日ごとに前金で払います。昼食と夕食は大学都市内の中央食堂を利用します。料金は一食四フラン五十サンチームもしくは五フラン。それで一箇月合算して七百フランというのですが、これは宿泊料と食費の総額を越えています。ほかにも費用がかかったのでしょう。七百フランは当時の邦貨にして約五十八円に相当するのだそうです。

日本館内の学生室は総計六十。各室に寝台、器具、化粧室、暖房などの設備があり、各階に浴室とシャワーがありました。ほかに大講堂、図書館、貴賓室などもありました。日本館は七階建てです。

中谷兄弟展には「学生館開館祝賀会招待状」の実物も展示され、なかなか見ごたえのある催しでした。

回想の力を借りる

フィールドワークのときに持ち歩いたノートは全部で二十二冊になりますが、第二十二冊目のノートに記入されている日付を見ると、一番最後の日付は「平成十二年一月八日」です。大学ノート「岡潔　フィールドワーク」はこれで終りました。平成八年の二月はじめに立ち返ると、この間、ほぼぴったり四年間の歳月が流れています。

丸四年間に及ぶフィールドワークの間に二十二冊のノートが蓄積されました。フィールドワークはまだ完結したとは言えず、肝心の評伝もなお具体的な姿形を見せていなかったのですが、ノートはここまでで終っています。どのような形の評伝になるのか、そもそも岡先生の評伝は本当に成立するのか、この時点では確信をもって言えることは何もありませんでした。それでもノートの記述が途絶えたのはなぜかといえば、全体として何事かがまとまっていく方向に向いつつあることが自覚されていたためであろうと思います。

蓄積された基礎文献は山をなしていました。試みに重要なものを挙げていくと、まず「中谷兄弟書簡集」

があります。これは総括的な名前を仮につけたのですが、内容は多岐にわたっています。ひとつの柱は、宇吉郎先生と治宇二郎さんの間で取り交わされた大量の書簡です。もうひとつの柱は岡先生と宇吉郎先生との往復書簡です。それと、岡先生にゆかりの人たちが宇吉郎先生に宛てて書き続けた書簡も重い意味をもっています。このほかにさまざまな手紙があります。

次に、これも仮に命名しただけなのですが、「岡潔書簡集」というものもあります。大きな部分を占めるのは岡先生が書いた封書やはがきの集積ですが、みちさんの手紙もありますし、岡先生と胡蘭成との間で交わされた一連の往復書簡もあります。治宇二郎さんが岡先生に宛てて書いた手紙も、少数ではありますが、何通か存在します。ただし、治宇二郎さんの手紙はむしろ「中谷兄弟書簡集」に入れるほうがよいのかもしれません。

大掛かりな作業といえば、「研究室文書」の目録を作成することも、岡先生の数学研究の様相を理解するうえで不可欠でした。何度も繰り返して奈良に行き、そのつどコピーの作成に打ち込んで、「研究室文書」の完全なコピーを入手することができました。すべてを合わせると、ざっと一万四千枚ほどになります。このコピーの山を時系列と内容に即して配列し、目録を作ろうとしたのですが、一枚一枚に目を通し、ノートに記入していくと、表紙に「研究室文書目録」と記入されたノートが全部で十九冊できました。

「岡潔年譜」の作成はフィールドワークの当初から手がけていましたが、旅に出るとそのつど記述が細かくなり、分量が増えていきました。年譜作成に終りはなく、今も続いています。最新の年譜は第六稿で、A

4版で四百頁ほどになります。

「書簡集」と「目録」と「年譜」が三大文書で、これを基礎にして評伝を書いていくという構えになりました。三大文書の作成作業が始まると旅に出る余裕は失われましたが、これもまたフィールドワークの一環です。ほかに栢木先生にいただいた大量の文書があります。

調査旅行がまったく途絶えたというわけではなく、たとえば平成十二年の夏八月には久々に紀見村に行き、紀見峠の岡家の墓地にお参りしています。ではありますが、前半の四年間におけるように旅に出るたびに新たな発見があるというようなことにはもうならず、不確実なことを確かめたり、お世話になった方を再訪して謝意を伝えたり、落ち穂拾いというか、補足作業という性格を帯びていました。

評伝の本文の執筆にもいよいよ本格的に取り掛かり、平成十五年（二〇〇三年）七月三十日付で『評伝岡潔星の章』（海鳴社）が刊行されました。この年は岡先生の没後二十五年にあたります。次いで翌平成十六年（二〇〇四年）には四月三十日付で『評伝岡潔花の章』（海鳴社）を刊行することができました。フィールドワークが始まった平成八年から数えると、平成十五年までで八年、平成十六年は九年目になります。それでこれを一口に称して「フィールドワーク八年」と呼ぶことにしています。

二冊の評伝ができて一段落した恰好になりましたが、これだけではまだ完結とは言えず、もう一冊、「岡先生の晩年の交友録」を書かなければなりませんでした。『星の章』『花の章』に続いて執筆に取り掛かったのですが、思いのほか時間がかかり、『花の章』の刊行から実に九年の後の平成二十五年になって、ようやく『岡

潔とその時代　評伝岡潔　虹の章』を刊行することができました。

評伝三部作がそろい、岡先生の人生がだいぶよくわかるようになりましたので、もうひとつの大きな課題に取り組む準備が整いました。それは数学者としての岡先生を語ることです。岡先生が遺した数学論文集を西欧近代の数学の流れに正しく配置して、ガウスやアーベルやリーマンの全集を見るのと同じ目で観察してみたいと思います。その作業を通じて西欧近代の数学の本当の姿が明るみに出されていくことを期待しています。

（完）

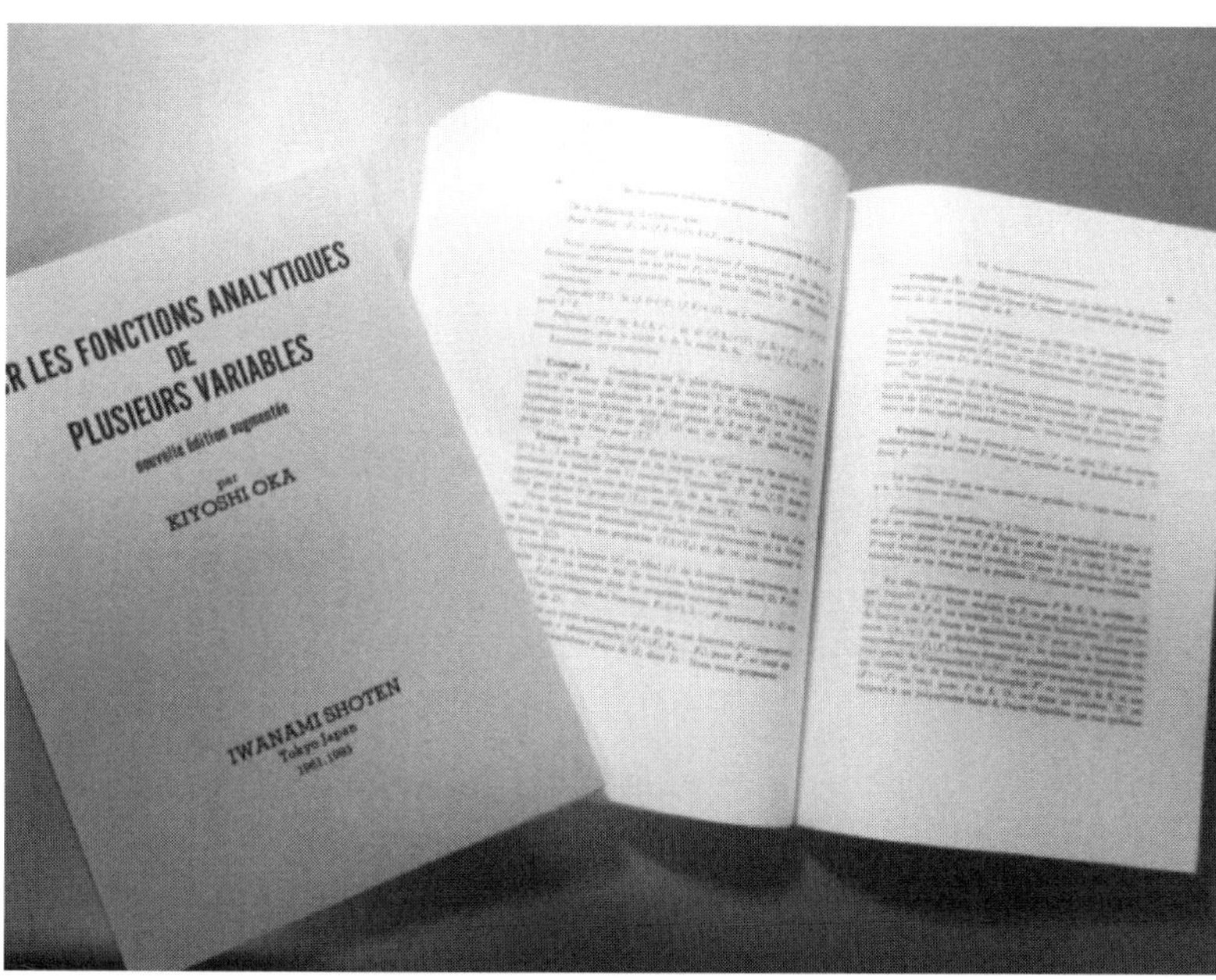

岡潔論文集

著者紹介

高瀬正仁（たかせ・まさひと）

昭和 26 年 (1951 年), 群馬県勢多郡東村 (現在, みどり市) に生れる. 数学者・数学史家. 専門は多変数関数論と近代数学史. 2009 年度日本数学会賞出版賞受賞. 歌誌「風日」同人.

著書：

『岡潔とその時代　評伝岡潔 虹の章 I 正法眼蔵』. 平成 25 年, みみずく舎.
『岡潔とその時代　評伝岡潔 虹の章 II 龍神温泉の旅』. 平成 25 年, みみずく舎.
〈双書・大数学者の数学〉『アーベル（前編）不可能の証明へ』平成 26 年,『アーベル（後編）楕円関数論への道』平成 28 年, 現代数学社.
『紀見峠を越えて 岡潔時代の数学の回想』, 平成 26 年, 萬書房.
『高木貞治とその時代 西欧近代の数学と日本』. 平成 27 年, 東京大学出版会.
他多数

岡潔先生をめぐる人びと
——フィールドワークの日々の回想 ——2017©
二〇一七年十二月二〇日　初版1刷発行

著　者　高瀬正仁
発行者　富田　淳

発　行　所　京都市左京区鹿ヶ谷西寺ノ前町一
株式会社　現代数学社
電話（〇七五）七五一－〇七二七

印刷・製本　亜細亜印刷株式会社

ISBN978-4-7687-0481-3